情报获取技术基础

主　编　肖龙龙
副主编　马聪慧
参　编　张　锐　林　琪　潘升东　焦　姣　李　强

北京航空航天大学出版社

内 容 简 介

本书作为航天领域侦察情报专业课程教材，主要介绍技术情报获取技术，并且侧重于航天遥感情报获取相关技术。全书共分为 8 章：第 1 章介绍情报获取技术的基本概念、分类及相关应用等；第 2 章～第 4 章介绍图像情报获取技术，侧重航天遥感图像获取技术，包括主要情报获取物理学基础、光学图像获取技术和雷达图像获取技术；第 5 章介绍信号情报获取技术，侧重航天电子信号情报获取技术；第 6 章介绍测量与特征情报获取技术及几种典型获取技术；第 7 章介绍网络情报获取技术，侧重网络信息获取的基本知识和主要手段；第 8 章介绍情报获取技术的发展，主要介绍情报获取相关技术的发展趋势及如何发挥作用。

本书适用于侦察情报专业本科生和从事相关工作人员参考使用。

图书在版编目(CIP)数据

情报获取技术基础 / 肖龙龙主编. -- 北京：北京航空航天大学出版社，2024.4

ISBN 978-7-5124-4382-2

Ⅰ. ①情… Ⅱ. ①肖… Ⅲ. ①信息获取 Ⅳ. ①G252.7

中国国家版本馆 CIP 数据核字(2024)第 067327 号

版权所有，侵权必究。

情报获取技术基础

主　编　肖龙龙
副主编　马聪慧
参　编　张　锐　林　琪　潘升东　焦　姣　李　强
策划编辑　杨国龙　　责任编辑　杨国龙

*

北京航空航天大学出版社出版发行

北京市海淀区学院路 37 号（邮编 100191）　http://www.buaapress.com.cn
发行部电话：(010)82317024　传真：(010)82328026
读者信箱：qdpress@buaacm.com　邮购电话：(010)82316936
北京富资园科技发展有限公司印装　各地书店经销

*

开本：710×1 000　1/16　印张：18.25　字数：389 千字
2024 年 8 月第 1 版　2024 年 8 月第 1 次印刷
ISBN 978-7-5124-4382-2　定价：99.00 元

若本书有倒页、脱页、缺页等印装质量问题，请与本社发行部联系调换。联系电话：(010)82317024

前　　言

情报获取是情报流通中的重要一环。情报获取是了解对手、洞察对手意图的主要手段之一,也是情报分析的主要依据。离开了可靠的情报材料,情报分析就成了无源之水、无本之木。因此,在情报工作中,情报获取被放在最重要的位置。近年来,情报获取的方式发生了很大的变化,根据国际情报界最新情报工作实际,可将情报获取手段分为技术情报获取、人力情报获取和开源情报获取。技术情报获取是指借助特别的技术装备(传感器),通过接受目标经介质(空气、大气、海水)辐射或反射的某种能量(电磁波、声波等),并将其转换为人们能够识别的信号,以弄清目标的性质和特点。人力情报获取是指通过人与情报来源的接触获取信息,既包括直接的人员观察、审讯、套取,也包括由专业秘密情报人员进行的秘密人力情报工作,人力情报获取是相对于技术情报获取而言的,在人力情报获取过程中也会使用技术手段。开源情报获取是指通过公开、合法的方式,从公开渠道获取信息,这是军事情报不可缺少的来源,是军事情报工作的重要组成部分。

作为航天领域侦察情报专业课程教材,本书主要介绍技术情报获取技术,并且侧重航天遥感情报获取相关技术,有关人力情报获取和公开情报获取的内容可参考《军事情报学》中相关章节,本书中不做介绍。根据技术情报搜集所使用的侦察装备和侦察技术的不同,可分为地理空间情报、信号情报、测量与特征情报和网络情报,其中,地理空间情报又以航天遥感图像情报为主。本书以上述分类为依据,共设置 8 个章节。第 1 章为绪论,主要介绍情报获取技术的基本概念、分类及军事应用;第 2 章~第 4 章介绍图像情报获取技术,侧重航天遥感图像获取技术,包括主要情报获取物理学基础、光学图像获取技术和雷达图像获取技术;第 5 章介绍信号情报获取技术,侧重航天电子信号情报获取技术;第 6 章介绍测量与特征情报获取技术,侧重激光情报、声学情报、核情报和材料情报等几种典型获取技术;第 7 章介绍网络情报获取技术,侧重网络侦察的基本知识和主要手段;第 8 章为情报获取技术的发展,主要介绍情报获取相关技术的发展趋势及在现代战争中如何发挥作用。

本书是作者对教学和研究工作的总结,这些工作得到了航天工程大学"双重"建设项目的支持,本书的出版得到了航天工程大学教研保障中心的大力支持,同时在本书编写过程中参考了许多学者的研究成果,作者团队在此对以上相关人士一并表示衷心感谢。

本书主要作为侦察情报专业的"情报获取技术基础"课程教材,也可供从事航天遥感情报获取方面的技术人员参考。由于受编写时间和作者水平之限,本书难免还有很多不足之处和些许错误,希望读者能提出宝贵意见,以便作者团队对本书及时修改完善。

肖龙龙

2024 年 8 月

目　　录

第1章　绪　论 ·· 1
  1.1　情报获取技术的基本概念 ··· 1
    1.1.1　情报的基本概念 ··· 1
    1.1.2　情报获取的基本概念 ·· 3
  1.2　情报获取技术的分类 ·· 8
    1.2.1　人力情报获取技术 ··· 9
    1.2.2　开源情报获取技术 ·· 15
    1.2.3　技术情报获取技术 ·· 21
  1.3　情报获取技术的军事应用 ·· 27
    1.3.1　地面侦察监视的应用 ··· 28
    1.3.2　海上侦察监视的应用 ··· 30
    1.3.3　航空侦察监视的应用 ··· 32
    1.3.4　航天侦察监视的应用 ··· 32
    1.3.5　典型战争中的应用情况 ·· 33
  思考题 ·· 34

第2章　情报获取物理学基础 ·· 35
  2.1　机械波 ·· 35
    2.1.1　机械波的概念 ·· 35
    2.1.2　机械波的类型与特性 ··· 35
  2.2　电磁波谱与电磁辐射 ·· 36
    2.2.1　电磁波谱 ·· 36
    2.2.2　辐射测量 ·· 41
    2.2.3　黑体辐射 ·· 42
  2.3　太阳辐射与大气作用 ·· 45
    2.3.1　太阳辐射 ·· 46
    2.3.2　大气吸收 ·· 47
    2.3.3　大气散射 ·· 48
    2.3.4　大气对辐射的其他作用 ·· 50
  2.4　地球辐射与地物波谱 ·· 50
    2.4.1　太阳辐射与地表的相互作用 ·· 50

2.4.2　地表自身热辐射 ·· 51
　　2.4.3　地物反射波谱特征 ·· 51
　　2.4.4　地物波谱特性的测量 ·· 54
思考题 ··· 55

第3章　光学图像获取技术 ·· 56
3.1　光电成像技术的基本原理 ·· 56
　　3.1.1　光电成像技术对人眼视见光谱域的拓展 ························· 57
　　3.1.2　光电成像技术基本知识 ··· 61
　　3.1.3　光电成像系统 ··· 61
3.2　可见光成像技术 ·· 76
　　3.2.1　可见光的基本知识 ·· 76
　　3.2.2　照相摄影技术 ··· 81
　　3.2.3　电视摄像技术 ··· 91
3.3　红外成像技术 ·· 93
　　3.3.1　红外辐射的基本知识 ·· 93
　　3.3.2　红外成像系统 ··· 97
　　3.3.3　微光成像系统 ·· 104
3.4　光谱成像技术 ··· 106
　　3.4.1　光谱成像的基本知识 ··· 106
　　3.4.2　光谱成像的关键技术 ··· 112
　　3.4.3　成像光谱仪成像方式 ··· 114
3.5　光学遥感成像技术 ··· 122
　　3.5.1　航天遥感的基本知识 ··· 122
　　3.5.2　常用遥感卫星轨道 ·· 126
　　3.5.3　遥感成像技术 ·· 133
　　3.5.4　遥感信息的获取与应用 ··· 138
思考题 ··· 141

第4章　雷达图像获取技术 ··· 142
4.1　雷达的基本知识 ··· 142
　　4.1.1　雷达的基本概念 ··· 142
　　4.1.2　雷达的发展简史 ··· 143
　　4.1.3　雷达的基本组成 ··· 145
4.2　雷达工作的基本原理 ··· 152
　　4.2.1　发现目标 ·· 152
　　4.2.2　测　距 ·· 154

        4.2.3　测　向 ……………………………………………………… 155
        4.2.4　测　高 ……………………………………………………… 157
        4.2.5　测　速 ……………………………………………………… 158
        4.2.6　航　迹 ……………………………………………………… 159
        4.2.7　目标识别 …………………………………………………… 160
    4.3　合成孔径雷达技术 ………………………………………………… 160
        4.3.1　合成孔径雷达的发展历史 ………………………………… 161
        4.3.2　雷达成像的几何关系 ……………………………………… 163
        4.3.3　雷达的距离向分辨率与目标的一维距离像 ……………… 164
        4.3.4　雷达的方位向分辨率与阵列天线 ………………………… 168
        4.3.5　合成孔径雷达的工作原理 ………………………………… 173
    4.4　逆合成孔径雷达技术 ……………………………………………… 176
    4.5　干涉合成孔径雷达技术 …………………………………………… 178
    4.6　雷达成像预处理技术 ……………………………………………… 184
        4.6.1　SAR 图像的特点 …………………………………………… 184
        4.6.2　几何校正 ……………………………………………………… 190
        4.6.3　辐射校正 ……………………………………………………… 190
        4.6.4　相干斑抑制 …………………………………………………… 193
    思考题 ……………………………………………………………………… 194

第 5 章　信号情报获取技术 …………………………………………… 195
    5.1　信号情报的基本概念与分类 ……………………………………… 195
        5.1.1　信号情报的基本概念 ………………………………………… 195
        5.1.2　信号情报的分类 ……………………………………………… 195
    5.2　电子信号情报侦察 ………………………………………………… 197
        5.2.1　电子侦察情报的分类 ………………………………………… 198
        5.2.2　电子侦察的基本条件 ………………………………………… 198
        5.2.3　电子侦察的主要特点 ………………………………………… 199
        5.2.4　电子侦察在现代战争中的作用 ……………………………… 201
    5.3　电子信号情报侦察系统 …………………………………………… 202
        5.3.1　电子信号情报侦察系统的基本组成 ………………………… 202
        5.3.2　电子信号辐射源的特征与测量 ……………………………… 205
        5.3.3　信号的频率测量 ……………………………………………… 208
    5.4　辐射源方向的测量与定位 ………………………………………… 213
        5.4.1　测向定位的作用与分类 ……………………………………… 214
        5.4.2　辐射源方向的测量 …………………………………………… 216
        5.4.3　辐射源定位 …………………………………………………… 220

思考题 ··· 226

第6章　测量与特征情报获取技术 ·· 227

6.1　激光情报获取技术 ··· 227
6.1.1　激光的基本知识 ·· 227
6.1.2　激光测距技术 ·· 229
6.1.3　激光窃听技术 ·· 233
6.1.4　激光雷达技术 ·· 235

6.2　声学情报获取技术 ··· 237
6.2.1　水声学基本知识 ·· 238
6.2.2　声呐及其工作方式 ·· 241
6.2.3　声呐方程及其应用 ·· 244

6.3　核情报获取技术 ··· 250
6.3.1　核爆炸基本知识 ·· 251
6.3.2　核爆监测方法 ·· 258
6.3.3　天基核爆探测技术 ·· 259

6.4　材料情报获取技术 ··· 263
6.4.1　材料取样 ··· 263
6.4.2　化学取样 ··· 264
6.4.3　生物学和医学取样 ·· 265

思考题 ··· 266

第7章　网络情报获取技术 ·· 267

7.1　网络侦察的基本知识 ··· 267
7.1.1　网络的基本概念 ·· 267
7.1.2　网络侦察的概念 ·· 268

7.2　网络侦察的主要手段 ··· 268
7.2.1　网络侦察方式 ·· 268
7.2.2　网络侦察途径 ·· 269
7.2.3　网络侦察技术 ·· 269
7.2.4　网络侦察的特点 ·· 275
7.2.5　网络侦察对抗 ·· 276

思考题 ··· 277

第8章　情报获取技术的发展 ·· 278
思考题 ··· 281

参考文献 ·· 282

第1章 绪 论

1.1 情报获取技术的基本概念

1.1.1 情报的基本概念

1.1.1.1 情 报

情报是政府、军队和企业为制定和执行政策，对外国、敌对或潜在敌对势力或因素、实际或可能行动领域的各种能得到的信息进行搜集、处理、综合、评估、分析和解释的产品。情报是知识与信息的增值产物，是对事物本质、发展态势的评估与预测，是决策者制订计划、下定决心、采取行动的重要依据。

情报是一种信息。信息是自然界、人类社会及人类思维活动中存在和发生的一切宏观和微观现象，一切消息、知识、数据、文字、程序和情报都是信息。不同的事物有不同的运动状态与方式，因而会产生不同的信息。在美国《国防部军事与相关术语辞典》中，信息是指任何形式或任何媒介的事实、数据或指令。然而，原始数据、信息与情报之间有一个重要区别，即情报不是无重点的数据的集合，也不是相关事实的堆砌，数据必须与相关背景联系起来，才能向指挥官提供准确的、意义丰富的敌方态势信息，成为情报。因此，信息需要经过分析、综合、解读和评估，才能转化为情报。信息与情报之间的差距一目了然。

情报具有知识性。知识是对人类社会实践经验的总结，是人的主观世界对于客观世界的概括和如实反映，是人类对自然和社会运用形态与规律的认识和掌握。知识是人们在改造世界的实践中所获得的认识和经验的总和，是人的大脑通过思维重新组合的系统化的信息集合。知识是经人脑思维加工而有序化的人类信息。知识一旦被记录、固化在一定的载体上，就成了我们常说的资料或文献。情报蕴含在文献之中，但并非所有文献都是情报。情报是一件简单的事物：作为一种活动，它是对某种知识的追求；作为一种现象，它是由对知识的追求而产生的知识。

情报是信息和知识的增值。真正有价值的情报，必须与决策或行动联系起来，这就是情报的效用性，缺乏效用性的信息只能是信息，而不能是情报。信息必须通过用户的特定指向加以加工，以实现信息的增值。如果没有经过包装、分析与过滤，信息对于决策者就是无用的。情报产品的作用是向决策者提供有关外部世界的相关信息，以使决策者在被充分告知后做出选择，简洁地说："情报定义为事实，提供给能用行动加以改变的人。"情报或许要依赖感觉观察,但是人所接收到的信息必须用知识结构进行主观解释才能成为情报。知识的增长不是简单的堆加,情报被吸收后,它所引发的不是知识的简单相加,而是对知识结构的某些调节,甚至是重组。信息和知识的增值主要体现在情报机构的情报产品是否摆脱了简单的事实陈述或事实解读这一层次,并能够前进到由此及彼和由表及里这一层次,即实现信息或知识的升华。

1.1.1.2 军事情报

军事情报是国家和军队为制定国防方略、指导战争全局、遂行军事行动而搜集、分析与处理的信息。它是为满足军事斗争需要而搜集的情况及对其研究判断的成果,是进行军事决策、作战、指挥和军事训练的重要依据,是取得战争胜利的重要条件。

军事情报是为军事斗争服务的,是为战争服务的。军事斗争并不单纯意味着军事上的斗争,它关联着政治、经济、科技等诸多领域的斗争,尤其与政治斗争密切相连。战争是政治斗争的继续。无论战前、战时或战后,军事斗争都与政治斗争紧密结合在一起,不可分割。因此,军事情报总的任务是为一国的政治、军事斗争服务。

关于军事情报的功能,或者说地位与作用,中外学者多有论述,归纳起来可以表现在以下几个方面:

① 情报是维护国家安全的第一道防线。情报机构是国家机器的一部分,维护国家安全是情报机构的根本职能。情报机构的这一职能,无论古今中外,概莫能外。如萌芽时期的对外情报工作缺乏连续性,但维护政权稳定、保卫君王安全是萌芽时期情报机构的重要职能之一,须臾不可或缺。在现代社会,以维护国家安全为使命的反情报工作依然是一国情报机构的主要职能之一。

② 情报是最高统帅部的战略哨兵。在信息化和全球化背景下,国际安全环境发生了巨大变化,传统安全威胁依然存在,但恐怖主义、跨国犯罪集团、大规模杀伤性武器扩散等非传统安全威胁成为影响国家安全的重要因素。情报机构必须针对这些非传统安全威胁提供战略预警,使决策者、军政当局能够有效遏制、预防和应对这些威胁,同时利用各种机遇。

③ 情报是行动的先导。所谓先导,即先有情报,后有决策(行动),决策(行动)必须建立在情报的基础之上。没有经过周密计算的决策是鲁莽的决策,没有经过周密筹划的行动是鲁莽的行动。因此,情报是科学决策的根本。理性的决策者和行动人员固然可以依赖高明的情报做出重要决策,但鲁莽的决策者也完全可以忽视情报的存在,完全凭一己之见做出决定。

④ 情报是战斗力的倍增器。战争是残酷的实力对抗,国际社会的本质同样是赤裸裸的权势争夺。在竞争与对抗中,无论是进攻者还是防御方,首先要考虑的就是实力的对比问题。实力决定态势,改变实力就等于改变态势。而情报则可以发挥力量倍增器的作用,帮助决策者更好地配置资源,从而改善己方的战略地位。战略上最重

要而简单的准则是集中兵力,集中兵力是制胜的法宝。因此一名高明的军事家就是要把分散敌军的兵力放在至关重要的位置,促使敌人违反"节约用兵"的原则,让敌方在不重要的方向,甚至是不存在的目标上损耗资源。

⑤ 情报是推进国家利益的秘密工具。在美国情报术语中,情报是政府为实现其外交政策目标,通过秘密行动,对外国政府或外国政治、军事、经济、社会事件及社会环境施加影响的一种努力。情报机构自古即具有隐蔽行动的职能,它在推行国家秘密外交、打击恐怖主义和国际贩毒组织等方面发挥了重要的作用。可以说,将隐蔽行动作为推进国家对外政策的辅助工具是各国情报机构的共识。

⑥ 情报是进行威慑的有力武器。情报威慑是通过显示情报实力,直接或间接地对敌对一方造成巨大的心理压力,迫使对方屈从,以实现己方的战略目的。在军事对抗中,情报实力是一种重要的软实力,其强弱能够影响到行动的最终结果。如果拥有情报优势,能够掌握对方的一举一动,并使对方认识到乙方这一优势的存在,就能从心理上使敌方不敢轻举妄动,从而达到"不战而屈人之兵"的目的。

1.1.2 情报获取的基本概念

情报获取,亦可称为情报搜集,是军事情报工作中的关键性环节。如果获取不到情报,军事情报工作中的其他环节,如整理、研究、处理、传递等都无从谈起,也就不能为国家和军队的决策与行动提供必要的情报保障。因此,进行军事情报工作,首先必须采取多种方式和手段,根据国家和军队对军事情报的需要,想方设法去获取情报。由于敌人采取保密、隐蔽、欺骗、伪装和干扰行为,获取情报的难度很大。军事情报工作建设,诸如情报网点的设置、人员的培养、器材的研制等,大部分都是为了增强情报获取能力这一目的。

情报获取是情报机关和情报人员通过各种渠道,有计划、有目的地广泛搜集和系统积累情报材料的活动。通过各种来源获取到的情报,只能称为情报素材或情报资料,但这些情报资料是分析、研究、判断情况的客观依据,是提炼有价值情报的原始材料。

1.1.2.1 情报获取的主要原则

为及时准确地获取有价值的军事情报,有效地进行军事情报获取活动,需遵循以下原则。

1. 积极主动、广泛搜集、充分占有材料

军事情报获取需要建立在长期不懈的努力之上,各情报机构应积极主动地积累、搜集、整理有关方面的资料,建立健全完整而严密的情报获取网,善于运用各种侦察力量,使用多种侦察手段,广泛地搜集有关方面的军事局势、军事科学和军事技术发展的情报资料,为战争准备、国防建设、军队建设提供有价值的情报。现代条件下的军事斗争十分复杂,各种伪装和保密技术的运用使军事情报获取难度大大增加,这就要求侦察情报部门更加积极主动地去搜集点点滴滴的情报,充分占有材料,也只有在充分占有情报材料的基础上,才能便于对情报加以鉴别、补充、修正,做出正确的判断。

军事情报获取的核心内容是军事,但与军事密切相关的政治、经济、外交、科学技术等方面的情报也应尽可能获取,这样有利于决策者从各个方面对军事形势做出综合的分析判断,从战略高度掌握主动。随着国际形势和世界战略格局的变化,以及帝国主义争霸和国与国之间历史与现实中的矛盾发展,国与国之间的关系也在不断变化。因此,军事情报获取不仅要重点搜集敌对国家或集团的情报,也要关注有关中立国或友好国家。因为过去的敌国可能变为中立国,甚至盟国,过去的中立国或盟国也可能变为敌国。历史发展证明,国与国之间只有永恒的利益,没有永恒的友谊。军事情报获取必须是广泛、全面的,这样才能掌握主动,有备无患,在任何情况下,做到及时准确地提供各种情报。

2. 突出重点、兼顾一般、及时获取情报

军事情报获取应全面考虑,明确主次,重点搜集直接影响军事行动的情报,保证军事斗争的胜利。情报的获取,要根据首长和部门的意图和任务以及对情况掌握的程度,明确获取的目的,确定获取的内容、范围和重点,分清主次急缓,有组织、有计划地进行。在和平时期,军事情报获取应突出当前主要作战对象,对于潜在作战对象的情报也要掌握。在战争时期,军事情报获取应突出敌对兵力、部署、火力配系、后勤保障、作战企图、主攻方向、进攻时间等。为了适时正确地进行搜集活动,保障重点搜集任务完成,军事情报部门还需要不断研究形势发展变化和上级关于情报获取的指示,并适时地向所属侦察部门提出情报获取要点或提纲,以便使用多种手段完成重点搜集任务。

3. 要素齐全、确保价值、提高效益

军事情报价值的大小,在一定程度上取决于其要素是否齐全。在进行军事情报获取时,应尽力将情报要素搜集齐全。一般情况下,军事情报应具备六个要素。

① 时间,这是情报的重要因素之一,是分析情报主次急缓的基础,是争取情报时效、发挥情报价值的首要前提。通常情报的时间应标明年、月、日、时、分、秒。

② 地点,没有地点的军事情报将无法被及时准确地使用,其价值也会降低。地点通常以方位、距离、经纬度或坐标表示,对于需特别重视位置的目标,如敌方导弹发射井、弹药库、指挥所、通信枢纽等,还可使用精确坐标。

③ 经过,指情报内容反映的对象,其范围很广,可以指某个人或敌方飞机、舰艇、部队的活动。

④ 原因,就是敌人进行军事行动的企图、目的,是一份对情报的分析判断结论。

⑤ 结果,即事件发生后造成的后果,或对可能产生后果的判断。

⑥ 来源,即情报获取的渠道,这是判断情报可靠性、准确性的依据之一。

军事情报获取要素齐全,才能提高情报价值,最大限度地发挥情报的效益。

4．点滴积累、科学分类、平战结合

军事情报获取是一项长期任务。充分、详细的材料需要长期积累,平时对于相对较为固定的敌情资料、战区地形、气象、政治、经济、民族、社情等资料,均应建立详细档案,点滴积累,科学分类,以备战时参考查阅;战时,则应在平时积累的基础上,获取当前军事行动急需的有关情报,为首长和部门下决定提供决策依据。情报资料往往零碎杂乱,这就要求在获取情报资料时,不计细小,重视点滴,逐步积累。对于获取到的情报资料,为了便于使用,必须科学分类、认真登记、妥善保管,原则是要科学、实用、方便,一般常用手册、卡片、地图、表格、文件袋和资料剪贴本等。随着计算机科学在军事情报领域的广泛应用,日益纷繁的情报资料贮存、分类、积累已朝着现代化的方向发展。

5．认真识别、多方印证、统一归口处理

现代条件下的战争,一方面需要大量的情报,另一方面情报数量大大多于过去。情报的成倍增力,对军事情报工作提出了更高的要求,要从大量的情报中获取到最需要的情报是十分困难的,而且获取到的情报往往是零散、片断、不全面的,甚至是虚假的,在这种情况下,识别情报的真假、正误尤为重要,成为突出的问题。真实性是军事情报的生命,直接影响到战争胜负,必须运用一切手段对情报加以认真识别,对以各种来源获取到的情报反复进行比较鉴别,多方面补充印证。这要求情报获取能归口集中处理情报,充分运用现代各种情报获取手段,发挥各种手段的长处,提高情报的准确性和时效性,充分发挥军事情报的效益。军事情报统一归口,可以说是提高情报获取时效性和准确性的国际通用办法,优点明显:首先,将从各种渠道和侦察手段获取来的军事情报统一归口处理,可扬各家之所长,避其所短,相互印证、相互补充,使情报更加完整可靠;其次,获取、判断、分析情报,需要建立在广泛的专业知识和专业能力之上,情报归口到专门获取机构可以增加其可靠程度,最大限度地避免失误。

6．连续不断、跟踪搜集、准确掌握情况

军事情报获取要着眼于侦察对象的发展变化,要付出长期的努力,根据自己的情报获取任务,有针对性地开展搜集工作。因为现代战争复杂多变,要掌握战争的主动权,必须有充足的情报作依据,有了及时、准确的情报,才能掌握敌情的发展变化及战场上的各种变化,从而有效控制战场,及时做出决策,取得战争的最后胜利。

军事情报获取不仅要紧密掌握军事动态,还要掌握国际形势的发展动态,看准世界格局变化,看准局部战争的热点地区和问题,抓住战争可能爆发的主要矛盾和矛盾的主要方面,这样才能具体地掌握国际重大事件的发生发展,为军事情报获取打下基础。军事情报获取的目的是为战争服务,在和平时期,不论战争是否发生,是否涉及本国,都要搜集有关情报,要充分利用和平时期的国际环境,充分利用各种渠道,积累战争所需的军事情报,这样才不至于在战争爆发时手足无措,一无所知。

1.1.2.2 情报获取的主要内容

一切与军事行动有关的情报都应在获取和掌握之列,但在实践中完全获取到作战对象国的全部情报是困难的,一方面,现代条件下作战,敌对双方都以各种方式隐藏自己的真实企图;另一方面,由于作战任务不同,获取情况的范围也有所侧重。敌情是军事情报获取的中心内容和重要环节,查明敌情是情报部门的首要任务。敌情指作战对象国的军事、政治、经济、地理、社会等方面的情况,敌情可分为基本情况和动向情况,敌情的获取内容主要包括以下几个方面。

1. 军事情况

这是军事情报获取的重点,包括军事思想,建军方针,军事战略,军队现状,军费开支,常规战略,核战略,战场建设,编制体制,兵力部署,武器装备,作战思想、方法、特点,各军、兵种战役、战术,作战原则、任务,以及当前敌军的兵力编成、番号、部署、行动企图、战斗力、战术特点;指挥官的背景、能力和指挥特点;核武器及其他新式武器的性能和配置;阵地编成、工事构筑和火力配系情况;后勤技术保障状况;战斗准备程度等。

2. 战略目标情况

这是情报获取的主要内容之一,包括敌国战略军事基地,海军基地,港口,空军基地和机场,陆军基地设施,防空设施,核武器,导弹发射基地,军事工业目标,首脑机关,具有战略意义的城市、交通、设施目标等。获取战略目标情报主要是为进行战略打击提供情报依据。

3. 国防经济情况

现代战争是综合国力的较量,一国的军事力量从根本上受本国经济因素的制约,所以查明敌国的国防经济情况更为重要。国防经济情报获取的内容应包括战略资源蕴藏及产量、国民经济、国民收入、人民生活状况、主要工农业产品、军工生产、财政金融状况、对外投资贸易、军事贸易、经济集团实力等。

4. 政治、外交情况

军事是政治的延续,获取敌国的政治外交情报是把握、分析敌国军事行动的前提,因为任何军事行动都受政治的影响和支配,外交则是政治集团意志的具体表现。所以政治外交情报是很重要的战略情报内容之一,包括国家的政党组织、国家机构、社会团体、国内政局、对外政策、领土纠纷、边境事件、边界谈判、军事条约、在重大国际问题上的态度以及与己方的利害冲突等。

5. 军事地理、地形、水文气象情况

军事地理、地形、水文气象情况是军事作战的共同基础,积极查明和利用这些情况,就可以创造有利的作战条件。这也是制定战略方针、计划,进行国防建设、准备和实施战争所必须了解的重要情报,在进行获取时应予高度重视。

军事地理情况:即获取对象国的领土、行政区划、城镇人口、民族、风俗习惯、铁路与公路、海运与河运、管道、战略工程、人工障碍物等情报。

地形状况：涉及地形的状况，如土质、石质、植被、制高点、坡度、河流等。

道路状况：包括道路的种类、级别、宽度、坡度、桥梁、性质和通行能力以及道路两旁的地形状况等。

水文情况：包括江、河、湖、海、水源、沼泽等的位置、数量、航道、河岸、雨水、冰雪、水库、蓄水量、海岸、滩头、潮汐等，以及对军事行动有影响的其他情况。

气象情报：气象情报对军事行动有极为重要的作用。一般来讲，军事情报应获取下列气象情报：气温、风、云、雨、雷电、湿度、能见度、日照时间、昼夜变化、雾、霜、雹、寒暑、雨季、旱季、结冰、解冻及其变化规律等。

6. 居民情况

居民情况包括居民数量，分布状况，各类建筑物的坚固程度，街道可利用的建筑物，街道的数量、方向、宽度，以及住房和驻军容量等。

7. 社会情况

社会情况即作战区域影响军事行动的社会因素，包括政治、经济、卫生、文教、科学技术，居民生活、民族分布、风俗习惯、思想情绪，以及居民的希望、兴趣、偏见、怨恨、特长等。

1.1.2.3 情报获取的主要途径

军事情报来源是多样的，获取途径、方法也是多样的。最主要的军事情报获取途径就是侦察，包括战略侦察、战役侦察、战术侦察。由于军事情报搜集单位的性质、任务和层次不同，获取途径也有所不同，总部及战区的情报获取途径代表着整个国家的情报获取水平，不仅全面、系统，且力量最强，包括使用最先进的技术手段、最秘密的谍报派遣以及动用全部的侦察力量。

一般情况下，战区以下的军事情报获取途径主要有六种。

1. 接受上级通报、指示、命令或向上级申请查明情况

上级情报获取部门一般手段多、力量强、资料全，情报可靠性高，是最重要的获取途径。对上级下发和通报的情报以及敌军资料，要认真研究掌握，同时，对因各种原因或获取能力限制未能查明的情况或保障本级作战需要的情报，应主动、适时地向上级情报部门征询。

2. 派出侦察、组织观察和现地勘察，听取部属报告

各级所属的情报侦察机构是本级作战情报保障的主要力量，是情报部门获取情报的主要途径。各级情报部门应根据作战部队的任务，正确、适当地运用所属的侦察力量，周密组织实施侦察，及时进行具体指导，认真接受所属情报获取机构的报告，并要经常主动地查询情况。

3. 利用友邻部队

利用友邻部队、地方有关部门和以民兵为主的人民群众的侦察成果，并接受通报。情报部门应主动地与友邻部队和地方有关部门建立情报协同和交流关系,全面掌握整个战争的形势,对有关情况有全方位的了解。同时情报部门也应主动将己方掌握的与友邻部队、地方有关的情报及时地通报给他们,互通有无,提高情报的利用率。此外,利用人民群众的侦察成果也是重要的获取途径。

4. 审讯俘虏、调查投诚者

俘虏、投诚者长期在敌人的内部工作,有的甚至担任要职,对敌方情况了解甚多,这是情报获取的重要途径之一,要尽可能获取到更多的情报。

古今中外的军事情报机构和人员都充分利用这一途径,并取得巨大成功。但情报部门对通过这一途径获取到的情报,要加以认真鉴别、多方验证、综合分析,之后方能使用,防止误用假情报的现象。

5. 搜缴敌军文件资料和新式武器、器材装备

敌国的军事国防都是经过长期建设的,所以无论在和平时期还是在战争时期,情报部门要高度重视获取敌国的军事装备和新式武器、军事技术的工作。对敌军的资料文件应尽力搜索,但要注意鉴别真假,敌军文件资料和新式武器装备信息都是价值很高的情报。

6. 查阅平时掌握的资料和战区兵要地志

和平时期是获取军事情报的有利时机,在科学技术高度发达和信息技术飞速发展的今天,许多重要的军事情报都可以通过公开的手段和途径获取到。公开途径可获取的情报不仅数量大、内容广、获取方便,而且有用的情报成分很多;一般可通过公开发行的图书、报刊、广播、电视等来获取情报。许多重要的军事情报都是通过平时获取积累而获得的。战区兵要地志是历代为军事斗争服务而研究出来的成果,可直接运用于作战行动,是军事作战必不可少的决策情报依据之一。

1.2 情报获取技术的分类

情报获取手段有很多,包括最古老的人力情报搜集和最现代化的网络侦察。军事情报获取会受到各种客观条件的限制,因此,现代战争中军事情报的获取要立足于现有的获取手段,最大限度地发挥各种侦察力量的能力,尽可能建立新的手段和途径,加强侦察力量建设,及时准确地搜集各种军事情报。美国情报界从专业化和控制资源的角度出发,将情报获取手段分成若干情报门类,如人力情报、公开情报、信号情报、图像情报、测量与特征情报,而美国联合出版物则加上了技术情报和反情报,并利用地理空间情报代替图像情报。罗伯特·克拉克从情报分析的角度,将情报分为文字情报、非文字情报和网络情报,认为传统的通信情报、人力情报和开源情报主要获取文字信息,这些信息通常无须特别处理。非文字信息常常需要经过特殊处理后方可利用。但不管如何分类,交叉和重叠总是不可避免的。

本书认为，根据活动方式的不同，情报获取可以分为公开情报获取和秘密情报获取；根据对技术的依赖程度，情报获取可以分为人力情报获取和技术情报获取，其中人力情报获取包括秘密人力情报工作和公开人力情报工作；根据侦察平台的不同，技术情报获取可分为航天侦察、航空侦察、地面侦察和水下侦察。考虑到本书主要供航天侦察情报方向人员参考学习，以技术依赖为出发点，通过兼顾其他获取方式，本书将情报获取技术手段分为人力情报获取、开源情报获取和技术情报获取，并且重点阐述最为核心的技术情报获取技术。

1.2.1 人力情报获取技术

人力情报是最早的获取手段，未来无论技术如何发展，人力情报也将是重要手段之一，不会消失。人力情报获取技术按获取手段可以分为谍报侦察技术、武官侦察技术、部队侦察技术和人民群众侦察技术。

1.2.1.1 谍报侦察

谍报侦察是以获取机密情报为目的，用秘密派遣或发展的手段在侦察对象内部建立秘密组织和关系，从而开展一系列社会活动。在侦察对象内部以获取机密情报为目的而从事秘密活动的人员称为间谍。

1. 谍报侦察的地位和作用

谍报侦察是情报获取的重要手段之一，是随着阶级社会发展而发展的，并随着科学技术的进步，在延绵不断的战争与和平的交替中得到广泛应用，从而逐渐形成人类的一种特殊的社会行为。自中国的夏朝、古埃及、古希腊、古罗马以至波斯帝国以来，世界各国历代统治都十分重视谍报侦察，以此作为巩固自己的统治、抵御外敌入侵或对外进行侵略扩张的重要工具。《孙子兵法》"用间篇"中阐述了谍报侦察的基本理论和做法，这是人类历史上最早、最权威的谍报侦察理论著述，时至当代仍未失去指导国际间谍斗争的重要意义。进入21世纪的信息社会发展阶段，社会集团之间及国家之间的关系日益复杂，间谍活动的范围发生了很大的变化，已从军事政治领域逐渐渗透扩展到经济、文化、科技、民情、宗教等各个领域。但谍报侦察作为情报工作的重要手段，严格区别于以政治颠覆、恐怖活动、心理作战为目的的活动。

间谍依其活动特点可分为潜伏间谍和行动间谍。潜伏间谍长期秘密潜伏于侦察对象内部从事秘密情报搜集活动；行动间谍以伪装身份定期或不定期地往返潜入侦察对象内部执行谍报联络、指导、情报搜集或谍报环境的调查研究任务等。依其在间谍网中所负任务不同，间谍也可分为谍报组长、情报员、交通员、报务员、转递点主人、落脚点主人、掩护机构主人、中介员等。谍报组长是间谍网中谍报组的领导者；情报员是情报搜集的直接责任者或称情报来源；交通员是谍报组内或在谍报组、单个间谍与谍报领导机关间秘密往来的传递者；报务员是谍报组内秘密电台的保管、操作者；转递点主人主要负责谍报组内或在谍报组长、单个间谍与谍报领导机关间的密件转递任务;落脚点主人负责在间谍秘密往来侦察对象内部中途落脚时的接待或补给工作;掩护机构主人负责为间谍立足生存实现职业化掩护的工作;中介员一般仅负责谍报组内的联络任务或物色招募情报员的工作。依其接敌状态,间谍又可分为内线间谍和外线间谍。内线间谍是处于侦察目标内部,具有直接情报条件和价值的谍报人员;外线间谍是处于侦察目标外部,一般缺乏直接情报条件和价值的间谍人员。

间谍网可以概称一个国家谍报侦察机构在国外布建的所有间谍组织和单个间谍力量,也可以概称在某一谍报勤务地区或侦察对象国所布建的所有间谍组织和单个间谍力量。国际上,间谍网是以情报站、地区谍报中心为中心,用垂直领导、单线联系的形式,由秘密存在于所在国家(地区)的谍报组和单个间谍力量组成的。情报站设站长,地区谍报中心设主任。

谍报侦察作为重要战略侦察手段,在情报侦察工作建设中占有重要地位。在主要用于战略侦察的同时,谍报侦察也可以用于战役、战术侦察。谍报侦察与其他侦察手段可以互为补正,并能完成其他侦察手段难以完成的情报保障任务。尤其在关键时刻,谍报侦察的重要情报来源对情报保障具有"画龙点睛"的作用。谍报侦察的任务主要是着眼于搜集战略情报、战备资料及军事科技情报资料等,要为统帅部、部队训练、国防装备的研究与生产服务。

2. 谍报侦察的特点

1) 隐蔽性。间谍是在当地政府机构的严密统治下秘密进行一系列非法活动。他必须以各种社会化的公开合法形式作掩护,隐蔽自己的真实面目、身份和行动意图,寓非法活动于当地社会普遍的合法活动之中。隐蔽是成功的前提,暴露是失败的祸根。在国际斗争史上,因一句话、一个动作、一个发型、一个衣扣,甚至衣袋中的一个钱包、一盒火柴、一包牙签等招致暴露而被捕的间谍数不胜数。

1974年4月,联邦德国反间谍机构破获了"纪尧姆间谍案",震动了国际社会,招致时任总理维利·勃兰特引咎辞职。冈特·纪尧姆作为民主德国谍报机构密派间谍,于1956年以"难民"身份潜入联邦德国,13年后,凭借社会民主党的"靠山"进入联邦德国勃兰特政府总理府担任机要秘书兼党务顾问直至被捕,前后隐蔽潜伏了18年。这次行动打入之深,埋藏之久,情报价值之高,在国际谍报史上是罕见的。其成功之举因素质高,隐蔽好,失败也因暴露所致。

2) 进攻性。谍报侦察要在外区和对方内部建立秘密组织和关系,获取机密情报。为此,间谍必须要有大无畏的精神、敢于入虎穴的胆略、猎人般的敏锐及攫取对方核心机密的勇气和技艺,主动积极地寻找和利用侦察对象的弱点,采取"打入""拉出"的基本做法,深入对方内部要害部位,获取机密情报。间谍的进攻意识是决定其情报活动成效大小的主要内因动力。一名合格的间谍,在关键时刻要能够将个人生死置之度外,敢于冒风险去获取上级所急需的核心机密情报。苏联间谍理查德·左尔格在日本进行情报活动时的进攻能力以及情报保障能力堪称现代国际谍报史上的典范。

西方情报界认为,谍报侦察"只有对手、没有朋友",此观点亦可反映谍报侦察的进攻性。

3) 艰巨性。谍报侦察是同侦察对象和反谍报部门进行的一场尖锐复杂的斗争,稍有不慎就会遭到破坏,使多年苦心经营的成果毁于一旦。进入20世纪70年代以来,国际谍报与反谍报斗争更趋尖锐复杂,尤其是社会谍报环境的复杂性,已大大超过以往任何时代,反谍报机构竞相采用现代技术,甚至着力推进技术侦察的智能化,这日益加重间谍工作的难度和艰巨性。为此,必须不断提高间谍的谍报业务素质和活动技能,才能适应谍报侦察工作建设发展的需要。

4) 长期性。由于斗争艰巨复杂,谍报侦察工作建设一般必须经历相当长时间的过程。在间谍实现社会化、取得信任、深入要害部门之后,又要长期埋伏、活动得当,才能持久地保障情报所需,在关键时刻发挥重要作用。

谍报侦察能够直接触及侦察对象的内部核心机密,及时获取关键性情报,特别是原件情报、决策情况、内幕背景和重大事变预警动向情报等,并可持续发挥作用,但组织工作难度大、风险多、周期长,一般收效较慢。在谍报侦察工作建设中,任何可能不顾客观条件而"急功近利"、"急于求成"的做法都是非常危险的,必须力戒盲目蛮干。

3. 开展谍报侦察工作的途径

根据使用间谍的秘密身份及活动的掩护依托形式的不同,谍报侦察的途径可分为公开合法途径和秘密非法途径。

(1) 公开合法途径

公开合法途径的谍报侦察即主要以官方、半官方或民间驻外机构为依托,以外交官或其他公开合法派驻国外的人员身份、活动为掩护,在驻在国或地区秘密开展谍报侦察活动,诸如:物色发展间谍,实施交通联络;管理间谍组织;刺探套取、收买情报等。

公开合法途径秘密派遣的以官方或半官方驻外人员身份为掩护的间谍,其人身安全享有国际法或国际惯例的保护。

一般做法有:

① 以派遣外交官和外交机构中工作人员的形式秘密派遣间谍。
② 以派遣半官方驻外机构人员的形式秘密派遣间谍。
③ 以民间驻外机构人员身份为掩护秘密派遣间谍。
④ 以官方、半官方或民间出访、考察团成员身份为掩护秘密派遣间谍。
⑤ 以留学生、观光旅游、经商等形式为掩护秘密派遣间谍。

(2) 秘密非法途径

秘密非法途径的谍报侦察即以各种社会化合法身份或伪装身份为掩护,用合法入境或偷渡潜入的形式,由本国直接或迂回第三国(地区)进入侦察对象国(地区),到预定谍报勤务地段生根立足,依托社会化身份秘密开展谍报侦察活动,诸如物色、发展间谍,建立秘密组织,实施内线或外线情报搜集活动,进行交通联络或管理指导间谍的工作等。

一般做法有：

① 偷渡派遣。谍报领导机关凭借有利的谍报环境条件，让经过训练的间谍以从陆路偷越边境，或用秘密空投、海上带入等形式潜入侦察对象国（地区），进入预定谍报勤务地段。

② 合法入境派遣。一是以国外自然关系为依托，申请永久居留（移民）入境，秘密派遣间谍；二是以"难民"身份为掩护，申请永久居留（移民）入境，秘密派遣间谍；三是持伪造证件或以冒名顶替的方式合法潜入，秘密派遣间谍；四是以遣侨、遣俘、遣返非法入境者或以遣返违法被扣渔民、船员、观光旅游者等形式秘密派遣间谍。

③ 合法入境与偷渡相结合实施迂回派遣。间谍先以合法入境或偷渡方式潜入第三国（或地区），然后再创造条件，按预定计划以偷渡或合法入境形式进入侦察对象国家（地区）。

1.2.1.2 武官军事情报

武官是派驻在使馆里对外代表本国武装力量的外交官，是使馆馆长的军事顾问和助手。武官起初统一代表一国的武装力量，后来多数国家按军种分陆、海、空军武官；有的国家设国防武官，领导各军种武官，或由资深的军种武官担任国防武官；有的国家还设特别武官，许多国家还派副武官、武官助理，或军种副武官、军种武官助理。武官一般由国防部或总参谋部派出，受军事情报部门（由国防部或总参谋部授权）和使馆馆长的双重领导。

世界各国通常都把武官既看作外交官，又看作情报人员。确实如此，武官一方面作为本国武装力量的外交代表进行有关军事的外交工作，另一方面又是一个国家统帅部派在外的耳目，要从事军事情报活动。武官固然要做好军事外交方面的工作，同时也必须努力完成他所担负的军事情报任务。如果一名武官情报知识淡薄，没有做好情报工作，那么应该说他没有尽到应有的责任。

1. 武官军事情报工作的特点

武官的军事情报工作与其他军事情报工作有相同的地方，又有其自身的特点，是其他军事情报工作所不能代替的。武官军事情报工作的特点就在于武官有合法的外交官身份和较高的外交地位，可以参加各种外交、社会活动，接触有情报价值的人士，从中获取所需的情报。也正因为武官所从事的军事情报工作主要是通过军事外交和对外活动进行的，所以有很强的政策性，必须贯彻国家的外交和对外政策和策略。武官的军事外交工作和军事情报工作，两者性质不同，但有十分密切的联系。情报工作可以为外交斗争服务，而外交工作则能为情报工作创造条件。外交工作和对外交往，往往同时也是搜集情报的过程。武官做不好军事外交工作，在军事情报工作方面就很难做出成绩。但这并不代表武官把军事外交工作做好了，军事情报工作自然就上去了。武官还必须有意识地花力气去抓情报。

2. 武官军事情报任务

武官所担负的军事情报任务，大体包含：
① 注视驻在国、有关地区和世界性的战略动向。
② 调研驻在国和有关地区的军事以及与军事相关的基本情况。
③ 搜集国防科技情报和其他有用的情报资料。

3. 武官获取军事情报的途径

武官为了做好军事情报工作，必须从他所处的客观环境和实际情况出发，尽量利用有利时机，积极创造条件，广辟情报来源。

武官获取军事情报大致有以下途径：

① 通过外交和社交活动：武官代表本国武装力量（军种武官则代表军种）同驻在国进行正常的外交联系时，可以会见、认识高级军方人士和政府官员；为了办理一些有关两国军队之间的具体事务或进行某项交涉，要同驻在国军方的外事、情报部门打交道；协助和承办有关联合演习、军工合作、军品贸易、军事技术交流和军援、军训等工作时，则能与驻在国很多有关单位（包括部队军事院校、军事学术团体、官方的科研单位、军工生产工厂等）来往。有时武官也可能与驻在国的议会、政府部门和其他官方机构联系。

② 通过交友工作：武官在外交或社交活动中能结识各方面的人物，如驻在国中上层军官、政府官员、社会名流、新闻记者、专家学者、国防科技和军工生产方面的人员、各国武官和其他使团人员等。武官同他们之中有些人可能只是泛泛之交，同有些人则可重点交往；也可以在广交的基础上，选择有较好情报条件者为主要对象，下功夫深交，主要是力求在政治上有共同点，同时也重视培养私人感情，必要时可适当运用经济手段，以布局有效的情报渠道。

③ 通过现场观察：武官作为国家武装力量的代表，往往可以参加驻在国军方为武官安排的一些与军事有关的活动，如参观部队、军事院校、军工厂、军事演习、军事技术表演、射击比赛、参加军事院校的毕业典礼等。这是武官进行观察、获取情报的好时机，武官可以了解驻在国军队的武器装备、战术技术、训练质量、官兵士气等（当然，有些可能是专门给他人参观的）。参加这些活动，主要是看，有时也可以问。

④ 通过研究公开资料：武官最为经常性的工作是研究公开资料，从中得到情报。有些公开资料虽然比较零碎，只要认真加以筛选、分析、综合，可能就是重要的情报。另一方面，武官从公开的新闻报道里及时获悉国际上和驻在国的政治、军事方面的大事，做到心中有数，这样可为对外活动提供与人交谈的话题和线索，有利于进一步搜集有用的情报。有时武官还可用公开资料所透露的消息与对外活动得到的情报进行对照比较，以供分析研究时作为考虑因素。

⑤ 通过资料搜集：对于武官来说，搜集有情报价值的资料是其情报任务之一。因为武官被派驻在国外，有条件就近完成这一任务。但是对在什么地方、用什么方法可以搜集到哪种需要的资料，武官必须做一番调查研究，所谓有情报价值的资料是指

经整理后能对研究战略动向、军事基本情况或军事科技有用的报刊、书籍、地图、表册、照片、电影、录像、研究报告、技术资料、模型、实物等。这些多数是发行范围不受限制的公开资料,有的则是有一定发行范围、仅供某些单位参考或内部使用的资料。前一种较为容易得到,要获得后一种就相当困难。

⑥ 通过情报交换:武官如果是驻在盟国或某些友好国家,往往按两国达成的协议,有同驻在国军方互相交换相关第三国情报的任务。这样,驻在国军方会定期或不定期召见武官,武官也可约见对方,互通情报。驻在国有重大军事行动时,也可能事前或事后通报给武官,让武官向自己的国家报告。在盟国之间,平时往往通过武官互相交流有关军事方面的情况和资料,战时武官则一般充当两国军事当局的联络官。如果武官被派驻的国家不是盟国或友好国家,也可能可以与盟国或友好国家派驻该国的武官相互交换情报或非正式地交流情况。

1.2.1.3 作战部队侦察

作战部队侦察,也称合成军队侦察,是为了保障作战胜利而进行的侦察,也是诸军兵种合成的侦察。信息化条件下的作战,是诸军兵种参加的一体化联合作战。合成军队侦察,就是指由各级合成军队指挥员及司令部组织实施,由各兵种专业化侦察部队、分队以各种侦察手段为及时获取准确的情报而进行的侦察,主要查明军队作战所需的敌情、地形、天候、气象情况以及与作战有关的其他情况。在任何情况下,都应先查明和掌握对作战行动有决定意义的情况,特别是敌人的行动企图,敌人发动突然袭击的征候,重兵集团的动向,以及使用大规模杀伤性武器、精确制导武器、信息战武器装备等情况。合成军队侦察是合成军队指挥员做正确决定的基础和正确指挥作战的保障。组织合成军队侦察是军队各级指挥员和司令部的重要职责之一。

1.2.1.4 人民群众侦察

人民群众侦察,是由军事部门协同地方政府或群众团体组织和运用以民兵为骨干的人民群众获取情报的活动,是军事情报的来源之一。只有进行正义的、为人民利益并得到群众拥护和支持的战争一方,才具有开展人民群众侦察的基础和条件。历史上,特别是近代史上进行的许多正义战争中,人民群众就自觉或不自觉地为国家和军队提供情报。例如,公元1661年郑成功收复台湾之战,是一场维护祖国领土完整的正义之战。郑成功围攻赤嵌屡战不克,湾民冒险告郑,曰:"城外高山有水自下而上,统于城壕,贯城而过,城中无井泉,所饮唯此一水,若塞其水源,三日而告变矣!"郑成功根据群众提供的这一情报,切断了通向城内的唯一水源,迫使荷兰守军迅速出降。第二次世界大战期间,许多反法西斯国家通过在当地民团组织和敌后游击队中建立的侦察组织和军队于行军作战中向居民进行调查询问,获得大量情报,有力地保障了军事斗争的胜利。人民群众侦察在中国共产党领导的历次革命战争和建国后保卫祖国的斗争中所发挥的重要作用,是举世瞩目的。反之,第二次世界大战后,资产阶级国家和军队,特别是超级大国及其军队在实行对外侵略扩张、镇压民族独立解放运动和对主权国家的颠覆活动中,虽然日益重视"秘密工作的基础在于人民群众",但由于其战争的非正义性、政策的反动性和手段的残酷性,他们失去人民的支持,失败多于成功。美军哀叹在侵朝战争和侵越战争中遭受惨败之余,不得不抱怨"情报机关和这个国家的人民之间缺乏合作"。

1.2.2 开源情报获取技术

开源情报是一个情报门类,是指为了响应特定的情报和信息需求,通过搜集和利用公开可得信息从而进行情报生产,并及时地传送给适当的受众。

1.2.2.1 开源情报的定义

2006年美国《国防授权法案》(National Defense Authorization Act)中指出:"开源情报是指,为了响应特定的情报需求,通过搜集和利用公开可得信息而进行情报生产,并及时地分发给适当的受众群体。"《陆军情报流程》对开源情报进行如下描述:开源情报是为响应情报需求,对公开可得信息进行系统搜集、处理和分析而得出的有关信息。

从这些补充定义中可以提取两个重要的术语:公开来源(Open Source),是指提供信息的个人或群体事先知道其提供的信息不涉及隐私,所包含的信息、关系是允许被公开披露的。公开可得信息(Publicly Available Information),是指用于公众消费的数据、事件、说明,或者其他出版或广播的材料;普通公众成员可获得的;通过不经意的观察就能合法地看到或听到的;或者可以从一个向公众开放的会议中获得的信息。

1.2.2.2 开源情报的特性

1. 提供情报基础

情报和非情报行动都直接或间接地以公开可得信息为基础,社会结构、教育系统、新闻服务和娱乐产业决定了我们观察世界的视角、对国际事件的认识和对国外社会的了解。

2. 满足情报需求

公开可得信息的可获得性、深度和广度使情报和非情报部门无须动用特殊人力或技术,就能搜集到许多能满足指挥官需求的关键信息。开源情报行动具备公开可得信息的数量、广度和质量,就可以直接推进情报生产流程中从计划到生产阶段的各个环节。

3. 促进搜集工作

通过满足需求和提供辅助性基础信息(如传记、文化信息、地理空间信息、技术数据等),开源情报的搜集、研究能支援其他监视和侦察活动。

4. 促进情报生产

作为单一和多样化情报产品的一部分,对公开可得信息和开源情报的运用及整合,确保决策者能够从全源可获得信息中受益。

1.2.2.3 开源情报的来源

公开来源和公开可获得信息的来源可能包含但不局限于:学术界(经济、地理、生物、文化、政治、军事、国际关系、区域安全、科学技术等学科的课件、论文、演讲、介绍、研究报告等);政府、政府间和非政府组织(Non Governmental Organizations,NGOs)(数据库、发布的信息,以及种类繁多的关于经济、环境、地理、人道主义、安全和技术等问题的印刷版报告);商业和公共信息服务(广播、发布、印刷的当前国际、区域和本地新闻;图书馆和研究中心(各类印刷版资料和电子版数据库,以及信息检索的知识和技术)以及个人和群体手写、绘制、发布、印刷和广播的信息(如艺术品、涂鸦、传单、海报和网站)。

开源情报的来源分为以下几个方面。

1. 公开发言场所

公开发言是最古老的传播平台,是向听众口头发布公开事件或发生在公共地区事件的一种方式。这些事件或发言场所包括但不限于学术辩论、教学演讲、新闻会议、政治集会、开放式政府会议、宗教布道和科技展览等。在参加一场公开发言时,无论是发言人还是听众都不会期待在演讲中透露或获得私密信息,除非是专门设置的秘密环境。

2. 公开文件资料

文件资料是指能被记录下来的信息,无论记录载体是什么形态或特征。同公开发言一样,公开文件资料也往往是情报的一种来源。文件资料为我们的作战环境提供了深度信息,能支持我们计划、准备和实施军事行动。在作战行动中,报纸、杂志等资料能提供有关信息作战效果的视角。书本、传单、杂志、地图、手册、宣传册、报纸、照片、公共财产记录,以及用其他形式记录的信息对于掌握作战环境具有情报价值。长期的文件资料积累有助于对潜在作战环境的研究。搜集外军武器装备的作战和技术特性方面的资料有助于发展、改进战术、对策和装备。

3. 公共广播

公共广播通过计算机、无线广播或电视网络,将用于大众消费的数据或信息实时传播给接收人或终端。公共广播是提供关于作战环境实时信息的重要来源。电视新闻广播经常能提供关于当前形势的第一手征候和预警(Indications and Warning,I&W),这些信息可能正是部队所需要的。新闻广播和公告能让情报人员实时监测作战区(Area of Operations,AO)的情况,并且在情况发生改变时及时采取适当的措施。无线广播和电视传播的新闻、评论和分析同样能为地方政府、公民、新闻组织及社会的其他成分了解作战行动提供窗口。广播同样能提供关于信息作战效果的信息和视角。

4. 互联网网站

用户能通过互联网加入一个向公众开放的通信网络,世界各地的计算机、网络和各类组织的计算机设备也通过互联网连接这个网络。互联网不仅是一个调查工具,还是侦察和监视的工具,能让情报人员搜索和观察公开来源信息。通过互联网,训练有素的情报搜集人员能侦测到可能包含敌方意图、作战能力和行动的互联网网站,并进行监视。

搜集人员能监视提供信息作战评估的报纸、无线广播和电视网站,能通过对网页和数据库的定期搜索来获取关于军事作战序列(Military Order of Battle,MOB)、特性和装备等内容。搜集、积累网页内容和链接能得出关于个体与组织关系的有用信息。只要适当关注,搜集和处理互联网网站的公开可得信息就能帮助了解作战环境。

1.2.2.4 开源情报获取

1. 搜集公开可得信息

开源情报通过战场情报准备的持续性过程被整合到计划的制订中。从事开源情报工作的人员必须按照所要求的详细程度,开始信息搜集和申请活动,以满足指挥官的关键信息需求。公开来源信息搜集包括四个步骤:信息及情报需求识别;信息及情报需求分类;确定用以搜集信息的来源;确定信息获取技术。

1) 信息及情报需求识别:情报和信息的缺口在进行战场情报准备期间被确定下来。应当围绕任务变量和行动变量对这些缺口进行更新,以确保指挥官接收到能支持整个战线或行动的信息。当信息和情报被接收后,开源情报工作人员更新战场情报准备产品,并将相关变化告知指挥官。开源情报需要建立在表述清楚的信息和情报需求前提之上,以使开源情报工作人员有效开展获取和生产工作,而且应当融合到搜集计划中,以满足这些需求。

2) 信息及情报需求分类:要满足的情报需求可能拓展至开源情报范畴以外,导致情报缺口。开源情报受制于信息,情报缺口需要运用其他能填补这些缺口的合适方法来满足。

战场情报准备可根据任务分析及已方作战方案,对情报和信息需求进行分类。开源情报人员在这一步骤中提供提示。

信息可分为私密信息和公开可得信息:

① 私密信息(Private Information),是指专门向特定的个人、群体或组织提供的数据、事件、说明或其他材料。需要私密信息的情报需求不会被指派给开源情报分队。私密信息有两个子分类:受控非保密信息(Controlled Unclassified Information),是指因各种原因(比如敏感但非保密、仅限官方使用等)需要受控制或采取防护措施的信息;保密信息(Classified Information),只允许在被授权的范围内使用,而且在生产或传播时,必须标记出其保密状态。

② 公开可得信息（Publicly Available Information），是指用于公众消费的数据、事件、说明，或其他出版或广播的材料；普通公众成员可获得的；通过不经意的观察就能合法地看到或听到的；或者可以从一个向公众开放的会议中获得的信息。

3）确定用以搜集信息的来源：确定来源是制订需求计划及评估搜集计划的一部分内容。用来搜集信息的两种来源分别是秘密来源和公开来源。秘密来源，是指提供信息的个人、群体或系统事先知道其提供的信息、关系是禁止公开披露的。需要用到秘密来源的信息和情报需求不会被指派给开源情报分队。

4）确定获取技术：获取意味着累积，由原始数据和信息生成的情报，通过各种方式被创建、合成及传播。搜集到的信息经分析后，整合到全源情报或其他情报门类的产品中。这些产品依据部队的标准作业程序、行动命令、其他已经制定的反馈机制或情报架构来被传送。这些技术确认了计划中各目标的存在，并提供关于作战区内各种来源的活动和信息基础，用于后续的发展和验证。在收集信息时，所用的技术包括特定信息请求、目的、优先顺序、预期活动的时间表、信息保持价值的最晚（或最早）时间（Latest/Earliest Time the Information is of Value, LTIOV）、报告说明等。

2. 调研

在确定了搜集技术后，开源情报工作人员开展相关调研以满足情报和信息需求。调研工作包括以下几个方面：

① 使信息和情报数据库形成规模。这些数据库使得开源情报人员通过（向数据库）提供请求的信息以满足需求，对作战区内的变化做出正确回应。

② 被用于聚集信息。这些信息有助于提供对于某问题的理解，并能够系统地组织结果。

③ 被用于在部队部署之前及期间提供相关情报知识。

以下是可用的两种调研方法：

① 实地调研。来自学术界、政府、政府间和非政府组织的人员从第一手来源中获取数据，同时也会从第二手来源中检索相关数据。这一方法由参与者的观察、数据搜集和调查调研组成；在用于向指挥官提供态势感知的行动变量（政治、军事、经济、社会信息、基础设施、物理环境、时间）信息和情报发展中，当时间因素无关紧要时，实地调研在作战和战略层级被广泛运用。

② 实用调研。情报人员从第二手来源检索现成的数据和信息。在用于向指挥官提供态势感知的任务变量（任务、敌情、地形和气象、部队和可得支援、可用时间、平民事项）信息和情报发展中，当需要考虑时间因素时，实用调研在战术层级被广泛运用。

1.2.2.5 开源情报的搜集原则

广泛搜集是公开资料工作的基本方向。但只有遵循一定的基本原则和工作方法，才能在公开资料的汪洋大海中找到点点滴滴的宝贵情报。公开资料搜集工作的基本原则有以下几点。

1. 根据需要,制订长期计划、总体规划、近期目标和临时特需题目

世界各国对公开资料有共同需要,但每一国家的具体需要却各有针对性,不能无目的地搜集。要根据工作的计划和针对性、来自国家战略和军事战略的长期需要、来自国家和军队各个时期的任务,制定基本计划,还要根据情况制定一个时期的或对一个问题的具体搜集要点,并把两者有机地结合起来。计划要包括搜集目标、渠道和方法,要能保证确实把能解决问题、使用率高、效益显著的公开资料获取到。同时,搜集工作者还要有敏感的头脑,善于观察国际风云的变化,审时度势,在计划执行过程中,不失时机地对预定计划随时进行补充和修正。

2. 抓紧重点,力求全面、系统

公开军事资料搜集的重点是以军事为核心。凡属国家安危的国际大事和大家都关心的问题都是重点,但应力求全面、系统,不留空白。

① 既要搜集重点国家和地区的资料,又要面向全世界。艾伦·杜勒斯从美国的利益出发,说过一段引人深思的话:"我们搜集情报,决不能只限于搜集当前发生危机的国家的情报。在这个核火箭时代,甚至连南极和北极也成了重要的战略地区。距离和时间已经大大失去意义。"

② 搜集动向情况资料与基本情况资料并重。掌握动向情况要竭尽所能,及时、连贯而又有预见性地跟进。基本情况是研究和掌握动向情况的基础,包括历史的、现实的和未来的诸多论述,任何时候都要注意搜集,不可偏废。

③ 重视军事的同时,不能忽视搜集与军事有关的政治、经济和科学技术资料。

④ 在和平环境下,不能忽视在爆发战争时所需要的情报资料。要充分利用和平时期的有利环境,关注主要和周围国家的军事动向,特别是潜在对手的情况。

3. 持之以恒,坚持不懈

一要在人力、财力、器材和场所诸方面给以保证。二要稳定现有资料来源,大力挖掘新来源,特别是发生战争时的来源,使其具有直接搜集和迂回搜集的能力。三要不间断地进行搜集,在受到某种干扰,某些资料出现间断现象时,亦要在事后补足,或用相应的资料代替。四要努力突破搜集中的难点,把不易得到的资料获取到手。

4. 开辟多种渠道,使用多种方法

公开资料的搜集,是一项细致、繁杂而不能须臾间断的工作。为了保证资料不失时机地源源而来,不被战争、运输及其他意外事件打断,应当开辟多种渠道,使用多种方法。

1.2.2.6 开源情报的处理

同公开资料不等于军事情报一样,对公开资料的处理也不等于对军事情报的处理,但是它们之间又是密切相关的。这是因为:第一,公开资料中的一部分经过鉴别和去芜存精后可以直接作为军事情报使用;第二,公开资料中的另外一些部分作为军事情报素材,同其他来源的军事情报素材一样,是构成军事情报的基础,它们经过筛选和综合之后可以单独构成军事情报,或者和其他来源的军事情报素材综合在一起,可以共同构成军事情报;第三,公开资料经过选材和综合后可以形成军事情报的半成品,供需要时使用;第四,留存备用的大量公开资料可以在需要时被进一步选材,从中汲取军事情报素材;第五,某些公开资料虽然不能直接作为军事情报或情报素材使用,但由于其材料丰富或立论新颖,或在材料和立论的某些方面有独到之处,对领导层、部队有参考或启发价值。所以,对公开资料的处理与对整个军事情报的处理既有区别又是息息相通的,这体现在以下几个基本环节。

1. 选　材

选材就是要在大量的公开资料中,经过去伪存真、去粗取精,区分轻重缓急,把切合当前和将来需要的军事情报素材选出来,并集中起来及时提供军事情报处理部门使用或留存备用。及时提供当前需要的军事情报素材,是选材的重点。由于这些素材多数是从电讯(包括广播、电视)和报纸中选出的,一般是属于动向性的。

筛选的主要目的包含:

① 淘汰无用的资料,但必须十分慎重,把淘汰数量压到最低限度,力求保留当时看来无用而将来有用的资料。

② 对一些虽然价值很高,但专业性很强,本单位无力处理的资料(如部分地图、科技资料),将原件提供给有关单位,使其充分发挥作用。

③ 选出急需资料,优先处理。

2. 存　储

分类科学、储存有序是资料管理的基本要求。分类,就是将各种资料分门别类地进行储存。编目是其关键,其目的是便于查找、便于使用。公开军事资料的馆藏,不同于普通图书馆,也有别于一般科技资料馆,它的特点是:资料种类齐全,但侧重于军事和情报;服务对象固定;知识门类集中,并有一定的保密要求。

3. 检　索

检索是查找资料的钥匙,要力求方便实用。资料的检索方法迄今已经历了手工检索、半机械化检索和电子计算机检索等发展阶段。从发展趋势看,电子计算机检索将进一步取代手工检索。但是,无论现在还是将来,手工检索都是电子计算机检索的基础。

检索必须有一套完善而科学的检索工具。最基本、最常用的检索工具是卡片式分类目录、书名目录和著者目录,此外还有书本式、胶卷(片)式、磁带式分类目录和主题目录、期刊目录、出版机构目录等。电子计算机在情报资料检索工作中具有快速、简便、占用空间小等特点,其作用将越来越大。

1.2.3 技术情报获取技术

技术情报是指通过技术侦察获取得到的情报,而技术侦察就是使用侦察装备或侦察技术进行的侦察活动。技术侦察又离不开侦察技术,所谓侦察技术,实际上就是"看"与"听"的技术,形形色色的侦察技术延伸了人的五官,让我们看得更远、听得更清。侦察技术的基本理论主要建立在电磁波和机械波(声波)特性上。基于电磁波的侦察技术主要利用其以下特性:一是利用物体发射电磁波的特征。任何高于绝对零度的物体,其内部存在分子的热运动,都会不断地以电磁波的形式向外释放热辐射能量。不同物体的热辐射强度不同,同一物体处于不同温度时,其热辐射能量的波长分布也不相同,温度愈高,峰值波长愈短。二是利用物体反射电磁波的特征。同一物体对不同波长的电磁波反射能力不同,不同物体对同一波长的电磁波反射能力不同。物体对电磁波反射的特定差异,决定了它们在白光的照射下会显示出各自的颜色。不同物体能反射和辐射不同电磁波的这种特性称为目标特征信息,目标与背景之间的任何差异,比如外部形状的差异,或在声、光、电、磁等物理特性方面的差异,都可以直接由人的感官或借助一些技术手段加以区别,这就是目标可以被探测到的基本依据。基于声波的侦察技术主要利用声波不仅能够在空气中传播,而且能在固体和液体,特别是在水中传播的独特优势,大大扩展了侦察范围。声波在水中比在空气中传播得更远,也传播得更快,目前在水下应用十分广泛,利用声波在水中获取到的情报称为水声情报。

技术侦察大多需要借助特别的技术装备(传感器),通过接收目标经介质(空气、大地、海水)辐射或反射的某种能量(电磁波、声波等),并将其转换为人们能够识别的信号,以查清楚目标的性质和特点。但技术侦察也可以不借助传感器,而是通过对物料或材料的样本进行分析,了解目标的性质和特点。

技术情报的分类方法较多,根据情报用途可分为战略情报、战役情报和战术情报;根据使命任务可分为电磁频谱监视情报、战场侦察情报、目标监视情报、海洋监视情报、导弹预警情报、核爆探测情报、水下探测情报等;根据目标类别可分为实体目标情报和无线电目标情报;根据电磁波或机械波来源可分为无源侦察情报和有源侦察情报;根据侦察平台可分为航天侦察情报、航空侦察情报、地面侦察情报和海上侦察情报;根据技术途径可分为光电侦察技术情报、雷达技术情报、信号侦察技术情报、微波辐射计技术情报、声学探测技术情报、地面战场传感器技术情报等;根据情报类型可分为地理空间情报、信号情报、测量与特征情报和网络情报。本书主要根据所使用的侦察装备和侦察技术的不同,以情报类型进行分类,辅以技术途径配合。这一分类方法由美国情报界首倡,为国际情报界所接受。

1.2.3.1 地理空间情报

地理空间情报主要指对影像与地理空间信息加以利用与分析,以阐述、评估和真实描述地球上的物理特征及与地理相关的活动。美国国家地理空间情报局将地理空间情报定义为"能够观察到或可供地球参照且具有国家安全含义的自然物体或人造物体的信息"。

地理空间情报由地理空间情报手段、组成地理空间情报的资料、生产地理空间情报产品的过程和由地理空间情报得到的产品组成。地理空间情报包含三大要素：一是影像，即自然、人造景物、相关目标、活动的图像或显示，以及与获得影像或显示的同时获得的位置数据，包括国家情报侦察系统产生的影像或显示，包括可见光、红外、多光谱、高光谱和雷达、激光等图像，但不包括属于人力情报搜集概念的手工摄影或秘密摄影；二是图像情报，即通过对图像和附带素材进行判读和分析而得到的有关目标的技术性能和情报信息，其来源包括光电、雷达、红外、多光谱、激光等传感器，这些传感器制成的目标图像在光学或电子手段、数字再现胶片、电子显示设备或其他媒介上；三是地理空间信息，主要用于确定地球上相关地理位置、自然或人工特征以及边界的信息，其内容包括统计数据，通过遥感、测绘和勘测技术获取的信息，绘图、指标、测地数据和相关产品，主要描述物体"是什么""在哪里"。地理空间信息通常被纳入地理空间数据框架中考虑。

地理空间情报极大改变了决策的进程与方式。过去，当决策人员面对一幅静态的图像情报时，只能问"那是什么"或者"发生了什么"，结合地理空间信息后加入时间维，就能回答"它在哪里""正在做什么""将往哪里去"等问题，从而为决策者提供一个可视化的一体化综合环境。

图像情报是地理空间情报的一个重要组成部分。早在1839年路易斯·达盖尔发表了他和约瑟夫·尼埃普斯拍摄的照片，首次成功将拍摄事物记录在胶片上。1909年，人类首次乘飞机拍摄了地面照片。第一次世界大战初期，一名英国军官在飞机上用普通照相机拍摄了德军的部署和调动情况，为联军发现德军的薄弱环节、调整部署、组织反攻提供了宝贵的情报。通过立体观测设备，照片解读人员可以还原大量影像，现代影像分析和地图测绘技术就此兴起。本书也主要侧重于图像情报获取技术，且重点关注基于航天遥感的图像情报获取技术。

1.2.3.2 信号情报

信号情报是利用外国通信系统和非通信发射器获取的情报，通常包括通信情报、电子情报和遥测截获情报。

1. 通信情报

通信情报是指非指定接收者从己方以外的通信中获得的技术信息和情报。通信情报大多是截获无线电信息，但通过线路传输的信息也可被截获。截获有线通信需要与通信线路产生物理接触，其运用不像无线电截获那么普遍，但在特定的情况下也能发挥重要作用。在第一次世界大战的西线战场，一根电话线接到耳机上，其余部分通过地面传导，就可以构成一个电路，可方便地进行电话通信。搭载敌军的电话线路进行窃听便成为战场上获取敌军情报的一个有效手段。

通信情报还可以通过台情分析获取。所谓台情分析,即对侦察对象的无线电通过联络情况进行综合分析而获取情报。通过分析通信联络中的各种情况和通信诸元、联络关系、电信流量、台位变化、设备特点、服务或话务人员谈话、通联规约的特点和使用规律等情况,可以找出台情现象与侦察对象活动之间的内在联系,推断出侦察对象的指挥关系、部队编成、兵力部署、通信制度、保密措施等技术情报和使用的密码种类、外部特征等情况。

2. 电子情报

电子情报是指非指定接收者从非通信电磁辐射源的辐射中获取的技术和定位信息。通信、雷达、无线电导航和制导等电子系统都要向空中发射具有一定能量和信息的电磁波,这些设备被称为辐射源,同时,空间还存在着对方无意辐射的电磁信号,从而形成一个电磁信号空间。电子情报系统实质上是一种对电磁信号环境进行采样、分析和处理的信息系统,一般都具有对电磁辐射信号进行探测、分选、分析、识别、定位和记录等功能。电子情报系统首先要正确地发现信号的存在,并利用各种辐射源的不同特征进行信号分选或分类,精确地测定和分析各辐射源的特征参数。然后,与数据库中已存入的辐射源参数表(特征)进行比较,对辐射源进行识别,推断其用途和能力,显示和记录辐射源的特征参数、类型、威胁程度和可信度等并确定辐射源的优先等级,同时,根据不同位置测定的到达方向或达到时差,可以确定辐射源的地理位置。

电子情报系统具有很强的信息分析能力。不同的雷达或通信设备辐射的电磁信号形式是不相同的,即便是两台同时制造的雷达也是如此。依据截获的信号特征,电子情报系统可以判断出辐射源的类型和身份,区分出警戒雷达、火炮控制雷达、导弹制导雷达等,也可以辨别出通信电台的类型及其所归属的通信网。这种对辐射源属性的识别能力,使得电子情报系统能够提供更丰富、更准确的作战态势。

电子情报分为作战电子情报和技术电子情报。作战电子情报通过截获和分析雷达信号来定位雷达,确认型号,判断运行状态,并跟踪它们的移动,提供"电子战斗序列"。技术电子情报主要用于评估雷达的能力和性能,以确认雷达的技术特征,评估雷达的缺陷,协助电子战的规划者进行抵御。

3. 遥测截获情报

遥测截获情报是指对己方以外的遥测信号进行截获、处理和分析,所得到的技术信息和情报,通常被称为外国仪器信号情报。遥测截获情报从截获的外国电磁发射获得技术信息和情报,其信号包括但不限于遥测系统、电子询问器、无线电与雷达信号、视频数据链等。

1.2.3.3 测量与特征情报

测量与特征情报是指通过对特定的技术传感器(或者材料样品)获得的数据(距

离、角度、空间、波长、时间依赖性、调制、等离子体和磁流体动力)进行定量和定性分析而获得的科学技术情报,其目的在于识别与目标、辐射源、发射体或发送器相关的特征。测量指的是对某一事件或物体的实际参数的测量;特征则是长时间在不同环境下进行多次测量后收集到的结果,以建立目标类别简介和区分目标,并向作战监视系统和武器系统报告算法。测量与特征情报主要用于获取对象的声学特征、光电特征、磁特征、生物特征、化学特征和计量生物学特征,实际上综合运用了多种情报搜集手段,因此其分类颇为复杂。美国学者罗伯特·克拉克将测量与特征情报划分为声学情报、红外情报、激光情报、核情报、光学情报和雷达情报。美国陆军《情报》条令(FM 2-0)将测量与特征情报划分为六个类别,即光电测量与特征情报、材料测量与特征情报、核测量与特征情报、雷达测量与特征情报和射频测量与特征情报。除了不属于图像情报、信号情报这一共性之外,上述各种手段之间没有任何共同特征。本书综合上述两种分法,将测量与特征情报分为雷达情报、光电情报、声学情报、核情报、材料情报、射频情报和地球物理情报。

1. 雷达情报

雷达情报传感器可用于海、空、天等多种平台,包括雷达视线、超视距雷达、合成孔径雷达、逆合成孔径雷达和多基地雷达等。雷达情报传感器通过视线、双基地和超地平线雷达系统进行情报搜集,涉及的情报包括雷达发射面积、追踪、精确测量以及动态目标的吸附特性等。其情报产品用于识别和提供变更侦测、地形测绘、水下障碍物、动态感应杂波中的目标和雷达截面特征测量等。这里的雷达情报不包括通过雷达成像系统获取的图像情报。

2. 光电情报

光电情报是对电磁频谱的光学部分(紫外线、可见光和红外线)所发射或反射的能量进行搜集、加工、开发和分析而获得的情报。光电传感器包括辐射计、光谱分析仪、激光器、激光探测和测距系统,可用于测量目标的辐射强度、动力系统、光谱和空间特征以及目标的材料成分等,被广泛应用于军事、民用、经济和环境领域。光电情报与图像情报既有相通之处,又相互区别。图像情报拍下的是可辨认事物的图像,而光电情报则是查找连续图像之间的变化,或者是在可见光照片中检查色彩频谱以确定照片中的绿色是植物还是伪装涂料。光电情报搜集和提取的往往是目标伪装下的自然属性数据,因而具有很高的可信度。

3. 声学情报

声学情报是对大气或水中传播的声音、压力波和振动进行采集,通过水基系统探测、识别、追踪船只和潜艇而获得的情报。声学情报的主要传感器就是声呐,它是一种利用声波在水下的传播特性,通过电声转换和信息处理,完成水下目标探测和通信任务的电子设备。光在水中的穿透能力很有限,即使在最清澈的海水中,人们也只能看到几十米至几十米内的物体;电磁波在水中衰减很快,波长越短,损失越大,即使用大功率的低频电磁波,也只能传播几十米。然而,声波在水中传播的衰减就小得多,在深海声道中爆炸一颗几百磅重的炸弹,在 2×10^4 km 外还可以收到信号,低频的声波还可以穿透海底几千米的地层,并且得到地层中的信息。因此,要在水中进行观察和测量,声波具有得天独厚的条件。以声波探测水面下的人造物体成为运用最广泛的手段。声波的这种性能为声呐探测海中目标奠定了基础。

4. 核情报

核情报是源于核辐射等物理现象的远程监测和勘察分析而获得的情报。所有的核反应都会放射各种粒子和波形——γ射线、X射线、中子、电子或离子。地面或大气层核爆炸的辐射最强,而核动力反应堆也一样。辐射的强度和类型使人们能够确定辐射源的特征。核辐射探测仪能够远距离探测隐蔽的核装置。

5. 材料情报

材料情报是对气体、液体和固体取样进行搜集、处理和分析而获得的情报。船只或潜艇航行时,会留下可显示其航迹的化学物质;由于船体的腐蚀和生锈,金属不断地沉淀到水中;核电发电机中的中子辐射可导致海水发生变化。所有这些都会在海洋中留下一条"痕迹",使用适当的传感器可以跟踪这种痕迹。1949年8月,美国情报界通过测量空气中的放射物,确定苏联爆炸了第一颗原子弹。在支援军事计划和作战行动、探测核试验和核材料、发现化学战产品、监控疾病暴发、监测环境问题等方面,材料情报的价值和作用更加明显。

6. 射频情报

射频发射器、射频武器和射频武器模拟器等会发出电磁发射,内燃机、发电机和开关等设备也可能发出射频信号。这些信号一般十分微弱,但敏感的设备可以探测到这些信号,并对发射体进行定位,从而识别目标。这被称为无意释放的射频情报。

7. 地球物理情报

地球物理情报涉及地球中所传播的现象和人造结构所发出的声音、压力波、振动、磁场和电离层扰动,主要包括地震情报和电磁情报。

1.2.3.4 网络情报

网络情报是利用技术手段从计算机网络系统,针对某个信息处理系统或网络而搜集的情报。

网络情报是一种新型情报门类。20世纪90年代,人类社会进入信息时代,大量有用信息可以从互联网获取,针对电脑和网络的情报行动已成为最多产的情报搜集类型。这种互联网搜集不仅可以直接产生具有情报价值的信息,还可以为其他搜集手段提供线索。网络情报获取手段分为三种类型:入网侦察,又称为"电脑网络利用";破网入侵,即直接或间接地对某个电脑或内联网络进行开发利用;信号截获,即利用传感器搜集计算机的辐射信号以获取情报。

1.2.3.5　技术情报获取技术特点

技术情报获取技术在现代科学技术的推动下已逐步形成一个学科多、门类广,且较完整的现代情报侦察监视(Intelligent Surveillance Reconnaissance,ISR)系统,成为获取战场情报的主要手段。

1. 侦察范围广

目前,静止轨道上的遥感卫星(见图1-1)可昼夜连续监视地球总面积大约42%的地面。美国超视距预警雷达(见图1-2)的探测距离已达5 000 km以上。

图1-1　静止轨道上的遥感卫星

图1-2　美国超视距预警雷达

2. 侦察精度高

现代侦察技术装备不仅作用距离远、覆盖范围广,对目标的侦察定位精度(或分辨能力)也高。美国的KH-12"锁眼"侦察卫星的空间分辨率可达0.1 m,能够非常清楚地分辨地面目标(见图1-3)。

3. 侦察时间长

现代侦察技术装备一般均可保持较长的持续侦察时间,具有全天时连续侦察能

图 1-3 美国 KH-12"锁眼"卫星及拍摄到的影像

力。航空侦察能够在空中停留数小时,用于航天侦察的静止轨道卫星则可对某一固定区域实现全天时不间断侦察。

4. 侦察信息传递快

现代侦察技术装备都与"指挥控制通信和情报系统"或情报汇集系统联网,通过有线或无线传输网络快速、准确地传递侦察信息。随着航天技术的发展,航天遥感卫星拍摄的影像可以直接通过无线链路下传至单兵接收装备,直接服务于指挥决策和作战行动。

5. 昼夜侦察,揭示伪装

由于各种夜视器材和具有全天候性能的光电侦察设备陆续应用于战场,使夜暗对作战行动的影响大大削弱。如红外遥感不需要依靠自然光,白天、黑夜都能工作,可实现对目标物体的昼夜观测;雷达遥感通过工作于厘米和毫米波段,白天、黑夜都能工作,且不受天气影响,具有一定的揭露伪装能力;多光谱遥感在同一时间内分别在各个不同光谱带上对同一目标进行探测,将所得的图像或信号进行加工处理,通过分析比较,就可从物体光谱和辐射能量的差异方面区分目标,实现伪装识别。

1.3 情报获取技术的军事应用

在现代战争中,C^4ISR 是现代军队的神经中枢,是兵力的倍增器。"C^4"代表指挥、控制、通信、计算机,"I"代表情报,"S"代表监视,"R"代表侦察(见图 1-4)。

在一个完整的指挥自动化系统中,指挥系统是"神经中枢",它综合运用现代科学和军事理论,使作战信息收集、传递、处理的自动化决策方法实现科学化,以保障对部队的高效指挥,其技术设备主要有处理平台、通信设备、应用软件和数据库等。控制系统是"手脚",它是用来搜集与显示情报、资料,发出命令、指示的工具,主要有提供作战指挥用的直观图像、图像的显示设备、控制键钮、通信器材及其他附属设备等。通信系统是"神经脉络",通常包括由专用电子计算机控制的若干自动化交换中心以及若干固定或机动的野战通信枢纽，手段包括有线通信、海底电缆、光纤及长波、短波、微波、散射和卫星通信等。电子计算机是"大脑"，是构成指挥自动化系统的技术基础，是指挥系统中各种设备的核心。指挥自动化系统的计算机容量大、功能多、速度快，特别要有好的软件，并形成计算机网络。情报监视侦察系统是"耳目"，包括情

图1-4 C⁴ISR系统组成

报搜集、处理、传递和显示，其作用是全面了解作战区域的地理环境、地形特点、气象情况，实时掌握敌友兵力部署和武器装备配置及其动向。所以说，情报是信息攻击的前提和基础，侦察与监视是获取情报、战场支援和夺取信息优势的重要手段。本书主要从技术情报获取角度，着重介绍侦察监视技术在军事方面的应用。

1.3.1 地面侦察监视的应用

地面侦察监视，是指在陆地上利用侦察监视手段对战场目标进行的探测活动。常用的地面侦察类型有地面可见光侦察、无线电技术侦察、雷达侦察和地面传感器侦察等。

1.3.1.1 地面可见光侦察

地面可见光侦察一般采用远距离照相机拍摄目标，其主要作用是根据拍摄的照片研究敌阵地的地形、工事和装备的分布情况；拍摄敌前沿阵地的写景图，将有关情报（如敌战斗部署，火力点位置等）标在写景图上，供上报下达。远距离照相机是用长焦距、窄视场镜头来拍摄较远距离处目标的影像的，它所拍摄的照片能分辨几千米乃至几十千米处目标的细节。

1.3.1.2 无线电技术侦察

无线电技术侦察是指使用无线电技术设备搜集和截获敌方无线电信号，从中判明敌动向、战斗编成、兵力部署、指挥关系及设备性能的侦察活动（见图1-5）。无线电技术侦察有无线电侦听和无线电测向两种方式。无线电侦听就是利用无线电接收设备接收对方的无线电信号，然后通过分析研究，从中提炼情报信息，为密码破译提供素材；无线电测向则是利用无线电波传播的直线性及传播速度的恒定性，根据入射电波在测向天线所感应电压的幅度、相位，判定电磁辐

图1-5 地面无线电技术侦察

射源的方向和地理位置。

地面固定侦听站通常固定建立在某些特定地点,如离边境很近的山头、沿海海岸等,主要用于对特定区域的情报侦察和综合分析,由于在陆地上侦察设备的工作环境都比较好,而且也易于安装,因此,地面固定侦察系统一般都安装有大口径的天线(阵),配备有先进的情报搜集和综合处理设备,系统的灵敏度高,主要用于长波、短波、超短波、微波波段的信号侦察。但由于固定站目标大、不易搬动、抗毁性差,因此该系统主要用于搜集战略情报。目前的地面侦听站集中于电子信号侦收,需要急切改进的是这种传统的平台如何整合进技术支援网络系统,使其产生的情报能够快速传递到各级指挥中枢,并且能够为其他的作战单元所接收。同时,移动式的多功能侦听平台必须大力发展,以配合联合作战对于机动的要求。

1.3.1.3 雷达侦察

雷达侦察就是利用无线电设备发射无线电波,利用物体对无线电波的反射特性来发现和测定目标的准确位置。远程战场侦察雷达能在恶劣的气候条件下工作,可对战区进行全天候、全天时的实时侦察和监视。远程战场侦察雷达可以探测、定位、识别陆上目标(步兵分队、坦克、装甲车及其他车辆)、海上目标(各种艇、船、舰)和空中目标(低飞的直升机等),还可以用合成孔径雷达获取地物影像,侦察敌固定设备的各种军事目标,如指挥所、发射阵地、部队集结地和后勤设施等,为战区指挥员提供战役作战情报。

1.3.1.4 地面传感器侦察

地面战场传感器是一种被动式、全天候、能适应各种环境的战术侦察设备,能对地面运动目标引起的振动、声响、磁场、地表压力、红外等物理量的变化进行探测。

① 振动传感是通过振动探头拾取地面振动波来探测目标的一种技术。振动传感器的主要优点是探测距离远、灵敏度高,通常可探测到 30 m 内运动的人员和 300 m 以内运动的车辆。振动传感器还具有一定的目标分类能力,不仅可以区分人为振动与自然扰动,还能区分人员和车辆。但要更准确地鉴别目标,比如是徒手人员还是武装人员,是履带车辆还是轮式车辆,目前振动传感器还做不到。由于分辨率还不是很高,所以在战场上振动传感器往往同其他类型的传感器联合使用。

② 声响传感器采用的是声电转换技术,其基本原理与麦克风相同。声响传感器是通过一种声电转换器把声响信号转变为电信号。声响传感器能鉴别目标性质,因为它发出的目标信号是电模拟信号,被接收处理后能重现目标运动时所发出的声响特征。如运动目标是人员,则声响传感器不仅可以直接听到其响动,若有讲话声,还能判断其国籍;当运动目标是车辆时,声响传感器还可以判定车辆的种类等。同时它还能清楚地区别出是人为的还是自然的声响,从而排除自然干扰。声响传感器的探测范围也较大,一般说来,其探测范围对人的正常对话可达 40 m,对运动车辆可达数百米。

③ 磁性传感技术主要是采用磁性探测头作为换能器,探头工作时,在其周围建立一个静磁场,当铁磁金属制的物体,如步枪、车辆等进入这个静磁场时,就被感应产生新的磁场,使原来的静磁场受到干扰。磁性传感器的主要优点是:鉴别目标性质的能力较强,能区别徒手人员、武装人员和各种车辆;同时,对目标探测的响应速度快,能探测快速运动的目标。

④ 压力传感技术是采用石英晶体、压电陶瓷等物质的压电效应特性制作的测量物体压力的一种技术。在野战条件下,埋设地区受限较大,压力传感技术有一定的局限性,但在边海防、公安、特殊设施的预警上使用方便。其最大的优点是虚警率低,目标信息判断准确,抗电磁干扰力强,能鉴别人员和车辆。

⑤ 红外传感器分为有源式和无源式两种。有源式与自动开门器的工作原理相同,无源式与热动开关的工作原理相似。红外传感器的主要优点是体积小,无源探测,隐蔽性好;响应速度快,能探测快速运动的目标,并能测定目标方位。不足之处是必须人工布设,探测张角范围有限(只限于正对探测器的扇形地区),无辨别目标性质的能力。

1.3.2 海上侦察监视的应用

海上侦察监视技术是指应用于海面和海下进行侦察监视活动的技术。海面上可以执行侦察任务的舰船包括专用海上侦察船、水面作战舰艇和无人水面舰艇等,用于水面侦察与监视活动的主要是舰载雷达。海下侦察是在水中进行的侦察,绝大部分的水下侦察发生在海水中。侦察平台主要包括潜艇、水下无人潜航器和水底传感器等,用于水下侦察与监视活动的是声呐和水下电视等。

1.3.2.1 海面侦察监视的应用

海上侦察船按照侦察任务的不同可以分为信号情报侦察船和海洋监视船,一些大型侦察船也可同时担负两类侦察任务。

信号情报侦察船专门从事海上无线电技术侦察,通常搭载大型无线电接收设备和大孔径多功能雷达,主要用于无线电监听、雷达信号搜集和导弹发射信号监测等无线电侦察任务,以获取军事情报,主要用来搜集敌对国家的电子情报,是军队在和平时期获取战略情报的一种有效途径。信号情报侦察船在海上实施侦察的主要任务是侦收、记录和分析对方无线电通信、雷达和武器控制系统等电子设备所发射的电磁波信号,查明这些电子设备的技术参数和战术性能,为研究电子技术侦察和电子对抗设备提供依据,查明对方无线电台、雷达站和声呐站的位置和关系,并判明其指挥关系,侦听无线电话,侦收无线电报并破译密码以获取军事情报,对海上活动的舰船及编队进行跟踪监视等。

海洋监视船则主要搭载拖曳式阵列声呐,用于反潜探测、海底水文测量等水下目标侦察任务。其主要任务是采用大型拖曳式声呐扩大和改善海军的海洋水声监视能力,使海军的监视覆盖区域延伸到水下监视系统测量不到的海区,海洋监视船是海军预警监视系统的重要组成部分。

1.3.2.2 海下侦察监视的应用

水与空气这两种介质的性质有很大的不同,水中传输最有效的手段是声波,所以水下侦察各类平台都是以各种声呐为最主要的侦察装备,传统光电手段在水中只能在极为有限的近距离探测中发挥些许作用。同时,由于海洋环境的复杂多变,声呐探测的实际效果也不如在空气中运用电磁波那样理想。水下侦察原理示意图如图1-6所示。

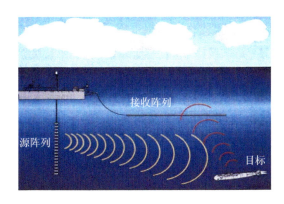

图1-6 水下侦察原理示意图

潜艇是最主要的水下航行平台,同样也是水下侦察的主要平台。潜艇通常装备多部声呐,用于环境与目标探测。艇艏声呐能敏锐地接收高频信号,可以发现采用高速螺旋桨推进的鱼雷;侧舷舰壳声呐采用宽孔径阵列,沿艇身布放,主要接收中低频信号,用于计算目标距离并引导攻击;拖曳线阵列声呐是潜艇最主要的探测设备,工作于低频段,可探测到远距离的目标;潜艇还装备主动声呐截获装置,能够获取敌方主动声呐参数信息,进而判定同标类型;潜艇的桅杆上一般装备工作距离有限的超高频主动声呐,主要用于探测水雷;潜艇还必备水声测深仪,这是一种小型的高频主动声呐,用来探测龙骨下方水深。

无人水下潜航器(UUV)是一种小型可回收式水下智能平台,通常以潜艇或水面舰艇为搭载平台,可长时间在水下自主远程航行。侦察用无人水下潜航器可对海水物理性质进行探测分析,可对潜艇、水雷等水下目标进行搜集监视,同时将获得的战场信息数据实时回传施放平台。

水底传感器是将声呐预先布放在港口、海峡、重要航道以及近海区域的海底,可以对过往潜艇实施有效监听。这种海底声呐通常布置成阵,规模巨大,工作隐蔽性强,侦察效果好,目标探测有效距离可达 20~60 n mile。如果采取由反潜飞机或舰艇投掷水声信号弹形成主动声源,其探测距离可达 100 n mile。

1.3.3　航空侦察监视的应用

航空侦察监视是指使用航空器装载侦察设备对空中、地面、水面或水下目标进行的侦察与监视。现代航空侦察监视平台有各种飞机、飞艇、飘浮气球、系留气球和旋翼升空器等,其中以飞机侦察平台为主。航空侦察采用的方式有照相侦察技术、摄像侦察技术、合成孔径雷达侦察技术、机载预警雷达侦察技术、无线电侦察技术等。航空侦察监视的原理就是利用机上的这些光电遥感器或无线电接收机等侦察设备,摄取目标图像或接收、记录各种目标的电磁辐射,经加工处理后,从中提取有价值的情报信息。

20 世纪 70 年代以来,各类高新技术被广泛用于航空领域,主要是在飞机上加装了各类先进的雷达系统、光学系统、电子干扰装置、电子计算机系统等,产生了新一代的航空侦察兵器,使飞机的侦察能力、机动能力、电磁干扰能力和抗干扰能力、情报传输处理能力以及生存能力等大为提高。航空侦察作为现代军事侦察监视的重要手段,有着广阔的发展前景,将继续贯穿于整个军事斗争和各种作战样式之中。航空侦察力量将持续和发展,航空侦察装备、器材将随科学技术的发展不断完善和更新,航空侦察战术将不断创新。航空侦察的主要优点有:有人驾驶侦察飞机可以发动人的主观能动性,灵活选择侦察地区的目标,减少无用的数据和资料;无人驾驶侦察飞机成本低,使用方便,且生存能力强,可避免人员伤亡;航空侦察兵器飞行高度低,侦察效果好;航空侦察兵器可以多次重复使用,且航空照片成本低。航空侦察的主要缺点则包含:易受各种防空火力的攻击;和平时期飞越别国领空进行侦察活动,会引起外交纠纷;无人机操作、维护、控制难度大,且易受干扰。

1.3.4　航天侦察监视的应用

航天侦察监视是指利用卫星携带侦察监视设备在外层空间进行侦察。根据任务和侦察设备的不同,通常将侦察卫星分为成像侦察卫星、电子侦察卫星、导弹预警卫星、海洋监视卫星和核爆炸探测卫星等几种。

成像侦察卫星是使用星载照相机、多光谱扫描仪、电视摄像机和成像雷达等侦察设备,获取战略目标影像信息。成像侦察卫星可分为普查型和详查型两种:普查型用于执行对大面积目标地区进行监视的战略侦察任务,一般覆盖数千平方千米到数万平方千米的地区;详查型用于对特定局部目标地区进行更详细深入的侦察,获取重要目标的详细特征信息,覆盖面积相对较小。

电子侦察卫星是使用星载侦察接收机侦收和截获雷达、通信和战略武器辐射、发射的电磁波信号,以获取雷达的位置和性质、秘密通信、导弹发射等信息。其任务有两项:一是侦察敌方雷达的位置、使用频率等性能参数,为战略轰炸机、弹道导弹突防和实施干扰提供数据;二是探测敌方军用电台和发信设施的位置,以便于窃听和破坏。

导弹预警卫星是使用星载红外探测器和电视摄像机探测和拍摄导弹主动飞行段火箭发动机尾焰红外线辐射和导弹飞行影像,以发现和跟踪陆基弹道导弹、潜射弹道导弹的发射和飞行,为防御导弹袭击提供预先情报。在地球同步静止轨道上的一颗预警卫星就可以昼夜监视地球上大约 1/3 的地面,只要导弹一发射,卫星在 90 s 内就可以发现,经传输,约 3~4 min 就可以将预警信息传到指挥中心。对洲际弹道导弹可获得 25 min 预警时间,对潜射导弹可获得 15 min 预警时间。

海洋监视卫星是利用星载侧视雷达、电子侦察接收机和红外探测器等设备,侦收和截获舰船上的雷达、通信和其他无线电设备辐射、反射和发射的电磁波信号,以探测、跟踪和监视海上舰船和潜艇的活动情况。海洋监视卫星包括电子侦察型和成像侦察型,探测精度一般高于电子侦察卫星,由于覆盖海域广阔、探测多为运动目标,因此,海洋监视卫星多采用组网侦察。

1.3.5 典型战争中的应用情况

2003 年 3 月 20 日,美国发动的伊拉克战争正好发生在世界新军事变革进行当中,信息化侦察监视技术在各个阶段都发挥了关键作用,使人们更深刻地感受到信息化手段的杀伤力,实现了情报掌握全面化和精确化、搜集与处理现代化、服务保障多元化和实时化,主要表现在以下几个方面:

1) 形成了多层次、全方位侦察监视网,通过近端中继站(如地面站)分段传输、集中处理,实现立体收集集中处理,全战场信息平面显示,使战场"单向透明"。

2) 侦察与决策、打击结合紧密。不同层次、不同军兵种和不同系统的各个作战单元连接成为一个感知敏锐、反应灵敏、行动协调、打击有力的整体,这是将信息优势迅速转化为战斗力优势的关键。

3) 侦察信息的处理和传递速度快。对战场情报信息和打击效果评估的及时处理、分发、共享是美军掌握绝对作战优势的重要基础。基于功能强大的 C^4ISR 系统,美军在此次行动中对"时间敏感目标"的打击能力有了明显的提高,其战场"OODA"(观察、确认、决策、行动)为 10 min 左右(100—50—20—10)。这些使得美军从目标确定到对目标实施摧毁的时间也缩短到前所未有的程度。

4) 无人侦察平台的作用得到了充分体现。"全球鹰"无人机试验了更快速地将侦察图像转换为瞄准数据的能力;地面机器人侦察取得了良好效果。

5) 情报侦察活动在战前早已展开,并贯穿整个作战过程:

① 战前准备阶段。利用跟踪与数据中继卫星将侦察卫星收集的情报传送回美国本土,监视伊拉克主要军事设施以及伊军部署。

② 战争进行阶段。利用天基、空基和地面的情报侦察、预警探测等系统构成了一个天空地一体化的 C^4ISR 系统。

③ 战争结束阶段。利用跟踪与数据中继卫星传输侦察卫星拍摄的大量图片,进

行战后评估和对伊拉克残军的搜寻。

在这场战争中,战争形态从机械化向信息化转变的特征明显;战争胜负主要取决于信息化作战水平和武器装备信息化程度的高低;情报信息已经从协助制订计划的辅助地位,上升至引导作战进程、确立作战目标的主导地位,这标志着新的战争形态正在趋于成熟。

思考题

1. 情报获取技术按情报类型和技术手段的分类有什么不同和联系?
2. 未来战争如何更好地发挥情报获取技术?
3. 情报获取技术在航天领域有哪些手段?

第 2 章　情报获取物理学基础

技术侦察是获取情报的主要手段,主要使用侦察装备或侦察技术进行侦察与监视。侦察与监视的基本理论主要建立在机械波和电磁波特性上。因此,侦察与监视设备利用从目标发射、反射的机械波和电磁波,通过信号分析和数据处理来获得对象信息。荡漾的湖水、灿烂的阳光、悠扬的琴声,都属于波动;天体的辐射是波,天线发出的信号也是波。我们就生活在这样一个丰富多彩的波的"海洋"之中。什么是波?简而言之,波就是物质的运动从一个区域向另一个区域的一种传播。宏观世界中有两类波:一类是需借助弹性介质传播的机械波;另一类是依靠电磁场的逐次激发而传播的电磁波。机械波和电磁波具有一些共同的特性。

2.1　机械波

2.1.1　机械波的概念

在宏观上,可将气体、液体或固体当作连续体,其体内相邻接的各个质元间由弹性力维系着。当任一质元在外界作用下偏离平衡位置时,邻近质元作用的弹性回复力就会使它发生振动;同时,这些邻近质元又受到该质元以及次邻近的其他质元的弹性力作用,也会陆续振动起来,于是振动就会由近及远、由此及彼地传播开来。这种机械振动在物质中的传播称为机械波。机械波实际上是介质中大量质元参与的一种集体振动。

机械波的产生需要具备两个基本条件:一是要有波源(外界作用源),二是要有传播的弹性介质。

2.1.2　机械波的类型与特性

2.1.2.1　机械波的类型

当波在介质中传播时,介质中各质元仅在各自的平衡位置附近振动,传播下去的不是介质,而是由波源提供的振动能量。振动能量传播的方向称为波的传播方向。

1. 横波和纵波

按介质质元振动方向与波的传播方向之间的关系可将机械波分为两种:一种是质元振动方向与波的传播方向垂直的横波;另一种是质元振动方向与波的传播方向平行的纵波。在气、液、固体介质的内部都能形成纵波,而横波通常是在固体内部传播,也能沿液体的表面传播。地震波既有横波也有纵波,水面波沿椭圆轨迹运动,既有横波,又有纵波。

2. 行波、脉冲波和持续波

振动能量沿恒定方向传播的波称为行波。当波源产生扰动的时间极短时,传出波的空间长度也很短,这样的波称为脉冲波。反之,在波源持续扰动下传出的一长列行波则称为持续波。

3. 平面波、球面波和柱面波

当波在二维连续介质中由波源发出向外传播时,通常用有向直线表示波的传播方向,称为波线。在某一时刻,波的前方达到的各点构成连续的曲面,称为波阵面(又称波前)。若波的波阵面为平面,则称为平面波;若为球面,则称为球面波;若为圆柱面,则称为柱面波。

2.1.2.2 机械波的特性

1. 波　速

一般将波阵面沿波线的推进速度称为波速。机械波的波速取决于传播介质的弹性和密度,与波源的振动频率和振幅无关。波速可以用实验测出来。空气中的机械波速为 331 m/s,海水中的机械波速为 1 531 m/s(25 ℃);地表中的机械波速,纵波为 8 000 m/s,横波为 4 450 m/s。

2. 波的绕射、散射、反射和折射

当波在传播中途经障碍物时,其传播方向绕过障碍物发生偏折的现象称为绕射。当波在传播途中遇到球形小颗粒时,波将以小颗粒为球心发射球面子波,使波向各个方向散开,这一现象称为散射。当波从一种介质传到另一种介质的分界面上时,传播方向要发生变化,一部分返回原介质,另一部分进入第二种介质,这就是反射和折射现象。利用惠更斯原理可以解释上述现象。

2.2　电磁波谱与电磁辐射

由物理学的电磁场理论可知:变化的电场能够在它周围的空间激起变化的磁场,变化的磁场也能在它周围的空间激起变化的电场,这种交变的电磁场称为电磁波。电磁波是自然界中存在的一种物质,它是由物质内部电子强烈运动而产生的。电磁波在真空中的传播速度等于光速,大约以 3×10^8 m/s 的速度传播。

2.2.1　电磁波谱

2.2.1.1　电磁波谱简介

电磁波的频谱范围很广,包括无线电波、光波、X 射线及 γ 射线。通常将频率在

300 GHz 以下的电磁波称为无线电波,按频率可以划分为低频、中频、高频、甚高频、特高频、超高频、极高频等不同频段。将频率在 $3\times10^{11}\sim3\times10^{16}$ Hz 范围内的电磁波称为光波,包括紫外线、可见光和红外线,其相应波长范围为 $0.01\sim1\,000\,\mu m$。

实验证明,无线电波、红外线、可见光、紫外线、γ 射线等都是电磁波,只是波源不同,波长(或频率)也各不同。将各种电磁波在真空中的波长(或频率)按其长短(高低)依次排列制成的图表称为电磁波谱。

在电磁波谱中,波长最长的是无线电波,无线电波又依波长不同分为超长波、长波、中波、短波、超短波和微波,其次是红外线、可见光、紫外线,再次是 X 射线,波长最短的是 γ 射线。整个电磁波谱形成了一个完整、连续的波谱图(见图 2-1)。

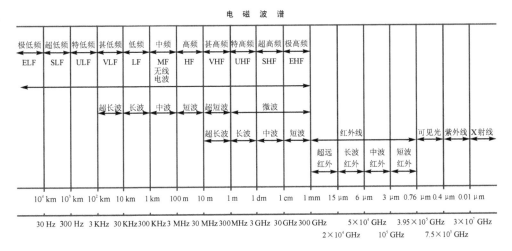

图 2-1 电磁波谱

2.2.1.2 电磁波的性质

由于在电磁波谱中各种类型的电磁波波长(或频率)不同,因此它们的性质就有很大的差别(如在传播的方向性、穿透性、可见性和颜色等方面的差别)。例如,可见光可被人眼直接感觉到,人眼就能看到物体的各种颜色;红外线能克服夜障;微波可穿透云、雾、烟、雨等。但它们也具有共同的性质,包括:

① 它们都是横波,电磁波的传播方向与电场和磁场的振动方向均垂直。
② 各种类型电磁波在真空中传播的速度相同,都等于光速。
③ 满足

$$f \cdot \lambda = c$$

和

$$E = h \cdot f$$

其中,h 为普朗克常数,f 为频率,λ 为波长,c 为光速。

④ 电磁波具有波粒二象性,即同时具备波动性和粒子性。电磁波的频率越低,

波动性特征就越明显;频率越高,粒子性特征就越明显。中间波段的红外线、可见光、紫外线等,具有明显的波粒二象性特征。

目前,遥感技术所使用的电磁波集中在紫外线、可见光、红外线到微波的谱段,各谱段划分界线在不同资料上采用谱段的范围略有差异。

遥感常用的各谱段的主要特性如下。

1. 紫外线

紫外线的波长范围为 $0.01\sim0.4~\mu m$。太阳辐射含有紫外线,通过大气层时,波长小于 $0.3~\mu m$ 的紫外线几乎都被臭氧吸收,只有 $0.3\sim0.4~\mu m$ 波长的紫外线部分能穿过大气层到达地面,且能量很少,并能使溴化银底片感光。紫外线中处于较长波长段的能量能够轻易穿透大气层,臭氧的吸收和散射会增加对它的损耗。而在紫外光的较短波段,雨、雪、雾、尘都影响紫外光的传播,衰减量大。用紫外分光计或紫外线摄影探测低空中的紫外线能获取有关土壤含水量、农作物种类和石油普查等方面的信息。在军事上,由于导弹、火箭发动机的尾烟可产生一定的紫外辐射,常在飞机上装备紫外告警器感知敌方火箭和导弹的来袭。

2. 可见光

可见光在电磁波谱中只占一个狭窄的区间,其波长范围为 $0.4\sim0.76~\mu m$,由红、橙、黄、绿、青、蓝、紫色光组成(见表 2-1)。人眼对可见光有直接感觉,不仅对可见光的全色光,而且对不同波段的单色光也都具有这种能力,所以可见光是作为鉴别物质特征的主要波段。可见光是遥感中最常用的波段,遥感技术使用电磁波分类名称及波长范围如图 2-2 所示。

表 2-1 可见光色谱

波 段	波长/μm	波 段	波长/μm
红光	0.76~0.65	青光	0.49~0.46
橙光	0.65~0.59	蓝光	0.46~0.43
黄光	0.59~0.57	紫光	0.43~0.40
绿光	0.57~0.49		

3. 红外线

红外线的波长范围为 $0.76\sim1~000~\mu m$,为了实际应用方便,红外线又被划分为短波红外($0.76\sim3~\mu m$)、中波红外($3\sim6~\mu m$)、长波红外($6\sim15~\mu m$)和超远红外($15\sim1~000~\mu m$)。

短波红外在性质上与可见光相似,所以又称为光红外。由于它主要是地表面反射太阳的红外辐射,因此又称为反射红外。在遥感技术中采用摄影方式和扫描方式接收和记录地物对太阳辐射的红外反射。在摄影时,由于受到感光材料灵敏度的限制,目前只能感测 $0.76\sim1.3~\mu m$ 的波长范围。短波红外波段在遥感技术中也是常

紫外线	0.01~0.4 μm
可见光	0.4~0.76 μm
短波红外	0.76~3 μm
中波红外	3~6 μm
长波红外	6~15 μm
超远红外	15~1 000 μm
毫米波	1~10 mm
厘米波	10~100 mm
分米波	100~1 000 mm

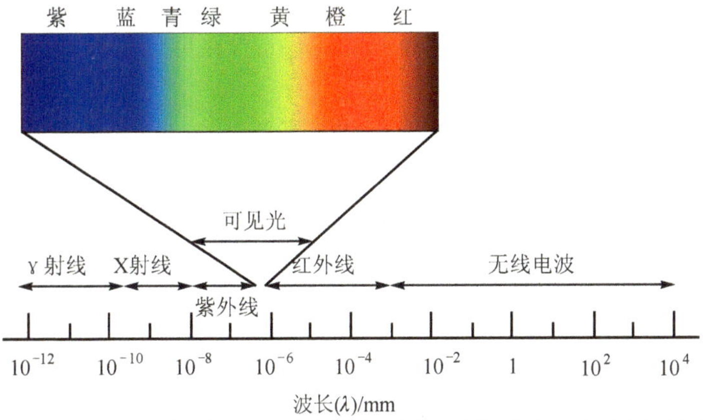

图 2-2 遥感技术使用电磁波分类名称及波长范围

用波段。

中波红外、长波红外和超远红外是产生热感的原因，所以又称为热红外。自然界中任何物体在温度高于绝对零度（-273.15 ℃）时，均能向外辐射红外线。物体在常温范围内发射红外线的波长多在 3~14 μm 之间，而 15 μm 以上的超远红外线易被大气和水分子吸收，所以在遥感技术中主要利用 3~15 μm 波段，更多的是利用 3~5 μm 和 8~14 μm 波段。红外遥感是采用热感应方式探测地物本身的辐射（如热污染、火山、森林火灾等），所以不仅白天可以进行探测工作，夜间也可以进行，能进行全天时遥感。8~14 μm 是地球表面热辐射的主要波段。此外，热红外主要用于探测与背景相比温度特征明显的物体。

植物的叶绿素对短波红外的反射特别强烈，加之它的水分能吸收红外辐射，据此可以利用短波红外波段探测地表湿度分布、植物种类和生长活动，在军事上也利用短波红外波段揭露敌方阵地伪装等。中波、长波红外波段主要用于探测地表湿度、水流流向、海水污染、岩石和土壤的类型以及对火山、林火、地热等进行监测,在军事上用来探测导弹发射尾焰(导弹、火箭发动机尾焰的红外辐射波长为 3~5 μm)、地面动态目标等。

4. 微 波

微波的波长范围为 1~1 000 mm。微波又可分为毫米波、厘米波和分米波。微波辐射和红外辐射两者都具有热辐射性质。由于微波的波长比可见光、红外线要长,能穿透云、雾而不受天气影响,所以能进行全天候、全天时的遥感探测。微波遥感可以采用主动或被动方式成像,另外,微波对某些物质具有一定的穿透能力,能直接透过植被、冰雪、土壤等表层覆盖物。因此,微波在遥感技术中是一个很有发展潜力的遥感波段。

在电磁波谱中的不同波段,习惯采用的波长单位也不相同,在无线电波段波长的单位常采用千米(km)或米(m),在微波波段波长的单位常采用厘米(cm)或毫米(mm),在红外线段常采用的单位是微米(μm),在可见光和紫外线段常采用的单位是纳米(nm)或微米。

除了用波长来表示电磁波外,还可以用频率来表示,如无线电波常用的单位为吉赫(GHz)。习惯上常用波长表示短波(如 γ 射线、X 射线、紫外线、可见光、红外线等),用频率表示长波(如无线电波、微波等)。电磁波谱的遥感应用如表 2-2 所列。

表 2-2 电磁波谱的遥感应用

波段范围/μm	波段名称		基本应用
0.01~0.4	紫外线		紫外成像
0.4~0.76	可见光		直接观测/成像/遥感等
0.76~3	短波红外	红外线	成像/遥感
3~6	中波红外		热源探测
6~15	长波红外		热成像
15~1 000	超远红外		—

2.2.1.3 大气窗口

太阳辐射在到达地面之前穿过大气层,大气折射只是改变太阳辐射的方向,并不改变辐射的强度,但是大气反射、吸收和散射的共同影响衰减了辐射强度,剩余部分才是透射部分。不同电磁波段通过大气后衰减的程度是不一样的,因而遥感所能够使用的电磁波是有限的。有些波段在大气中的透过率很小,甚至完全无法透过,这些区域就难以或不能被遥感所使用,被称为"大气屏障";反之,有些波段的电磁辐射通过大气后衰减较小,透过率较高,对遥感十分有利,这些波段通常被称为"大气窗口"(见图 2-3)。

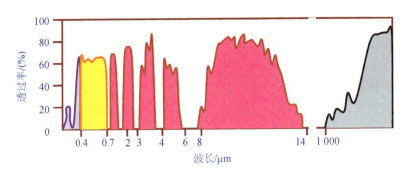

图 2-3 大气窗口

目前所知,可以用作遥感的大气窗口大体有如下几个。

1) 0.3~1.15 μm:这个窗口包括全部可见光波段、部分紫外波段和部分短波红外波段,是遥感技术应用最主要的窗口之一。其中,0.3~0.4 μm 是近紫外窗口,透射率为 70%;0.4~0.7 μm 是可见光窗口,透射率约为 95%;0.7~1.1 μm 是短波红外窗口,透射率约为 80%。该窗口的光谱主要是反映地物对太阳光的反射,通常采用摄影或扫描的方式在白天感测、收集目标信息成像。这一窗口通常被称为短波区。

2) 1.3~2.5 μm:属于短波红外波段。该窗口习惯分为 1.4~1.9 μm 以及 2~2.5 μm 两个窗口,透射率范围为 60%~95%。其中 1.55~1.75 μm 段透过率较高,白天、夜间都可应用,是以扫描的成像方式感测、收集目标信息,主要应用于地质遥感。

3) 3.5~5 μm:属于中波红外波段。这一窗口的透射率为 60%~70%,包含地物反射及发射光谱,用来探测高温目标,例如森林火灾、火山、核爆炸等。

4) 8~14 μm:称为长波/热红外窗口,透射率为 80% 左右,属于地物的发射波谱。常温下地物谱辐射功率最大值对应的波长为 9.7 μm,所以此窗口是常温下地物热辐射能量最集中的波段,所探测的信息主要反映地物的发射率及温度。

5) 1~1 000 mm:称为微波窗口,分为毫米波、厘米波、分米波。其中 1~1.8 mm 窗口透射率为 35%~40%;2~5 mm 窗口的透射率为 50%~70%;8~1 000 mm 窗口的透射率为 100%。微波的特点是能穿透云层、植被及一定厚度的冰和土壤,具有全天候的工作能力,因而越来越受到重视。

2.2.2 辐射测量

2.2.2.1 辐射源

任何物体都是辐射源,不仅能够吸收其他物体对它的辐射,也能够向外辐射。因此,对辐射源的认识不仅限于太阳、炉子等发光发热的物体,能发出紫外线、X 射线、微波辐射等的物体也都是辐射源,只是辐射强度、波长不同而已。电磁波传递是电磁能量的传递,因此遥感探测实际上是对辐射能量的测定。

2.2.2.2 辐射测量的主要参数

在遥感中,测量从目标反射或目标本身发射的电磁波能量的过程称为辐射量的测定,涉及的辐射参数主要有以下几种。

① 辐射能量(W):电磁辐射的能量,单位是 J。

② 辐射通量(Φ):单位时间内通过某一面积的辐射能量,即

$$\Phi = \frac{dW}{dt}$$

单位是 W。辐射通量是波长的函数,总辐射通量应该是各谱段辐射通量之和或辐射通量的积分值。

③ 辐射通量密度(E):单位时间内通过单位面积的辐射能量,即

$$E = \frac{d\Phi}{dS}$$

单位是 W/m²。其中,S 为面积。

④ 辐照度(I):被辐射的物体表面单位面积上的辐射通量,即

$$I = \frac{d\Phi}{dS}$$

单位是 W/m²。其中,S 为面积。

⑤ 辐射出射度(M):辐射源物体表面单位面积上的辐射通量,即

$$M = \frac{d\Phi}{dS}$$

单位是 W/m²。其中,S 为面积。辐照度(I)与辐射出射度(M)都是辐射通量密度的概念,不过 I 为物体接收的辐射,M 为物体发出的辐射,都与波长 λ 有关。

⑥ 辐射亮度(L):假定有一个辐射源呈面状,向外辐射的强度随辐射方向而不同,则 L 定义为辐射源在某一方向单位投影表面上单位立体角内的辐射通量,即

$$L = \frac{\Phi}{\Omega(A\cos\theta)}$$

单位为 W/(sr·m²)。当辐射源向外辐射电磁波时,L 往往随 θ 角而改变。也就是说,接收辐射的观察者以不同 θ 角观察辐射源时,L 值不同。

辐射亮度 L 与观察角 θ 无关的辐射源称为朗伯源。一些粗糙的表面可近似看作朗伯源。涂有氧化镁的表面也可近似看成朗伯源,它常被用作遥感光谱测量时的标准板。太阳通常近似地被看成朗伯源,以便于对太阳辐射的研究简单化。严格地说,只有绝对黑体才是朗伯源。

2.2.3 黑体辐射

2.2.3.1 绝对黑体

如果一个物体对于任何波长的电磁辐射都全部吸收,则这个物体是绝对黑体。

实验表明,当电磁波入射到一个不透明的物体上,在物体上只出现对电磁波的反射现象和吸收现象时,这一物体的光谱吸收系数 $\alpha(\lambda,T)$ 与光谱反射系数 $\rho(\lambda,T)$ 之和恒等于1,实际上,物体的温度不同或入射电磁波的波长不同,都会导致不同的吸收和反射,而绝对黑体则是吸收率 $\alpha(\lambda,T)\equiv 1$,反射率 $\rho(\lambda,T)\equiv 0$,与物体的温度和电磁波波长无关。

理想的绝对黑体通常用空腔模型来模拟。而现实中,黑色的烟煤因其吸收系数接近99%,被认为是最接近绝对黑体的自然物质;太阳等恒星也被看作是接近黑体辐射的辐射源。

2.2.3.2 黑体辐射规律

普遍适用于绝对黑体辐射的公式,称作普朗克公式,表达式为

$$M_\lambda(\lambda,T) = \frac{2\pi hc^2}{\lambda^5} \cdot \frac{1}{e^{hc/\lambda kT}-1}$$

式中,c 是真空中的光速;k 是波尔兹曼常数,$k=1.38\times 10^{-23}$ J/K;h 是普朗克常数,$h=6.63\times 10^{-34}$ J·s;M 是辐射出射度。

这一公式对遥感理论的重要意义还不在于公式本身,而在于它的普遍适用性,可以推导出下述重要的已被实验证明的黑体辐射公式。

首先分析绝对黑体的辐射出射度与波长的关系。实验表明,黑体在某一单位波长间隔 $(\lambda,\lambda+\Delta\lambda)$ 的辐射出射度与波长 λ 的关系曲线如图2-4所示,物体温度不同,曲线也不相同,虽然形状相似,但都不相交。这些曲线的分布规律遵循下面的定律。

1. 斯忒藩-玻尔兹曼定律

整个电磁波谱的总辐射出射度 M 是某一单位波长的辐射出射度 M_λ 对波长 λ 做0到无穷大的积分,即

$$M = \int_0^\infty M_\lambda(\lambda)d\lambda$$

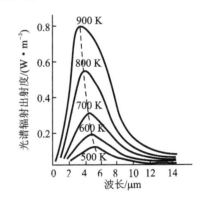

图2-4 不同温度的黑体辐射

用普朗克公式对波长积分,便导出斯忒藩-玻尔兹曼定律,即绝对黑体的总辐射出射度与黑体温度的四次方成正比,即

$$M = \sigma T^4$$

式中,σ 是斯忒藩-玻尔兹曼常数,$\sigma=5.67\times 10^{-8}$ W·m^{-2}·K。

由图2-4可以看出,每条曲线下面所围面积为积分值,即在该温度时绝对黑体的总辐射出射度 M。

2. 维恩位移定律

利用普朗克公式还可导出另一个定律,黑体辐射光谱中最强辐射的波长 λ_{max} 与黑体绝对温度 T 成反比,即

$$\lambda_{max} \cdot T = b$$

式中,b 是常数,$b = 2.897 \times 10^{-3}$ m·K,这就是维恩位移定律。

从图 2-4 也可以看出,黑体温度越高,其曲线的峰顶就越往左移,即往波长短的方向移动,这就是位移的含义。如果辐射最大值落在可见光波段,物体的颜色会随着温度的升高而变化,波长逐渐变短,颜色由红外到橙色再逐渐变蓝、变紫。

将太阳、地球和其他恒星都看作球形绝对黑体,则与这些天体同样大小和同样辐射出射度的黑体温度可作为其有效温度,对太阳来说就是光球层的温度。如太阳最强辐射对应的 λ_{max} 为 0.47 μm,用公式可算出有效温度 T 是 6 150 K,所以太阳辐射在可见光段最强,而地球在温暖季节的白天,λ_{max} 约为 9.6 μm,可以算出温度 T 为 300 K,所以这时地球主要是红外的热辐射,这一定律在红外遥感中有重要的作用。

2.2.3.3 实际物体的辐射

1. 基尔霍夫定律

把实际物体看作辐射源研究其辐射特性,使之与绝对黑体进行比较,研究实际物体在单位光谱区间内的辐射出射度 M_λ 与吸收系数 α_λ 的关系。有一个封闭的空腔,腔内有两个物体 B_1、B_2,首先假定腔内为真空,腔内能量交换不可能通过传导和对流进行,只能以辐射方式完成。其次假定空腔内保持恒温不变,所以每个物体向外辐射和吸收的能量必然相等,则

对于 B_1 有

$$M_1 = \alpha_1 I_1, \quad \frac{M_1}{\alpha_1} = I_1$$

对于 B_2 有

$$M_2 = \alpha_2 I_2, \quad \frac{M_2}{\alpha_2} = I_2$$

式中,M_i 是辐射出射度,α_i 是吸收系数,I_i 是辐照度。基尔霍夫证明了 $I_1 = I_2 = I_i = I$,仅与波长和温度有关,与物体本身的性质无关,且对腔内多个物体 $i = 0, 1, 2, \cdots, n$ 都成立。假如物体 B_0 是绝对黑体,则吸收系数 $\alpha_0 = 1$,因此有 $M_0 = I_0 = I$,可得

$$\frac{M_1}{\alpha_1} = \frac{M_2}{\alpha_2} = M_0 = I$$

此式就是基尔霍夫定律。

2. 实际物体的辐射

基尔霍夫定律表现了实际物体的辐射出射度 M_i 与同一温度、同一波长绝对黑

体辐射出射度的关系,$α_i$是此条件下的吸收系数($0<α_i<1$);有时也被称为比辐射率或发射率,记作ε,表示实际物体辐射与黑体辐射之比,

$$M = εM_0$$

自然界的物体与绝对黑体做辐射比较,都有类似的性质,只不过吸收系数$α_λ$不同而已(见表2-3)。由基尔霍夫定律可知,绝对黑体不仅具有最大的吸收率,也具有最大的发射率,却丝毫不存在反射。实际物体都可以被看作辐射源,如果物体的吸收本领大,即$α_λ$越接近1,它的发射本领也越大,即越接近黑体辐射。这也是为什么$α_λ$又可以被称为发射率ε的原因。例如黑色烟煤在常温下是黑色,说明它发射很弱,反射也少;一旦燃烧,温度升高,可以达到很强的反射,因而十分明亮,性质也越接近黑体。

表 2-3 $λ$ 为 8-14 μm 自然物体的比辐射率(或发射率)

物 体	温 度	比辐射率	物 体	温 度	比辐射率
橡木板	常温	0.900	石英	常温	0.627
蒸馏水	常温	0.960	长石	常温	0.819
光滑的冰	−10℃	0.960	花岗岩	常温	0.780
雪	−10℃	0.850	玄武岩	常温	0.906
沙	常温	0.900	大理石	常温	0.942
柏油路	常温	0.930	麦地	常温	0.930
土路	常温	0.830	稻田	常温	0.890
混凝土	常温	0.900	黑土	常温	0.870
粗钢板	常温	0.820	黄黏土	常温	0.850
炭	常温	0.810	草地	常温	0.840
铸铁	常温	0.210	腐殖土	常温	0.640
铝(光面)	常温	0.040	灌木	常温	0.980

2.3 太阳辐射与大气作用

太阳是光学侦察最主要的辐射源。太阳辐射有时习惯被称作太阳光,太阳光透过地球大气照射到地面,经过地面物体反射,再经过大气到达侦察设备。这时,光学侦察设备探测到的辐射强度与太阳辐射到地球大气上界时的辐射强度相比,已有很大变化,包括入射-反射后二次经过大气的影响和地物反射的影响,本节主要讨论大气对电磁辐射的影响。

2.3.1 太阳辐射

2.3.1.1 太阳常数

太阳是太阳系的中心天体,受太阳影响的范围是直径大约 120×10^8 km 的广阔空间。在太阳系空间,除了包括地球及其卫星在内的行星系统、彗星、流星等天体外,还布满了从太阳发射的电磁波的全波辐射及粒子流。地球上的能源主要来自太阳。

太阳常数是指不受大气影响,在距离太阳一个天文单位内垂直于太阳光辐射方向上,单位面积单位时间黑体所接收的太阳辐射能量,即

$$I_\odot = 1.360\times10^3 \text{ W/m}^2$$

可以认为太阳常数是在大气顶端接收的太阳能量。长期观测表明,太阳常数变化不会超过 1%,有了测量的太阳常数和已知的日地距离,很容易计算出太阳常数总辐射通量 $\Phi_\odot = 3.826\times10^{26}$ W。反过来,由太阳的总辐射通量和太阳线半径又可以计算出太阳的辐射出射度 $M_\odot$。

2.3.1.2 太阳光谱

太阳光谱通常指光球产生的光谱,光球发射的能量大部分集中于可见光波段,如图 2-5 所示,图中清楚地描绘了黑体在 6 000 K 时的辐射曲线、在大气层外接收到的太阳辐照度曲线及太阳辐射穿过大气层后在海平面接收到的太阳辐照度曲线。

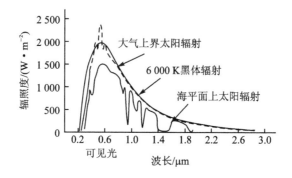

图 2-5 太阳辐照度分布曲线

从大气层外太阳辐照度曲线可以看出,太阳辐射的光谱是连续光谱,且辐射特性与绝对黑体辐射特性基本一致。但是用高分辨率光谱仪观察太阳光谱时,会发现连续光谱的明亮背景上有许多离散的暗谱线,这些暗谱线称作夫琅和费吸收线,大约有 26 000 条,由这些吸收线已认证出太阳光球中存在的 69 种元素及它们在太阳大气中波所占的比例,如 H 占 78.4%,He 占 19.8%,O 占 0.8% 等。太阳辐射从近紫外到中波红外这一波段区间能量最集中,而且相对来说最稳定,太阳强度变化最小。在其他波段,如 X 射线、γ 射线、远紫外及微波波段,尽管它们的能量加起来不到 1%,变化却很大,一旦太阳活动剧烈,如黑子和耀斑爆发,太阳强度也会有剧烈增长,最大时

可相差上千倍,甚至更多,因此会影响地球磁场,中断或干扰无线电通信,也会影响宇航员或飞行员的飞行。但就遥感而言,被动遥感主要利用可见光、红外等稳定辐射,使太阳活动对遥感的影响减至最小。

图2-5中海平面处的太阳辐照度曲线与大气层外的曲线有很大不同。这种差异主要是地球大气引起的。由于大气中的H_2O、O_2、O_3、CO_2等分子对太阳辐射的吸收作用,加之大气的散射使太阳辐射产生很大衰减,图中那些衰减最大的区间便是大气分子吸收的最强波段。

图2-5中所示的辐照度是太阳垂直投射到被测平面上的测量值。如果太阳倾斜入射,则辐照度必然产生变化并与太阳入射光线及地平面产生夹角,即与太阳高度角有关。

2.3.2 大气吸收

2.3.2.1 大气层次与成分

地球被大气层所包围,大气层上界没有明确的界线,离地面越高,大气越稀薄,逐步过渡到太阳系空间。一般认为大气厚度约1 000 km,在垂直方向自下而上分为对流层、平流层、中间层和热层(增温层),热层再往上就是接近大气层外的顶部空间,也称散逸层。近年来常把平流层和中间层统称为平流层,热层和散逸层统称为电离层,电离层再向上为外大气层空间。

对流层中空气做垂直运动而形成对流,热量的传递产生天气现象。对流层高度在7～12 km,随纬度降低而增加;温度随高度的增加而降低。

平流层中没有明显对流,几乎没有天气现象。由于存在臭氧层,吸收紫外线而升温,因此平平层温度由下部的等温层逐渐向上升高。平流层的上部又称中间层,中间层内温度随高度增加而递减。

电离层的下部又称热层,上部称散逸层。从热层向上温度激增,且热层是人造地球卫星运行的高度,热层和中间层由于空气稀薄,大气中O_2、N_2等分子受太阳辐射的紫外线、X射线影响,处于电离状态,形成了D层、E层、F层三个电离层。随着高度增加,电离层的电子浓度增大。一般来说,在中纬度地区,D层白天出现,夜间消失;E层白天强,晚上弱;F层有时又分为F_1和F_2层,F_1层主要在夏季白天存在,而F_2层则经常存在。在极区冬季,D、E、F_1层消失。这些电离层的主要作用是反射地面发射的无线电波,D层和E层主要反射长波和中波,短波则穿过D层和E层由F层反射,超短波可以穿过F层。遥感所用波段都比无线电波短得多,因此可以穿过电离层,辐射强度不受影响。在800 km以上的散逸层,空气极为稀薄,对遥感已产生不了影响,因此真正对太阳辐射产生较大影响的是对流层和平流层。

大气主要成分为分子和其他微粒。分子主要有N_2和O_2,约占99%,其余1%是O_3、CO_2、H_2O及其他(N_2O、CH_4、NH_3等)。其他微粒主要有烟、尘埃、雾霾、小水滴及气溶胶。气溶胶是一种固体、液体的悬浮物,有固体的核心,如尘埃、花粉、微生物、海水的盐粒等,在核心外包有液体,直径约为 0.01~30 μm,多分布在 5 km 高度以下。

2.3.2.2 大气对辐射的吸收作用

当太阳辐射穿过大气层时,大气分子对电磁波的某些波段有吸收作用。吸收作用使辐射能量转变为分子的内能,从而引起在这些波段内太阳辐射强度的衰减,某些波段的电磁波甚至完全不能通过大气。因此,在太阳辐射到达地面时,形成了电磁波的某些缺失带。图 2-6 所示为大气中几种主要分子对太阳辐射的吸收率,从图中可以看出每种分子形成吸收带的位置,其中,H_2O 的吸收带主要有 2.5~3.0 μm,5~7 μm,0.94 μm,1.13 μm,1.38 μm,3.24 μm 以及 24 μm 以上对微波的强吸收带;CO_2 的吸收峰主要是 2.8 μm 和 4.3 μm;O_3 在 10~40 km 高度对 0.2~0.32 μm 有很强的吸收带,此外对 0.6 μm 和 9.6 μm 的吸收也很强;O_2 主要吸收小于 0.2 μm 的辐射,对 0.6 μm 和 0.76 μm 也有窄带吸收。此外,大气中的其他微粒虽然也有吸收作用,但不起主导作用。

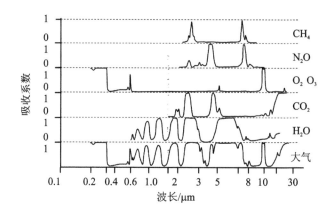

图 2-6 大气吸收谱

图 2-6 最下面的一条曲线综合了大气几种主要分子的吸收作用,反映出大气吸收带的分布规律。对比图 2-5 中最下面一条曲线,即海平面太阳辐照度曲线,会发现图 2-5 的这一条曲线与图 2-6 的曲线形态相反;再与大气层外太阳辐照度曲线对比,海平面上辐照度减小的部分正是吸收率高的光谱段。

2.3.3 大气散射

辐射在传播过程中遇到小微粒而使传播方向改变,并向各个方向散开,这种现象被称为散射。散射使原传播方向的辐射强度减弱,而增加其他各方向的辐射。尽管其强度不大,但从遥感数据角度分析,太阳辐射在照到地面又反射到传感器的过程中,在二次通过大气照射地面时,由于散射增加了漫入射的成分,使反射的辐射成分有所改变。当辐射返回传感器时,除反射光外散射光也进入传感器。这种二次影响增加了信号中的噪声成分,造成遥感图像的质量下降。

散射现象的实质是电磁波在传输中遇到大气微粒而产生的一种衍射现象。因此,这种现象只有在大气中的分子或其他微粒的直径小于或相当于辐射波长时才会发生。大气散射有瑞利散射、米氏散射和无选择性散射三种情况。

2.3.3.1 瑞利散射

瑞利散射是当大气中粒子的直径比波长小得多时发生的散射。这种散射主要由大气中的原子和分子,如 N_2、CO、O_3 和 O_2 分子等引起。特别是对可见光而言,瑞利散射现象非常明显,因为这种散射的特点是散射强度与波长的四次方(λ^4)成反比。即波长越长,散射越弱。当向四面八方的散射光线较弱时,原传播方向上的透过率便越强。当太阳辐射垂直穿过大气层时,可见光波段损失的能量可达10%。

瑞利散射对可见光的影响很大。无云的晴空呈现蓝色,就是因为蓝光波长短,散射强度较大,使太阳辐射传播方向的蓝光被大大削弱。因此,蓝光向四面八方散射,使整个天空蔚蓝。这种现象在日出和日落时更为明显,因为这时太阳高度角小,阳光斜射向地面,通过的大气层比阳光直射时要厚得多。在过长的传播中,蓝光波长最短,几乎被散射殆尽,波长次短的绿光散射强度居其次,也大部分被散射掉了。只剩下波长最长的红光,散射最弱,因此透过大气最多。加上剩余的极少量绿光,最后合成呈现橘红色。因此,朝霞和夕阳都呈偏橘红色。红外线和微波由于波长更长,散射强度更弱,可以认为几乎不受瑞利散射影响。

2.3.3.2 米氏散射

米氏散射是当大气中粒子的直径与辐射的波长相当时发生的散射。这种散射主要由大气中的微粒,如烟、尘埃、小水滴及气溶胶等引起。米氏散射的散射强度与波长的二次方(λ^2)成反比,并且散射在光线向前方向比向后方向更强,方向性比较明显。如云雾的粒子大小与红外线($0.76\sim15~\mu m$)的波长接近,所以云雾对红外线的散射主要是米氏散射。因此,在潮湿天气时,米氏散射影响较大。

2.3.3.3 无选择性散射

无选择性散射是当大气中粒子的直径比波长大得多时发生的散射。这种散射的特点是散射强度与波长无关,也就是说,在符合无选择性散射条件的波段中,任何波长的散射强度都相同。如云、雾粒子直径虽然与红外线波长接近,但相比可见光波段,云雾中水滴的粒子直径就比波长大很多,因而对可见光中各个波长的光散射强度相同,所以人们看到云雾呈白色,并且无论从云下还是乘飞机从云层上面看,都是白色。

由以上分析可知,散射造成太阳辐射的衰减,但是散射强度遵循的规律与波长密切相关,而太阳的电磁波辐射几乎包括电磁辐射的各个波段。因此,在大气状况相同时,同时会出现各种类型的散射。由大气分子、原子引起的瑞利散射主要发生在可见光和短波红外波段。由大气微粒引起的米氏散射对从近紫外到红外波段都有影响,当波长进入红外波段后,米氏散射的影响超过瑞利散射。在大气云层中,小雨滴的直径相对其他微粒是最大的,对可见光只有无选择性散射发生,云层越厚,散射越强。对微波来说,其波长比粒子的直径大得多,则又属于瑞利散射的类型,散射强度与波长四次方成反比,波长越长,散射强度越小,所以微波才可能有最小散射、最大透射,因而被称为具有穿云透雾的能力。

2.3.4　大气对辐射的其他作用

2.3.4.1　大气折射

当电磁波穿过大气层时,除发生吸收和散射外,还会出现传播方向的改变,即发生折射。大气的折射率与大气密度相关,密度越大,折射率越大;离地面越高,空气越稀薄,折射率也越小。正是电磁波传播过程中折射率的变化,使电磁波在大气中传播的轨迹是一条曲线,到达地面后,地面接收的电磁波方向与实际上太阳辐射的方向相比偏离了一个角度,即折射值。当太阳垂直入射时,天顶距为 0°,折射值为 0′。随太阳天顶距加大,折射值也增加,天顶距为 45°时,折射值为 1′;天顶距为 90°时,折射值为 35′,这时折射值达到最大。在早晨看到的太阳圆面比中午时看到的太阳圆面大,是因为当太阳在地平线上时,折射角度最大,甚至它还没有出地平线,由于折射,在地面上已经可以见到它了。

2.3.4.2　大气反射

电磁波在传播过程中,若通过两种介质的交界面,还会出现反射现象。气体、尘埃的反射作用很小,反射现象主要发生在云层顶部,取决于云量,而且各波段均受到不同程度的影响,削弱了电磁波到达地面的强度。因此,应尽量选择无云的天气接收遥感信号。

2.4　地球辐射与地物波谱

在遥感探测中,被动遥感的辐射源主要来自与人类最密切相关的两个星球,即太阳和地球。地球又是地学遥感探测的对象,本节主要介绍地球作为辐射源的辐射特性和地球作为太阳辐射接收者的反射特性,并介绍不同地面物体反射率与波长的关系,从而得到区分地面物体的方法。

2.4.1　太阳辐射与地表的相互作用

太阳辐射近似于温度为 6 000 K 的黑体辐射,而地球辐射则接近于温度为 300 K

的黑体辐射。最大辐射的对应波长分别为 $\lambda_{max日}=0.48~\mu m$ 和 $\lambda_{max地}=9.66~\mu m$,两者相差较远。太阳辐射主要集中在 $0.3\sim 2.5~\mu m$ 的紫外、可见光到短波红外区段。当太阳辐射到达地表后,就短波而言,地表反射的太阳辐射成为地表的主要辐射来源,来自地球自身的辐射几乎可以忽略不计。地球自身的辐射主要集中在长波,即 $6~\mu m$ 以上的热红外区段。该区段太阳辐射的影响几乎可以忽略不计,因此只考虑地表物体自身的热辐射即可。而中间区段是两种辐射共同起作用的部分,即在 $2.5\sim 6~\mu m$ 的中波红外波段,地球对太阳辐照的反射和地表物体自身的热辐射均不能忽略。地球辐射的分段特征如表 2-4 所列。

表 2-4 地球辐射的分段特性

波段名称	波长/μm	辐射特性
可见光与短波红外	0.3~2.5	地表反射太阳辐射为主
中波红外	2.5~6	地表反射太阳辐射和自身热辐射
长波红外	>6	地表物体自身热辐射为主

2.4.2 地表自身热辐射

根据黑体辐射规律及基尔霍夫定律

$$M = \varepsilon M_0$$

式中,ε 是物体的比辐射率或发射率;M_0 是黑体辐射出射度;M 是实际物体辐射出射度。

由于公式中的变量都与地表温度 T 和波长 λ 有关,因此公式又可表示为:

$$M(\lambda,T) = \varepsilon(\lambda,T) \cdot M_0(\lambda,T)$$

式中,T 是地表温度,其存在日变化和年变化,因此在测量中常用红外辐射计来探测。

当温度一定时,物体的比辐射率随波长而变化。在对应波长,用比辐射率值与相同温度黑体辐射值相乘,可得到对应波长实际物体的辐射强度值。比辐射率(发射率)波谱特性曲线的形态特征可以反映地面物体本身的特性,包括物体本身的组成、温度、表面粗糙度等物理特性。特别是曲线形态特殊时可以用发射率曲线来识别地面物体,尤其在夜间太阳辐射消失后,地面发出的能量以发射光谱为主,探测其红外辐射及微波辐射并与同样温度条件下的比辐射率(发射率)曲线比较,是识别地物的重要方法之一。

2.4.3 地物反射波谱特征

2.4.3.1 辐射物理性质

在可见光与短波红外波段($0.3\sim 2.5~\mu m$),地表物体自身的热辐射几乎等于零。

地物发出的波谱主要以反射太阳辐射为主。当然,在太阳辐射到达地面后,物体除了反射作用外,还有对电磁辐射的吸收作用,如黑色物体的吸收能力较强。电磁辐射未被吸收和反射的其余部分则是透过的部分,即

$$到达地面的太阳辐射能量 = 反射能量 + 吸收能量 + 透射能量$$

一般来说,绝大多数物体对可见光都不具备透射能力,而有些物体(如水)对一定波长的电磁波透射能力较强,特别是 $0.45\sim0.56~\mu m$ 的蓝、绿光波段,一般水体的透射深度可达 $10\sim20~m$,混浊水体则为 $1\sim2~m$,清澈水体甚至可透达 $100~m$ 的深度。对于一般不能透过可见光的地面物体,对波长 $5~cm$ 的电磁波则有透射能力。例如,超长波的透射能力就很强,可以透过地面岩石、土壤。利用这一特性制作成的超长波探测装置,可以不破坏地面物体而探测地下层面情况,在遥感和石油地质领域取得令人瞩目的成果。

在反射、吸收、透射物理性质中,使用最普遍、最常用的仍是反射这一性质,也是本节的主要内容。

2.4.3.2 反射率与反射波谱

1. 反射率

物体反射的辐射能量占总入射能量的百分比,称为反射率 ρ。

由于不同物体的反射率是不同的,这主要取决于物体本身的性质(表面状况),以及入射电磁波的波长和入射角度,反射率的范围为 $0 < \rho \leqslant 1$,所以利用反射率可以判断物体的性质。

2. 物体的反射

物体表面状况不同,反射率也不同。物体的反射状况分为三种,即镜面反射、漫反射和实际物体反射。

镜面反射是指物体的反射满足反射定律,即入射波和反射波在同一平面内,入射角与反射角相等。当发生镜面反射时,如果入射波为平行入射,只有在反射波射出的方向上才能探测到电磁波,而其他方向则探测不到。对可见光而言,其他方向上应该是黑的。自然界中真正的镜面很少,非常平静的水面可以近似认为是镜面。

漫反射是指不论入射方向如何,虽然反射率 ρ 与镜面反射一样,反射方向却是"四面八方"。也就是把反射出来的能量分散到各个方向,因此,从某一方向看反射面,其亮度一定小于镜面反射的亮度。严格来说,当入射辐照度一定时,从任何角度观察漫反射面,其反射辐射亮度是一个常数,这种反射面又称朗伯面。自然界中真正的朗伯面也很少,在反射天顶角小于 $45°$ 时,新鲜的氧化镁(MgO)、硫酸钡($BaSO_4$)、碳酸镁($MgCO_3$)表面可以近似看成朗伯面。

实际物体反射多数都处于两种理想模型之间,即介于镜面和朗伯面(漫反射面)之间。一般来讲,实际物体表面在有入射波时,各个方向都有反射能量,但大小不同。在入射辐照度相同时,反射辐射亮度的大小既与入射方位角和天顶角有关,也与反射

方向的方位角与天顶角有关。

应注意的是,入射辐照度应该由两部分组成:一部分是太阳的直接辐射,是由太阳辐射来的平行光束穿过大气直接照射地面,其辐照度大小与太阳天顶角和日地距离有关;另一部分是太阳辐射经过大气散射后又漫入射到地面的部分,因为是从四面八方射入,其辐照度大小与入射角度无关。

3. 反射波谱

反射波谱通常用平面坐标曲线表示,横坐标表示波长 λ,纵坐标表示反射率 ρ。地物的反射波谱是指地物反射率随波长的变化规律。同一物体的波谱曲线反映出不同波段的不同反射率,将此与遥感传感器的对应波段接收的辐射数据相对照,可以得到遥感数据与对应地物的识别规律。

2.4.3.3 地物反射波谱曲线

地物反射波谱曲线除随不同地物(反射率)而不同外,同种地物在不同内部结构和外部条件下的形态表现(反射率)也不同。一般来说,地物反射率随波长的变化是有规律可循的,从而为遥感影像的判读提供了依据。

1. 植　被

植被的反射波谱曲线(光谱特征)规律性明显而独特,主要分三段:可见光波段($0.4\sim0.76\ \mu m$)有一个小的反射峰,位置在 $0.55\ \mu m$(绿光)处,两侧 $0.45\ \mu m$(蓝光)和 $0.67\ \mu m$(红光)则有两个吸收带。这一特征是由于叶绿素的影响,叶绿素对蓝光和红光吸收作用强,而对绿光反射作用强;在短波红外波段($0.7\sim0.8\ \mu m$)有一个反射的"陡坡",至 $1.1\ \mu m$ 附近有一个峰值,形成植被的独有特征。这是由于植被叶细胞结构的影响,除了吸收和透射的部分,形成高反射率;在中波红外波段($1.3\sim2.5\ \mu m$)受到绿色植物含水量的影响,吸收率大增,反射率大大下降,特别以 $1.45\ \mu m$、$1.95\ \mu m$ 和 $2.7\ \mu m$ 为中心是水的吸收带,形成低谷。

植被反射波谱在上述基本特征下仍有细部差别,这种差别与植物种类、季节、病虫害影响、含水量多少等有关系。为了区分植被种类,需要对植被波谱进行研究。

2. 土　壤

自然状态下土壤表面的反射率没有明显的峰值和谷值。一般来说,土质越细,反射率越高;有机质含量和含水量越高,反射率越低。此外,土类和肥力也会对反射率产生影响。由于土壤反射波谱曲线呈比较平滑的特征,所以在不同光谱图的遥感影像上,土壤的亮度区别不明显。

3. 水　体

水体的反射主要在蓝绿光波段,其他波段吸收都很强,特别到了短波红外波段,吸收就更强了。正因为如此,在遥感影像上,特别是短波红外影像上,水体呈黑色。但当水中含有其他物质时,反射光谱曲线会发生变化。当水含泥沙时,由于泥沙散射,可见光波段反射率会提高,峰值出现在黄红区。当水中含叶绿素时,短波红外波段反射率明显抬升,这些都成为影像分析的重要依据。

4. 岩　石

岩石的反射波谱曲线没有统一的特征,矿物成分、矿物含量、风化程度、含水状况、颗粒大小、表面光滑程度、色泽等都会对曲线形态产生影响。

2.4.4　地物波谱特性的测量

在电磁波谱中,可见光和短波红外波段(0.3～2.5 μm)是地表反射的主要波段,多数传感器使用这一区间,其地物光谱的测试有三方面作用:一是传感器波段选择、验证、评价的依据;二是建立地面航空和航天遥感数据的关系;三是将地物光谱数据直接与地物特征进行相关分析并建立应用模型。

2.4.4.1　地物反射波谱测量理论

1. 双向反射分布函数(BRDF)

对于地物表面 dA,入射时辐照度 $dI_i(\phi_i,\theta_i)$ 在反射方向的方位角 ϕ_r 和天顶角 θ_r 上,由辐照度 dI_i 产生的反射亮度 dL_r 随着入射方向和反射方向的不同,产生一个函数 f_r,称为双向反射分布函数,简称 BRDF,可表示为

$$f_r = \frac{dL_r(\phi_i,\theta_i,\phi_r,\theta_r)}{dI_i(\phi_i,\theta_i)}$$

对于给定的入射角和反射角,f_r 表示在给定方向上每单位立体角内的反射率,其还是波长的函数。双向反射分布函数(BRDF)完全描述了反射空间分布特性的规律。但是由于 BRDF 函数值本身是两个无穷小量的比,且实际想要测量 dI_i 也十分困难,因此,实际测量中很少采用。

2. 双向反射比因子 R(BRF)

这一函数比较容易测量,其定义是,在给定的立体角锥体所限制的方向内,在一定辐照度和观测条件下,目标的反射辐射通量与处于同一辐照度和观测条件下的标准参考面的反射辐射通量之比。而这一标准参考即为前文介绍过的朗伯面(漫反射面)。

2.4.4.2　地物光谱的测量方法

1. 样品的实验室测量

实验室测量常用分光光度计,仪器由微型计算机控制,测量数据也直接传给计算机。分光光度计的测量条件是一定方向的光照射,半球接收,因此获得的反射率与野外测定有区别。实验室测量时要有严格的样品采集和处理过程。例如,植被样品要有代表性,采集后迅速冷藏保鲜,并在 12 h 内送实验室测定;土壤和岩矿应按专业要求并制备成粉或块。由于实验室的测量条件高,应用不够广泛。

2. 野外测量

野外测量采用比较法。

垂直测量：为使所有数据能与航空、航天传感器所获得的数据进行比较，一般情况下，测量仪器采用垂直向下测量的方法，以便与多数传感器采集数据的方向一致。由于实地情况非常复杂，测量时常将周围环境的变化忽略，认为实际目标与标准板的测量值之比就是反射率之比。

标准板通常用硫酸钡（$BaSO_4$）或氧化镁（MgO）制成，在反射天顶角 $\theta_r \leqslant 45°$ 时，接近朗伯体，并且经过计量部门标定，其反射率为已知值。这种测量没有考虑入射角度变化时造成的反射辐射值的变化，也就是对实际地物在一定程度上取近似朗伯体，可见测量值也有一定的适用范围。

非垂直测量：在野外，更精确的测量是测量不同角度的方向反射比因子，考虑到辐射到地物的光线由来自太阳的直射光（近似定向入射）和天空的散射光（近似半球入射）构成，因此方向反射比因子取两者的加权和。

思考题

1. 为什么说遥感的物理基础是电磁波理论？
2. 在水面上的油膜、肥皂泡等在白光照射下为什么会出现灿烂的彩色？
3. 为什么早上的太阳是橘红色的？
4. 说明晴天、阴天在相同条件下，全色像片摄影影像反差不同的原因。
5. 为什么微波对大气具有较强的穿透能力？
6. 遥感波段为什么要选择在大气窗口内？选择遥感成像波段时还要考虑哪些因素？
7. 应该如何选择遥感卫星的轨道高度？
8. 研究地物反射时，为什么要以黑体辐射为标准？
9. 试分析湖泊、树林白天和晚上在热红外像片上的色调有何不同。
10. 分析热红外图像上地物色调与 ε_λ、T 的关系。
11. 结合健康绿色植被的反射特性波谱曲线，说明在进行森林普查时为什么要选择短波红外遥感图像以及监测森林病虫害的原理是什么。
12. 试绘出一些常见的地物（雪地、阔叶树、针叶树、水体）在可见光和短波红外波段的反射波谱特性曲线，说明它们在全色图像上色调的差异。

第 3 章　光学图像获取技术

　　人类社会已经进入信息社会时代,信息获取是人类文明生存和发展的基本需要。从信息获取的方式考虑,人类获取信息的主要手段是通过五官,即眼、耳、鼻、舌、肤(视觉、听觉、嗅觉、味觉和触觉)进行的。据相关统计,人类通过视觉获得的信息占人类能够获取信息的 80% 以上,正所谓"百闻不如一见"。同样,在技术情报获取领域,光学成像侦察也占据着重要的地位,主要是利用目标和背景反射或辐射电磁波的差异来发现和识别目标,主要手段有可见光成像侦察、红外成像侦察、光谱成像侦察。本章在介绍光电成像基本原理的基础上,重点介绍可见光、红外和光谱成像技术,以及光学遥感成像技术的相关知识。

3.1　光电成像技术的基本原理

　　光电成像技术是在人类探索和研究光电效应的进程中产生和发展起来的,最早可追溯到 1873 年,史密斯首先发现了光电导现象;随后,普朗克于 1900 年提出了光的量子属性;而后在 1916 年,爱因斯坦完善了光与物质内部电子能态相互作用的量子理论,人类从此揭示了内光电效应的本质。在对相机的大量研究工作中,伴随着近代物理学的发展,建立了半导体理论并研制出了各类光电器件。由此带来了内光电效应的广泛应用,为人类探测光子提供了技术手段,为扩展人眼的视见光谱范围奠定了基本条件。人类在探索内光电效应的同时也探索了外光电效应。1887 年,赫兹首先发现了紫外辐射对放电过程的影响;1888 年,哈尔瓦克实验证实了紫外辐射可使金属表面发射负电荷;其后斯托列托夫、勒纳和爱因斯坦相继明确了光电发射的基本定律。在此基础上,1929 年,科勒制成了第一个实用的光电发射体——银氧铯光阴极,随后利用这一技术研制成功了红外变像管,实现了将不可见的红外图像转换为可见光图像。此后,相继出现了紫外变像管和 X 射线变像管,使人类的视见光谱范围获得了更有成效的扩展。对外光电效应的深入研究,格利胥在 1936 年研制出锑铯阴极,萨默在 1955 年研制出锑钾钠铯多碱光阴极。西蒙在 1963 年提出了负电子亲和势光阴极理论,伊万思等人在该理论的指导下研制成功了负电子亲和势镓砷光阴极。这些高量子效率光阴极的出现使微光图像的增强技术到达实用阶段。利用像增强器,人类突破了视见灵敏阈的限制。

　　在发展光电成像技术的进程中,为扩展视界,人类从 20 世纪 20 年代起开始致力于电视技术研究。美国安培公司推出了世界上第一台实用型摄像机,该摄像机采用摄像管摄取图像,开创了图像记录的新纪元。1925 年,苏格兰人贝尔德制造出了世界上最原始的电视摄像机和接收机。1929年,美国科学家伊夫斯在纽约和华盛顿之间播送50行的彩色电视图像,发明了彩色电视机。1931年,美国科学家兹沃雷金等人制造出比较成熟的光电摄像管,即电视摄像机,完成了电视摄像与显示完全电子化的过程,至此,现代电视系统基本成型,为人类提供了不必面对目标即可进行观测的可能性,电视所具有的极大吸引力为它带来了极为迅速的发展。在短短半个多世纪中,电视摄像器件从初期的析像器,逐步提高并发展出众多类型的摄像器件。

在发展电真空类型摄像器件的同时,1970年,玻伊尔和史密斯开发出了一种具有自扫描功能的电荷耦合器件(CCD),由此诞生了固体摄像器件,使电视摄像技术产生了质的飞跃,玻伊尔和史密斯也因此获得了2009年诺贝尔物理学奖。近年来,随着CMOS成像器件的回归和突起,光电成像技术进一步走向小型化、低成本化和高清晰化,具备各种特殊用途的成像器件也如雨后春笋般地不断涌现出来。尤其是现代半导体材料和技术在各种探测器中的应用,使得采用红外焦平面探测器件的凝视红外热成像技术将人类的视见能力扩展和提高到了一个新的阶段。

3.1.1 光电成像技术对人眼视见光谱域的拓展

提到成像,人们都会想到通过眼睛观察事物,景像首先反映到人的眼睛里,由此转换为影像,再被大脑转化为情报信息。眼睛具有对信息并行处理的功能,它所获得的信息占总获得信息量的80%以上。实际上,光电成像系统的性能与人眼的视觉特性密切相关,很大程度上都基于对人类视觉系统或者人类眼球的研究和学习模仿。因此,在学习光电成像技术之前,必须了解人眼的基本构造和视觉特性。

3.1.1.1 人类的视觉系统

人的眼睛是非常灵敏和完善的视觉器官,其基本构造如图3-1所示。

人的眼球从解剖学角度来说,从前往后,依次由角膜、瞳孔、晶状体、玻璃体和视网膜构成,周围由坚硬的巩膜保护。其中角膜是完全透明的,有十分敏感的神经末梢,如有外物接触角膜,眼睑不用经过大脑就会直接闭合来保护眼球。瞳孔位于晶状体前,是光线进入眼睛的通道,虹膜上的括约肌可以使瞳孔放大或者缩小,从而控制通过瞳孔的光量。晶状体位于玻璃体前,呈双凸透镜状,富有弹性;它是一个双凸面透明组织,是眼球曲光系统的重要组成部分,也是唯一具有调节能力的曲光介质;晶状体能够通过睫状肌的收缩或松弛来改变屈光度,使看远或看近时眼球聚光焦点都能准确地落在视网膜上,同时能滤除一部分紫外光,保护视网膜。玻璃体是无色透明的胶状体,位于晶状体后面,充满于晶状体和视网膜中间,具有屈光和固定视网膜的作用。角膜、瞳孔、晶状体、玻璃体构成了人眼的光学系统。

视网膜是眼球壁的内层,分为视网膜盲部和视部,即不感光的部分和感光的部分。通常所说的视网膜指的是感光的视网膜视部,是一层柔软而透明的膜,紧贴于脉络膜内侧,能够感受光的刺激。视网膜由多种细胞组成,感光的细胞主要由视杆细胞

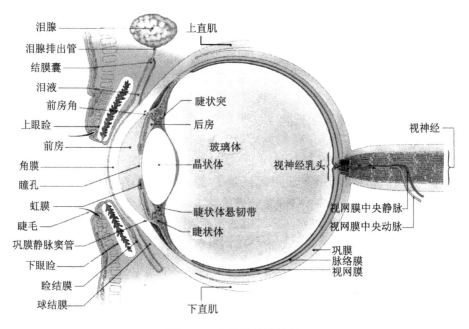

图 3-1 人眼的基本结构

和视锥细胞组成,其中杆细胞约 7 500～15 000 万个,对弱光刺激敏感,视锥细胞有 600～700 万个,对强光和颜色敏感。大部分人的视网膜具有三种有细微差异的视锥细胞,这三种视锥细胞对不同频率的光有不同的敏感度,人在感知颜色时是通过这三种视锥细胞产生的色差来辨识颜色。因此,视网膜相当于人眼的传感系统。

视神经进入眼内腔的盲斑部分既无锥状细胞,也无杆状细胞,是不感光的盲区。在视网膜边缘,锥状细胞的密度越来越小,直径也越来越粗,而且成簇地与视神经联系。这些视神经与大脑相连,构成了人眼的处理系统。

3.1.1.2 人眼的视觉特性

1. 视觉的适应

人眼能在一个相当大的范围内适应视场亮度。随着外界视场亮度的变化,人眼视觉响应可分为三类。明视觉响应:当人眼适应大于或等于 3 cd/m² 的视场亮度后,视觉由锥状细胞起作用。暗视觉响应:当人眼适应小于或等于 3×10^{-5} cd/m² 的视场亮度后,视觉只由杆状细胞起作用;由于杆状细胞没有颜色分辨能力,所以夜间人眼观察的景物呈灰白色。中介视觉响应:随着视场亮度由 3 cd/m² 降至 3×10^{-5} cd/m²,人眼逐渐由锥状细胞的明视觉响应转向杆状细胞的暗视觉响应。

当视场亮度发生突变时,人眼要稳定到突变后的正常视觉状态需要经历一段时间,这种特性称为"适应"。适应主要包括明暗适应和色彩适应两种。人眼的明暗适应分为明适应和暗适应:对视场亮度由暗突然到亮的适应称为明适应,大约需要几秒钟,在 2～3 min 内即可达到稳定水平;对视场亮度由亮突然到暗的适应称为暗适应,大约需要 3～5 min，在 30～45 min 内可达到稳定水平，充分暗适应则需要一个多小时。人眼的色彩适应是因为视紫红质的产生和消失达到新的平衡所需要的时间延迟。

2. 绝对视觉阈

在充分暗适应的状态、全黑视场中，人眼感觉到的最小光刺激值称为人眼的绝对视觉阈。以入射到人眼瞳孔上最小照度值表示时，人眼的绝对视觉阈值在 10^{-9} lx 数量级。以量子阈值表示时，最小可探测的视觉刺激是由 58～145 个蓝绿光（波长为 0.51 μm）的光子轰击角膜引起的。据估算，这个刺激只有 5～14 个光子实际到达并作用于视网膜上。

3. 阈值对比度

通常，人眼的视觉探测是在一定背景中把目标鉴别出来。此时，人眼的视觉敏锐程度与背景亮度及目标在背景中的衬度有关。人眼的视觉特性与视场亮度、目标对比度和目标大小等参数相关。当观测亮度不同的两个面时，如果亮度很低就察觉不出差别，但如果将两个面的亮度按比例提高，则到一定的亮度时，就有可能察觉出两个面的差别，即不同亮度下的阈值对比度是不同的。

4. 人眼的光谱灵敏度

人眼对各种不同波长的辐射光有不同的灵敏度（响应），并且不同人的眼睛对各波长的灵敏度也常有差异。因此，为了确定眼睛的光谱响应，可对各种波长的光引起相同亮暗感觉所需的辐射通量进行比较，对大量具有正常视力的观察者所做的实验表明：在较明亮的环境中，人眼视觉对波长 0.555 μm 左右的绿色光最敏感；在较暗条件下，人眼对波长 0.512 μm 的光最敏感。

5. 人眼的分辨率

人眼能区别两个发光点的最小角距离称为极限分辨角，其倒数则为眼睛的分辨率。

若将眼睛当作一个理想的光学系统，可依照物理光学中的圆孔衍射理论计算极限分辨率。如取人眼在白天的瞳孔直径为 2 mm，则其极限分辨角约为 $0.7'$。若两个相邻发光点同时引起同一视神经细胞的刺激，这时会感到是一个发光点，而 $0.7'$ 对应的极限分辨角在视网膜上相当于 5～6 μm，在黄斑上的锥状细胞尺寸约为 4.5 μm，因此，视网膜结构可满足人眼光学系统分辨率的要求。实际上，在较好的照明条件下，眼睛的极限分辨角平均值在 $1'$ 左右。当瞳孔直径增大到 3 mm 时，该值还可以稍微减小一些，若瞳孔直径再增大时，由于眼睛光学系统像差随之增大，极限分辨角反而会增大。

6. 人眼的信噪比

由于人眼的视觉暂留效果，通常情况下人眼自身并无法感觉到较短瞬间光强的变化情况，但在经过光电成像过程转化后，在经过光电成像后的图像上会出现不同的亮暗变化,这就是图像的噪声。图像的噪声会严重影响人眼的观测效果。

总之,光电成像系统产生的图像是为人类服务的,因此,以上人眼的视觉特性将是设计光电成像系统的依据和基础。

3.1.1.3 光电成像技术拓展人眼视觉性能

人眼的自然构造使其视觉特性存在固有的物理限制,通过直接观察所获得的图像信息仍然是有限的,这些限制主要包括以下几个方面。

1. 灵敏度的限制

一般光照度的视觉范围是 $3×10^{-5}～2×10^6$ lx;舒服的光照度范围是 $1×10～1×10^4$ lx。lx(勒克斯)是光照强度单位,表示单位面积上所接收可见光的能量,简称照度。被光均匀照射的物体,若在 1 m² 面积上所得的光通量为 1 lm,则其照度是 1 lx。蜡烛烛光在 1 m 处所显示出的亮度大约为 1 lm。一个普通的 40 W 的白炽灯泡,其发光效率大约为 10 lm/W,因此可以发出 400 lm 的光,在 1 m 处的照度约为 30 lx(400÷4÷π)。例如:无月之夜,天光照在地面上约为 $3×10^{-4}$ lx;夏天的烈日直射地面时,可高于 $1×10^5$ lx;阅读书刊时所需的照度约为 50～60 lx。

2. 光谱的限制

人眼只对可见光部分敏感,波长敏感区为 400～650 nm,在较明亮的环境中,对波长 555 nm 左右的绿光最敏感;在较暗条件下,对波长 512 nm 的绿光最敏感。

3. 分辨率的限制

在较好的照明条件下,眼睛的极限分辨角平均值在 1′ 左右,对于距离较远的物体,就难以获取其细节信息。

4. 时间上的限制

当物体在快速运动时,人眼所看到的影像消失后,人眼仍能继续保留该影像一小段时间,这种现象被称为视觉暂留现象,是人眼具有的一种性质。对于中等亮度的光刺激,视觉暂留时间约为 0.05～0.2 s。

5. 空间上的限制

人眼只能在视场可见的范围内观察物体,超出了可视范围的隔开空间,人眼将无法观察。

6. 视觉适应性

人眼的明适应过程大约需要几秒钟,一般在 2～3 min 内达到稳定水平;人眼的暗适应过程大约需要 3～5 min,一般在 30～45 min 内可达到稳定水平。

总之,人的直观视觉只能有条件地提供图像信息。为了突破人眼的限制,在很早以前,人们就为开拓自身的视见能力进行了探索,取得了不少有成效的进展。比如灯具的出现,改善了夜晚的照明环境;望远镜的出现,延伸了人眼的可视距离;显微镜的应用,为观察微小物体提供了方便。可是,在扩展视见光谱范围和视见灵敏度方面却在经历了漫长的时间后才有所进展,全面突破人眼视觉系统的限制,这一进展是由光电成像技术所开拓的。光电成像技术扩展了人眼对微弱光图像的探测能力,开拓了人眼对不可见辐射的接收能力,可以捕捉人眼无法分辨的细节,也可以遥视物体并以超快速度存储下来。目前,光电成像技术已成为信息时代的重要技术领域,它提高了人类认识世界、探求自然真理的能力,丰富了人类的视觉世界,改变了人们的生活方式。

3.1.2 光电成像技术基本知识

光电成像技术是以光电转换技术、光电子理论和半导体物理为基础,通过各类光电成像器件来完成成像过程的技术。其最基本的目的就是要把实物尽量真实地反映到虚拟的图像上。在物理上,图像是客观三维景物随时间、温度、色彩变化的一种二维分布表示,包括形状、距离、色彩等景物的相关信息。就目前光电成像技术所达到的水平而言,图像(picture)表达还只是由不同亮暗(灰度)的点(像素)排列而成的点阵集合,视频图像(image)是利用人眼的视觉暂留特性,逐像素、逐列、逐行地变换和显示其排布的图像,彩色图像则是不同光谱光强引起的亮暗(灰度)的点(像素)排列而成的点阵集合。那么,要实现从客观的三维景物到点阵分布二维表示,必须包括以下环节:

① 实物光学信息的获取:通过光学系统(通常是光学镜头)实现景物辐射信息的聚焦成像。

② 光电信息之间的转换:将景物的辐射能量分布对应地转换为电荷信息,即形成对应景物空间分布的光电子发射或者电荷图像转换,并转换为电信号,主要通过光电传感器/探测器来实现。

③ 电信号的处理与传输:将经过电学处理的电信号转换为图像电信号,并通过有线或无线的方式传送全图像需求用户,主要通过信号和图像处理系统实现。

④ 光电图像的合成与再现:完成图像电信号的接收、解调、电光过程的转换和显示。

图 3-2 所示为实现光电成像的实现环节和器件。

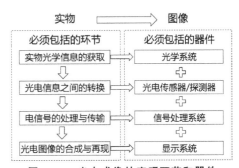

图 3-2 光电成像的实现环节和器件

3.1.3 光电成像系统

就获取目标图像的基本过程而论,光电成像技术所涉及的内容相当广泛,主要包括:各种辐射源及其目标、背景特性;大气光学特性对辐射传输的影响;成像的光学系统;光辐射探测器及制冷器;信号的电子学处理;图像的显示;人眼的视觉特性。一个典型光电成像过程如图 3-3 所示,其中,光学系统、光学成像器件(光电探测器+电子学系统)、显示器是整个成像过程的核心器件,它们又组成了一个典型的光电成像系统,如图 3-4 所示。

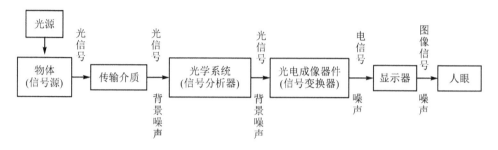

图 3-3 典型光电成像过程

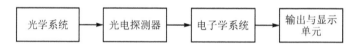

图 3-4 典型光电成像系统

3.1.3.1 光学系统

光学系统是光电成像系统的眼睛,包括多种光学元件,主要有:用于收集入射光辐射,并将其聚焦成像到探测器上的光学物镜;用于对入射光辐射进行调制的斩波器或调制器,使连续的光辐射变换成有一定规律的或包含目标位置等信息的交变光辐射;用于使单元或非凝视多元探测器按一定规律连续而完整分解目标图像的光机扫描器;用于确定系统所探测的光谱范围、与具有一定光谱特性的探测器配合使用的光学滤波器;用于进一步为探测器聚焦能量的聚光镜和二次聚光元件;用于人眼观察所成图像的目镜等。

光学系统将被摄景物的光强分布成像至光电传感器光敏面上。一个光学系统可以被描述为一种空间/时间低通线性滤波器。向光学系统输入一个正弦信号(给出一个光强正弦分布的目标),输出仍然是同一频率的正弦信号(目标成的像仍然是同一空间频率的正弦分布),只不过像的对比度有所降低,相位发生移动,如图 3-5 所示。

光学系统有以下几个主要参数需要重点关注。

1. 焦　距

焦距 f 是指当平行光入射时,从透镜中心到光聚焦的焦点之间的距离(见图 3-6),通常用镜片光学中心到探测器成像平面的距离来表示。它反映了光学成像系统的基本成像规律:不同物距上的被成像景物在像方的位置、大小均由焦距确定。

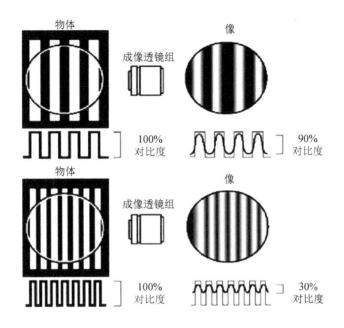

图 3-5　光学系统光学响应示意图

焦距按照长短进行区分,主要有:长焦距物镜,即 $f > l$;短焦距物镜,即 $f < l$;中焦距物镜,即 f 与 l 相当;变焦距物镜,即 f 连续可调。其中,l 为有效成像的尺寸,通常为探测器的对角线长度。

2. 相对/光圈系数(F 数)

相对孔径是指镜头的有效孔径与焦距之比,表示光学镜头的聚光

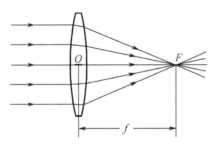

注:O—光心,F—焦点。

图 3-6　焦距示意图

能力,通常用它的倒数 F 数来表示。F 值越大,相对孔径越小。通常镜头圈上的实际刻度值按 $10^{1/2}$ 的规律增大,例如 1.4、2、2.8、4、5.6、11、16、22、32 等(见图 3-7)。镜头的有效孔径每增大 1 倍,影像的明亮度、射入光束的截面积和光通量都增加 4 倍。

3. 分辨率

光学透镜刚好能分辨两个相邻物点的张角为其最小分辨率。

在几何光学上,物体上的一个发光点经透镜成像后得到的应是一个几何像点。由于光的波动性,一个物点经透镜后在像平面得到的是一个以几何像点为中心的衍射斑。如果另一个物点也经过这个透镜成像,则在像平面上产生另一个衍射圆斑。当两个物点相距较远时,两个像斑也相距较远,此时物点是可以分辨的;若两个物点

图 3-7 不同 F 数镜头孔径大小

相距很近,以至于两个像斑重叠而混为一体,此时两个物点就无法再分辨了。

什么情况下两个像斑刚好能被分辨呢?点光源经过光学仪器的小圆孔径后,由于衍射的影响,所成的像不是一个点,而是一个明暗相间的圆形光斑,这个光斑被称为爱里斑。当一个爱里斑的边缘与另一个爱里斑的中心正好重合时,此时对应的两个物点刚好能被人眼或光学仪器所分辨,这被称为瑞利判据,如图 3-8 所示,可表示为

$$\theta = \frac{1.22\lambda}{D}$$

式中,λ 是波长,D 是透镜直径。增加透镜直径,或者采用长波较短的光照明,可提高光学系统的分辨率。

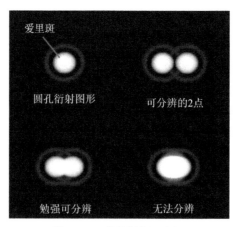

图 3-8 瑞利判据示意图

4. 视场角

当探测器靶面尺寸确定后,由焦距来确定系统的观测视场。光学镜头视场角如

图 3-9 所示。

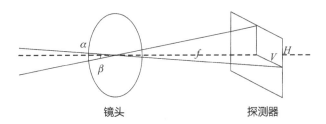

图 3-9 光学镜头视场角

水平视场角可表示为

$$2\alpha = 2\arctan\frac{V}{2f}$$

垂直视场角可表示为

$$2\beta = 2\arctan\frac{H}{2f}$$

式中,V 是成像传感器水平尺寸,H 是成像传感器垂直尺寸。

5. 透射比和光谱特性

透射比是衡量光学系统透过光能量程度的参数。组成光学系统的透镜片数越多,光能损失越大,透射比越小。一般定焦镜头的透射比可达 0.9,而变焦镜头仅为 0.8。

实际上,光学系统也存在光谱分布,只是一般情况下其光谱透射比的变化比较平坦,因此可以用平均透射比表示。但在工作光谱较宽时,在一些应用中应考虑摄像物镜的光谱透射比。

6. 几何畸变

当存在畸变时,像的大小与理想像高不等,整个像发生变形,如图 3-10 所示。如果实际像高大于理想像高,则畸变为枕形畸变,如图 3-10(b)所示;如果实际像高小于理想像高,则畸变为桶形畸变,如图 3-10(c)所示。

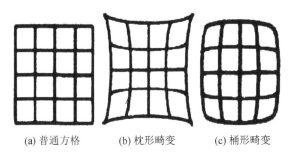

(a) 普通方格　　　(b) 枕形畸变　　　(c) 桶形畸变

图 3-10 几何畸变

畸变随视场减小而迅速减小,在广角镜头中,畸变较为明显。一般情况下,畸变应在5%之内。

7. 景深和焦深

被摄的景物往往有一定纵深范围,为了使目标及其前后景物都能清晰成像,摄像物镜还应有景深和焦深的要求。景深是由指弥散斑直径允许值所决定的物空间深度范围;焦深是指当物距固定时,像方焦平面前后能得到清晰图像的范围(见图3-11)。

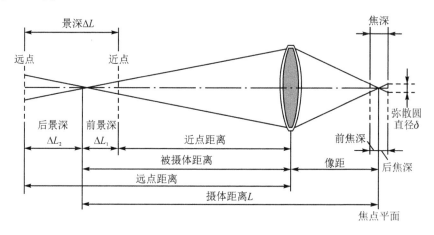

图 3-11 景深和焦深

景深取决于镜头焦距、光圈大小和感光元件大小(与容许弥散圆半径有关),镜头焦距越短,景深的范围就越大;光圈越小,景深就越大。一只超广角镜头几乎在所有的光圈下都有极大的景深。一只长焦镜头即使在最小光圈的情况下,景深范围也会非常有限。

8. 变 焦

焦距连续可变的镜头兼容了短焦距和长焦距的应用范围,使用十分方便。变焦物镜设计应满足:当焦距变化时,成像面位置固定不变;各个焦距所对应的像质和照度分布应符合要求。

组合透镜的焦距可表示为

$$\frac{1}{f} = \frac{1}{f_1} + \frac{1}{f_2} - \frac{d}{f_1 f_2}$$

变焦的基本原理是:当透镜间距离 d 连续可变时,镜头焦距随之连续变化。

3.1.3.2 光电探测器

光电探测器的主要功能是将入射的光辐射转换成电信号。探测器一般可分为光子探测器和热电探测器两大类。光子探测器基于光辐射的光子与物质中电子直接作用而使物质电学特性发生变化的光电效应进行信息转换,如引起光电子发射的外光电效应、引起物质电导率增加的内光电效应和引起 PN 结电动势变化的光生伏特效应等。由于光电探测器是光子和电子间的直接作用,故其灵敏度高,反应时间快;但由于光子的能量与光辐射的波长有关,且材料的电学特性变换存在阈值等原因,光电探测器均存在光谱选择性。热电探测器是基于热电效应,光辐射的能量为某些物质所吸收后发生温度变化,而使其电学特性产生变化,如因温升而使电导率增加的热敏电阻、因温升使两种不同材料组成结的两侧间产生电动势的热电偶和热电堆、因温升使某些自极化晶体的两侧产生电动势的热释电探测器等。由于热电探测器增加了升温过程,因此热电效应的反应速度较慢,灵敏度较低;但由于是基本温度变换过程的信息转换,所以该类探测器没有光谱选择性。可用于成像的光电探测器种类很多,设计时可以根据光电成像系统的实际需求,适当选择不同原理、不同类型、不同材料的探测器,光电探测器分类及发展如图 3-12 所示。

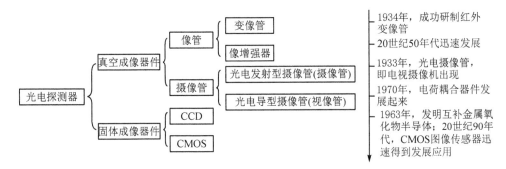

图 3-12　光电探测器分类及发展

变像管是将不可见光的图像变成可见图像的真空电子器件;像增强器是将微弱的可见光图像增强,使之成为明亮的可见图像的真空电子器件;摄像管是将光的图像转变为电视信号的电子束管;视像管是将光的图像转换成电视喜好的专用电子束管。CCD(Charge Coupled Device)即电荷耦合器件;CMOS(Complementary Metal-Oxide Semiconductor)即互补金属氧化物半导体。

根据上述分类,又可将光电探测器分为直视型光电探测器和非直视型光电探测器。

1. 直视型光电探测器

直视型光电探测器用于直接观察的仪器中,器件本身具有图像的转换、增强及显示等部分。其工作方式是:将入射的辐射图像通过外光电效应转换为电子图像,而后由电场或电磁场的聚焦加速作用进行能量增强以及由二次发射作用进行电子倍增,经增强的电子图像激发荧光屏产生可见光图像。直视型光电探测器的基本结构包括光电发射体、电子光学系统、微通道板、荧光屏和保持高真空的管壳,通常被称为像管。变像管和像增强器属于这类器件。

(1) 变像管

变像管是接受非可见辐射图像的直视型光电探测器,包括红外变像管、紫外变像管、X 射线变像管等。这类器件的共同特点是入射图像的光谱与输出图像的光谱完全不同,因此被统称为变像管。变像管通常作为人眼直接观察的图像转换器件,故输出图像的光谱是可见光。

(2) 像增强器

像增强器是接受微弱可见光图像的直视型光电探测器。这类器件的共同特点是输入的光学图像极其微弱,经过器件内电子图像的能量和数量的增加使输出图像增强,因此被统称为像增强器。

2. 非直视型光电探测器

非直视型光电探测器用于电视摄像和热成像系统中,器件本身完成的功能是将光学/热辐射转换成视频/图像电信号,所获得的电信号经过处理和传输再由显像装置输出图像。非直视型光电成像器件的工作方式是接收光学辐射或热辐射,利用光敏面的光电效应或热电效应将其转变为电荷图像,而后通过电子束扫描或电荷耦合转移方式产生视频/图像信号。因此,这类器件只完成摄像功能,不直接输出图像,故被称为非直视型光电探测器。摄像管和固体成像器件属于这类器件(见图 3 - 13)。

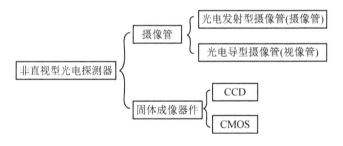

图 3 - 13　非直视型光电探测器

(1) 摄像管

摄像管的基本结构包括真空摄像管和固体探测器件。前者由光敏靶(或带有光敏面的电子增强靶)、电子枪、扫描系统及保持高真空的管壳等构成,如图 3 - 14 所示。后者由光敏面阵和电荷耦合转移读出电路(或二维移位寄存读出电路)等构成。

摄像管光敏元件接受输入图像的辐照度进行光电转换,将二维空间分布的光强转变为二维空间分布的电荷量;摄像管电荷存储单元在一帧周期内连续积累光敏元产生的电荷量,并保持电荷量的空间分布,该存储电荷的元件称为靶;摄像管电子枪产生空间二维扫描的电子束,在一帧周期内完成靶面的扫描。逐点扫描的电子束达到靶面的电荷量与靶面存储的电荷量相关,受靶面存储的电荷量的控制,在摄像管的输出电路上产生与被扫描电光辐射强度成比例的电信号,即视频信号。

摄像管是二维空间扫描,存在体积大、重量大、机械强度差、功耗高、动态范围小

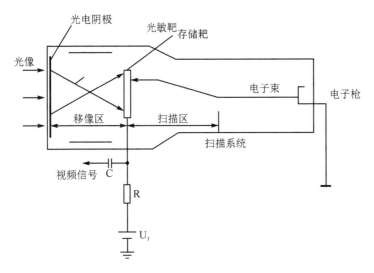

图 3-14 摄像管结构图

等不足,不易携带和在外场使用,大大影响了光电成像技术的推广和光电成像系统的普及。随着半导体材料和器件制备技术的发展,人们开始考虑应用半导体器件取代摄像管,不再采用空间二维扫描,而是重点解决图像信号的平面读出问题,即将摄像管的二维空间扫描转变为电子驱动的一维平面时间顺序高速读出,从而代替电子枪扫描,实现光电转换电荷的高速读出。

(2) 固体成像器件

固体成像器件主要有两大类,即电荷耦合器件(CCD)和互补金属氧化物半导体(CMOS)。CCD集成在半导体单晶材料上,而CMOS集成在被称为金属氧化物的半导体材料上,二者在工作原理方面没有区别。

1) CCD图像传感器。

CCD是20世纪70年代初发展起来的新型半导体光电成像器件。40多年来,CCD技术已广泛应用于信号处理、数字存储及影像传感等领域,其中在影像传感中的应用最为广泛,已成为现代光电子学和测试技术应用最活跃、最富有成果的领域之一。CCD图像传感器的诞生和发展使人们进入更为广泛应用图像传感器的新时代。

CCD图像传感器按照像素排列方式的不同,可以分为线阵和面阵两大类(见图3-15)。

CCD图像传感器的特点是以电荷作为信号,其基本功能是进行电荷存储和电荷转移,其工作过程则是信号电荷的产生、存储、传输和检测的过程,如图3-16所示。

① 电荷的产生。

当CCD用于拍摄光学图像时,通过光电转换装置把入射到每一个感光像素上的光子转化为电荷,然后由输入部分注入,如图3-17所示。

② 电荷的存储。

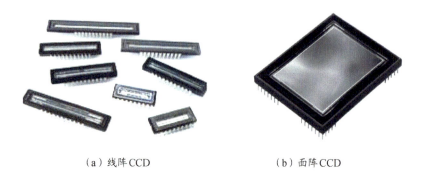

（a）线阵CCD　　　　　　　　（b）面阵CCD

图3-15　CCD图像传感

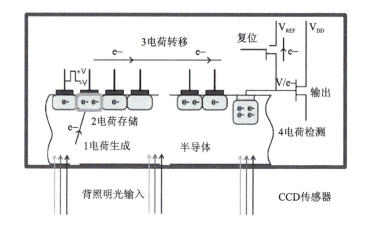

图3-16　CCD图像传感器工作过程示意图

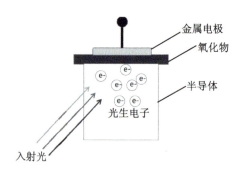

图3-17　电荷的产生

光电转换装置把入射到每一个感光像素上的光子转化为电荷,并可以被储存起来（见图3-18）。出现电荷溢出怎么办？可以考虑以下几种类比方法：

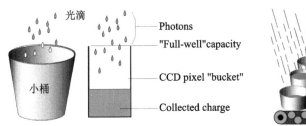

图 3-18 电荷的存储

- 把桶做大些；
- 减少测量时间；
- 把满的水倒出一些；
- 做个导流管，让溢出的水流到地上去，不要流到其他桶里。

几种方法的比较如表 3-1 所列。由表可见，增大单位像素尺寸是最简单有效的方法。

表 3-1 CCD 电荷存储类比表

水　桶	CCD 芯片	缺　点
把桶做大	增大单位像素尺寸	—
减少测量时间	缩短曝光时间	对于暗的部分曝光不足
把满的水倒出一些	间歇开关时钟电压	降低速度
做个导流管	溢出沟道和溢出门	制作复杂，且还有缺陷

③ 电荷的传输。

当一个 CCD 芯片感光完毕后，每个像素所转换的电荷包就按照一行的方向转移出 CCD 感光区域，为下一次感光释放空间，如图 3-19 所示。

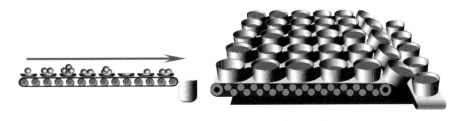

图 3-19 电荷的传输

④ 电荷的检测。

电荷的检测就是将转移到输出极的电荷转化为电流或者电压的过程，如图 3-20 所示。

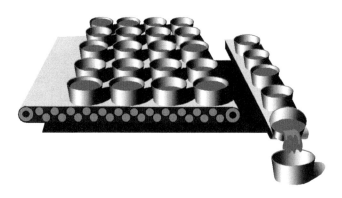

图 3-20　电荷的检测

CCD 图像传感器的主要特性包括：体积小，重量轻；功耗小，工作电压低，抗冲击与振动，性能稳定，寿命长；灵敏度高，噪声低，动态范围大；响应速度快，有自扫描功能，图像畸变小，无残像；应用超大规模集成电路工艺技术生产，像素集成度高，尺寸精确，商品化生产成本低。

2）CMOS 图像传感器。

CMOS 图像传感器的光电转换原理与 CCD 基本相同。CMOS 的光敏单元受到光照后产生光生电子，但信号的读出方法却与 CCD 不同，每个 CMOS 源像素传感单元都有自己的缓冲放大器，而且可以被单独选址和读出。CMOS 图像传感器的像素由感光元件和读出电路组成，感光元件是将光信号转变成电信号，读出电路是将这些电荷信号转变为更容易读取、更方便传输的电压信号。CMOS 图像传感器的结构如图 3-21 所示。

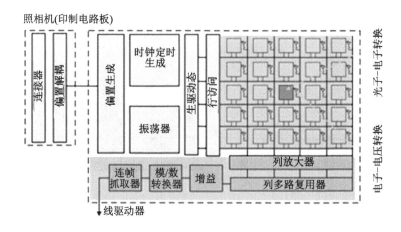

图 3-21　CMOS 图像传感器结构

CMOS 图像传感器的像素阵列由大量相同的像素单元组成，这些相同的像素单元是传感器的关键部分。

CMOS 图像传感器通常也是以像素的不同类型为标准进行分类的,一般来说,可分为无源像素传感器(Passive Pixel Sensor,PPS)和有源像素传感器(Active Pixel Sensor,APS)。近年来又出现了新型的数字像素传感器(Digital Pixel Sensor,DPS)。

① 无源像素传感器。

无源像素传感器由一个反向偏置的光电二极管和一个选通管构成(见图 3-22)。每列像素有各自的电压积分放大器读出电路,可以保持读出时列信号电压不变。它的工作原理是:当选通管开启时,通过列线为光电二极管复位。复位结束后,选通管关闭。在曝光时间内,光电荷在光电二极管的寄生电容上积分。当曝光结束后选通管打开,光电二极管与垂直的列线连通,与此同时,与光信号成正比的电荷由每列底部的电荷积分放大器转换为电荷输出,于是光电二极管存储的信号电荷就被读出。

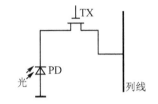

图 3-22 无源像素传感器

由于无源像素传感器的结构简单,像素单元内只有一个选择(通)管,所以其填充因子(即有效光敏面积和单元面积之比)很大,这使得量子效率很高。但是这种结构存在两方面的不足:其一,各像元中开关管的导通阈值难以完全匹配,所以即使器件所接收的入射光线完全均匀一致,其输出信号仍会形成某种相对固定的特定图形,也就是所谓的"固定模式噪声"(Fixed Pattern Noise,FPN),致使 PPS 的读出噪声很大,典型值是 250 个均方根电子,因此较大的固定模式噪声的存在是其致命的弱点;其二,光敏单元的驱动能量相对较弱,故而列线不宜过长,以期减小其分布参数的影响。受多路传输线寄生电容及读出速率的限制,PPS 难以向大型阵列发展。

② 有源像素传感器。

有源像素传感器就是在每个光敏像素单元内引入至少一个(一般为几个)有源放大器(见图 3-23)。它的工作原理是:复位管(RST)开启,为光电二极管复位,在曝光周期内光电荷在反偏 PN 结的寄生电容上积分,曝光结束选通管打开,光电二极管上的电压信号通过缓冲器缓冲后读出。有源像素传感器在像素内使用电压跟随器以减小填充因子为代价来提高像素性能。

有源像素传感器在像元内设置放大元件,具有将像元内信号放大和缓冲作用,改善了像元结构的噪声性能。

③ 数字像素传感器。

无源像素传感器和有源像素传感器的像素读出都是模拟信号,于是它们又被统称为模拟像素传感器。美国斯坦福大学最早提出了一种新的像素结构——数字像素传感器,即它在像素单元内集成了模/数转换器(ADC)和存储单元(Memory)(见图 3-24)。

CMOS 与 CCD 图像传感器在结构和工作方式上的差别,使得它们在应用中也存在很大不同,CMOS 和 CCD 图像传感器性能对比如表 3-2 所列。

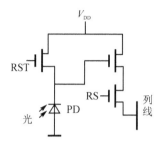
图 3-23 有源像素传感器

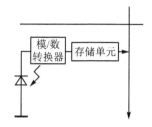
图 3-24 数字像素传感器

表 3-2 CMOS 和 CCD 图像传感器性能对比

性　能	CMOS 图像传感器	CCD 图像传感器
材料和光谱特性	Si,400～1 000 nm	Si,400～1 000 nm
敏感度	低	高
信噪比	低	高
动态范围	高	低
工艺难度(成本)	小	大
功耗	低	高
像元放大器	有	无
信号输出	可随机采样	逐个像元输出
A/D、驱动、控制、接口	可集成	器件外

3.1.3.3　电子学系统

光电成像系统中的电子学系统最具多样性,归纳起来主要包括:为使探测器工作在合理的工作点和有效地读出,需要设计适当的偏置电路和驱动电路,如光导、光伏型光敏元的偏置和 CCD、CMOS 的工作及读出驱动等。根据工作要求不同,可以有恒流偏置、恒压偏置及最大输出功率偏置电路,探测器不同所要求的偏置电路也不同;为使探测器偏置电路获得的信号电平得到提高,通常都会采用前置放大器进行放大,这种放大器的设计需要根据工作要求进行,与偏置电路间做功率匹配,因光电成像系统大多为弱信号探测,故一般多采用后者;经过前置放大后的信号,要按照不同系统功能要求采用完全不同的信号处理电路,如各种类型的放大器、带宽限制电路、检波电路、整形电路、箝位电路、直流电平恢复电路、有用信息提取电路等;为使各种电路正常工作,还必须要有专门的满足各自需要的电源,有些电源还可能会有很特殊的要求。

3.1.3.4　输出与显示单元

输出是光电成像系统探测到的景物目标信号最终的表现形式或应用形式,绝大部分通过显示屏显示，以供人眼观看、识别和判读，但也可以通过其他多种记录方式记录所获得的信息。

在图像传输技术方面，重点考虑传输带宽、传输距离、稳定性、抗干扰性、通用性和兼容性等方面。目前，摄像机输出的接口大致有：模拟同轴电缆（BNC），主要用于连接高端家庭影院产品以及专业视频设备；IEEE1394，一种高速串行总线，最高传输速率为 400 Mbps；GigE Vision，基于千兆位以太网通信协议开发的摄像机接口标准，允许用户在很长的距离上用廉价的标准线缆进行快速图像传输，同时还能在不同厂商的软、硬件之间轻松实现互操作；USB（Universal Serial Bus），即通用串行总线，支持热插拔，具有即插即用的优点；Camera Link，即摄像机-图像采集卡数字采集接口标准，服务于图像与机器视觉行业的应用定位。

电视图像的显示最终通过显示器件完成。原理上，显示过程可以理解为对应成像器件解析过程的逆过程，即电子束扫描和 $X-Y$ 寻址等方式完成图像的合成与再现所对应的有电子束扫描显示器件和 $X-Y$ 寻址显示器件等。目前常用的电视显示器件主要有阴极射线管（Cathode Ray Tube，CRT）、液晶显示器（Liquid Crystal Display，LCD）、发光二极管显示器（Light-Emitting Diode，LED）。其中，CRT 采用电子枪扫描方式进行图像的合成，它是主动发光的显示器件，在亮度、色彩饱和度、对比度等方面具有先天优势，但鉴于体积、功耗及生产工艺的环保性等方面的原因，目前正在淡出显示器市场。LCD 是较早出现的平板型显示器，没有电子枪和偏转系统，采用 $X-Y$ 寻址方式实现图像的合成，它利用液晶材料的特性实现电光转换和图像显示，体积小，功耗低，但由于 LCD 使用了偏振光，所以观看视角较小，大多数 LCD 显示器只能在约 30°的视场角范围内观看。随着多媒体技术的发展，近年来 LCD 的发展和应用普及相当迅速，LCD 显示器已是计算机显示器和家用电视领域的当家显示器。LED 通过控制半导体发光二极管的方式进行显示。LED 半导体材料中的 PN 节由两部分组成，一部分是 P 型半导体，在它的里面，空穴占主导地位；一部分是 N 型半导体，在这部分主要是电子。当电流通过导线作用于这个 PN 节镜片时，电子就会被推向 P 区，在 P 区中电子和空穴符合，就会以光子的形式发出能量。LED 显示器集微电子技术、计算机技术、信息处理于一体，以其色彩鲜艳、动态范围广、亮度高、清晰度高、工作电压低、功耗小、寿命长、耐冲击、色彩艳丽和工作稳定等优点，被认为是最具优势的新一代显示器件，被广泛应用于各种场合，可以满足不同环境的需要。

数字电视显示分辨率有标清和高清两种。标清指的是 PAL 制式（720×576）或者 NTSC 制式（720×480）。高清目前主要有三种显示分辨率格式，分别是 720p（1 280×720，逐行）、1 080i（1 920×1 080，隔行）和 1 080p（1 920×1 080，逐行），其中 i（interlaced）代表隔行，p（progressive）代表逐行。

3.2 可见光成像技术

3.2.1 可见光的基本知识

3.2.1.1 可见光光谱

在有关光学或者电磁学的内容中可知,可见光的波长范围是 380~760 nm。这一波段的电磁波按照波长递减又可以分为红、橙、黄、绿、蓝、靛、紫等颜色,如图 3-25 所示。

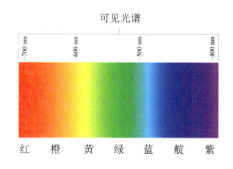

图 3-25 可见光光谱

1. 色光的发现

1666 年,牛顿发现了一种现象,当一束太阳光通过一个玻璃棱镜时,出现的光束不是白色的,而是由一端为紫色、另一端为红色的连续色谱组成。色谱末尾的颜色不是突变的,而是从一种颜色混合平滑过渡到下一种颜色(见图 3-26)。

图 3-26 棱镜色谱图

2. 光是色觉的物理基础

我们平时产生的色觉是光对人视觉器官的作用在大脑中产生的一种反应,不同波长的光作用于人的视觉器官产生不同的色觉。可见光的基本色段分布是:620～700 nm 为红色段,600～620 nm 为橙色段,580～600 nm 为黄色段,490～580 nm 为绿色段,430～490 nm 为蓝靛色段,400～430 nm 为紫色段。图 3 - 27 所示为可见光光谱谱段。

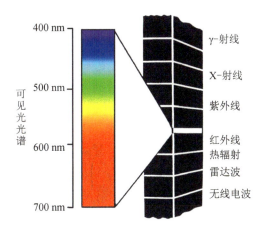

图 3 - 27 可见光光谱谱段

自然界中大多数物体对照明光源中各种不同波长的光具有不同的吸收率,这种吸收被称为选择性吸收。光照射到这类物体上时,不但亮度有所减弱,光谱成分也有所改变。因此,这类物体在白光下,反射光或透射光对人眼的三种感色单元的刺激不再相等,从而产生色的感觉。物理反射的光若在所有可观光波长范围内是平衡的,那么对观测者来说则显示为白色。然而,人类和某些其他动物感知物体颜色是由物体发射光的性质决定的。一个物体发射有限的可见光波时,则呈现某种颜色。例如,绿色物体发射具有 500～570 nm 范围内主要波长的光,吸收其他波长的多数能量。可见光的反射、透射和非选择性吸收如图 3 - 28 所示。

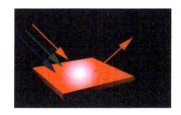 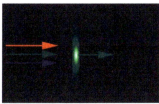 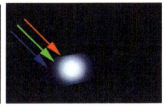

图 3 - 28 可见光的反射、透射和非选择性吸收

人眼中的 600～700 万个锥状细胞分为三个主要的感知类别,分别对应于红色、绿色和蓝色。大约 65% 的锥状细胞对红光敏感,33% 对绿光敏感,只有 2% 对蓝光敏感(但蓝色锥状细胞敏感度最高)。

由于人眼的这些吸收特性,人所看到的彩色是原色红、绿、蓝的各种组合。为标准化起见,国际照明委员会(Commission Internationale de l'Eclairage,CIE)于1931年指定了三原色特定波长值为:蓝色435.8 nm,绿色546.1 nm,红色700 nm。实际上,没有单一的颜色可称为红色、绿色和蓝色,这三个色只是为了标准化目的,但确实又可以由这三个色的混合来产生其他色,如图3-29所示。

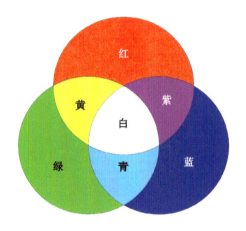

图3-29 三原色及其组合

3. RGB彩色模型

在RGB彩色模型中,每种颜色都出现在红、绿、蓝的原色光谱成分中,该模型基于笛卡尔坐标系(见图3-30)。

该模型所考虑的彩色子空间是一个立方体,RGB原色值位于三个角上。作为二次色的青色、紫色和黄色位于另外三个角上。黑色位于原点处,白色位于离原点最远的角上,在该模型中,灰度沿着连接这两点的直线从黑色延伸到白色。该模型中的不同颜色是位于立方体上的或立方体内部的点,且由自原点延伸的向量来定义。为方便起见,假定所有颜色值均已归一化,因此,立方体是一个单位立方体,RGB的所有值都在区间[0,1]内。

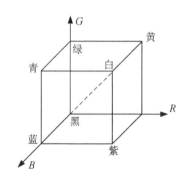

图3-30 RGB彩色模型笛卡尔坐标系图

在RGB彩色模型中表示的图像由三个分量图像组成,每种原色是一幅分量图像。当送入RGB监视器时,这三幅图像在屏幕上混合生成一幅合成的彩色图像。在RGB空间中,表示每个像素的比特数成为像素深度,考虑在一幅RGB图像中,每幅红绿蓝图像都是一幅8 bit图像,在这种条件下,可以说每个RGB彩色像素有24 bit的深度。在24 bit图像中,颜色总数是$(2^8)^3=16\ 777\ 216$种。

在RGB彩色模型中创建颜色很简单,很容易用硬件实现,也能很好地吻合人眼强烈感知红、绿、蓝三原色的事实。遗憾的是,RGB 彩色模型不太适用于对颜色进行直观描述,即人类实际上解释颜色的方式。例如,一个人不会通过给出组成颜色的每种原色的百分比来指出一辆汽车的颜色。此外,也不会把彩色图像看作是三幅原色图像混合形成的单幅图像。

4. HSI 彩色模型

在观察彩色物体时,可以用其色调、饱和度和亮度来描述这个物体。色调描述的是一种纯色的颜色属性,而饱和度是对一种纯色被白光稀释程度的度量。亮度是一个主观描述因子,实际上它是不可度量的,它体现了无色的强度概念,并且是描述彩色感觉的关键因子之一。我们清楚地知道,强度(灰度级)是对单色图像最有用的描述因子,这个量是可度量的,并很容易解释。

HSI(Hue-Saturation-Intensity,色调、饱和度和亮度)彩色模型可在彩色图像携带的彩色信息(色调和饱和度)中消去强度分量的影响。因此,HSI 彩色模型是开发基于彩色描述的图像处理算法的理想工具,这种彩色描述对人来说是自然且直观的,毕竟人才是这些算法的开发者和使用者。

从 RGB 模型到 HSI 模型(见图 3-31)的转换关系可表示为

$$H = \begin{cases} \theta, & B \leqslant G \\ 360 - \theta, & B > G \end{cases}, \quad \theta = \arccos\left\{\frac{(R-G)+(R-B)}{2[(R-G)^2+(R-B)(G-B)^{1/2}]}\right\}$$

$$S = 1 - \frac{3}{(R+G+B)}[\min(R,G,B)]$$

$$I = \frac{1}{3}(R+G+B)$$

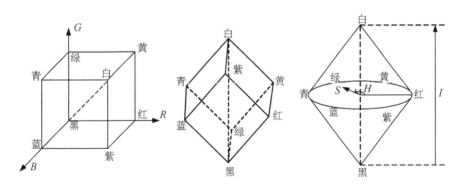

图 3-31 RGB 模型和 HSI 模型

在 RGB 彩色模型中,当 R、G、B 值一致时,是灰度色;红绿是黄色,红蓝是紫,蓝绿是青色。在 HSI 彩色模型中,色调 H 的角度范围是 $[0, 2\pi]$,其中,纯红色的角度为 0,纯绿色的角度为 $2\pi/3$,纯蓝色的角度为 $4\pi/3$。如果用 8 bit[0,255]来表示,则 H 为 0 时,表示纯红色;H 为 85 时,表示纯蓝色;H 为 170 时,表示纯蓝色。亮度 I 表示明暗程度,I 为最大值时,无论其他两个分量是多少,表现出的都是白色;I 为 0 时,无论其他两个分量为多少,表现出的都是黑色。饱和度 S 用来表明颜色的鲜艳程度,S 为最大值时,表现出某种颜色的纯色;S 为 0 时,则表示灰色,这就成了没有颜色的光,称之为单色光或无色光。单色光的唯一属性是亮度 I(强度或大小)。因为感知单色光的强度从黑色到灰色变化,最后到白色,灰度级一词通常用来表示单色光的强度。从黑到白的单色光的度量值范围通常称为灰度级,而单色图像常称为灰度图像。彩色图和灰度图如图 3-32 所示。

图 3-32 彩色图和灰度图

伪彩色的主要应用是人目视视察和解释单幅图像或序列图像中的灰度级事件。利用彩色的主要原因是人类可以辨别几千种色调和强度,而相比之下只能辨别 20 多种灰度(见图 3-33)。

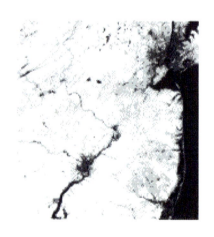 

图 3-33 灰度图和伪彩色图

3.2.1.2 彩色图像的获取

1. 彩色胶片图像获取

彩色胶片(见图 3-34)有三层感光乳剂层,分别为感蓝层、感绿层和感红层,分别感受红、绿、蓝三种原色光。在感光后形成三个分色潜影层,在三层银盐明胶乳剂中分别加入了黄、紫、青三种不同的彩色染料作为成色剂。感光乳剂层的第一、二层中间有一层黄滤光层——色罩层(又称马斯克层),这一层不是感光乳剂,其作用是阻止蓝色光线进入感绿层和感红层,从而使三层乳剂层达到正确的色彩还原。

2. 光电探测器彩色图像获取

光电探测器获取彩色图像是利用拜尔(BAYER)滤光片(见图3-35),让相邻四个像素分别只能接收一色光。每个像素输出的信息只是相应色光的灰度值,缺失的两个颜色需要通过周围同样颜色的感光单元进行内插运算获得,之后通过软件合成为彩色。每四个像素形成一个单元,其中一个过滤红色,一个过滤蓝色,两个过滤绿色(因为人眼对绿色比较敏感)。

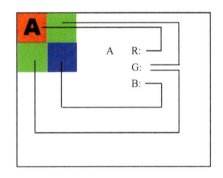

图3-34 彩色胶片　　　　图3-35 拜尔(BAYER)滤光片

还有一种代替拜尔阵列传感器的方法,即使用三层FovconX3 CMOS传感器,这种传感器的每个像素位置拥有三个(蓝、绿、红)光电探测器,其原理是硅具有在不同深度吸收不同波长光线的自然能力,通过将光电探测器放在CMOS传感器上的不同深度位置,则红、绿、蓝能量可以被分别感应。理论上这样的确可以得到比通过拜尔阵列进行内插运算所获得的结果更为清晰的图像和更好的色彩,而且获取颜色更为方便,但近年来由于拜尔阵列内插算法的改进,抑制了人们对这种三层传感器的需求。

3.2.2　照相摄影技术

3.2.2.1　摄影的基本概念

摄影是指使用某种专门设备进行影像记录的过程,一般使用机械照相机或者数码照相机进行摄影。有时摄影也会被称为照相,也就是通过物体发射或反射的光线使感光介质曝光的过程。在进行照相时,光通过小孔(更多时候是一个透镜组)进入暗盒,在暗盒背部(相对于光的入射方向)的介质上成像(见图 3-36)。根据实际光强度和介质感光能力的不同,这一过程所要求的光照时间也不同。在光照过程中,介质被感光。照相完成后,介质所存留的影像信息必须通过转换而再度为人眼所读取(见图 3-37),具体方法依赖于感光手段和介质特性,对于胶片照相机,会有定影、显影、放大等化学过程;对于数码照相机,则需要通过计算机对图片进行处理,再通过其他电子设备输出。

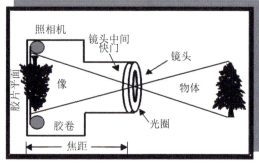

图 3-36 照相机及其基本原理

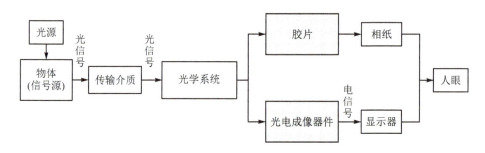

图 3-37 摄影信号转换过程

3.2.2.2 摄影相关技术

1. 聚　焦

对于给定的镜头,其焦距 f 是一个常数,而当物距 o 改变时,像距 i 也相应地发生改变,调节办法是伸缩摄影机透镜与胶片平面间的距离。例如,若被摄物体能在某点处聚焦,则在该点前后的某个范围内,均能形成清晰的影像,这一范围通常称为景深(见图 3-38)。焦距、物

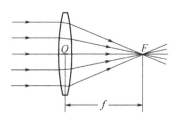

图 3-38 聚焦示意图

距、像距之间的关系为

$$\frac{1}{f} = \frac{1}{o} + \frac{1}{i}$$

在航空航天摄影中,由于物距非常大,远远大于 f,可以将 $\frac{1}{o}$ 视为 0,此时 i 等于 f,因此大多数航空摄影的胶片平面准确地位于距镜头的固定距离 f 处。

景深取决于镜头焦距、光圈大小和感光元件大小(与容许弥散圆半径有关),镜头焦距越短,景深的范围就越大;光圈越小,景深就越大。一只超广角镜头几乎在所有的光圈下都有极大的景深。一只长焦镜头即使在最小光圈的情况下,景深范围也会非常有限。

2. 曝 光

(1) 曝光的控制方式

探测器平面上任意一点的曝光量由该点的辐照度与曝光时间决定,即

$$E = \frac{sd^2 t}{4f^2}$$

式中,E 是曝光量,单位是 J·mm^{-2};s 是景物亮度,单位是 J·mm^{-2}·s^{-1};d 是透镜孔径,单位是 mm;t 是曝光时间,单位是 s;f 是透镜焦距,单位是 mm。对于给定的摄像机和景物,胶片的曝光量可通过改变快门速度 t 和透镜孔径 d 来调节。d 和 t 的不同组合可得到相同的曝光量。

曝光的控制方式有两种:一是通过调节光圈孔径的大小,可以控制透过镜头到达胶片的光线强弱,继而控制曝光量;二是通过快门速率控制透过镜头到达胶片的光线强度累积量,继而控制曝光量。

光圈的使用意义包括:控制透过镜头的光通量;控制影像的景深。光圈系数 F 值越大,相对孔径越小,胶片曝光量减少,因为透镜孔径开启的面积与直径的平方成正比,曝光量随 F 值的变化与 F 值的平方根成比例。一般来说,快门速度以 2 的倍数增长,F 值与 2 的平方根成比例,如 1.4、2、2.8、4、5.6、11、16、22、32 等。

Av 光圈优先 AE(光圈优先自动曝光)模式一般常用于需要较小景深(拍摄人像)或者需要较大景深(拍摄风景)的情况,因为拍摄人像时往往需要将背景虚化,以制造突出前景(人物)的效果,而拍摄风景则需要较大景深,以使照片的远近都清晰。要虚化背景,一般都将光圈设定在较大的值上,如 F2.8 等;要让近景和远景都清晰,一般就需要将光圈设定在较小的值上(见图 3-39)。关于光圈优先模式的道理其实正好与快门优先模式相反,光圈优先由用户手动设定光圈值,而由相机自动设定快门值。

快门速度通过秒或几分之一秒来表示时间的长短,如 1 s、1/2 s、1/4 s、1/8 s、1/15 s、1/30 s、1/60 s、1/125 s、1/250 s 和 1/500 s 等。当改变快门速度的同时,也改变了运动物体被记录在底片上的方式。快门速度越快,运动物体就会在底片呈现更

图 3-39　不同光圈下的景深

清晰的影像；反之，快门速度越慢，运动的物体就越模糊（见图 3-40）。

图 3-40　不同快门速度下的摄影图像

Tv 快门优先 AE（快门优先自动曝光）模式主要用于拍摄运动的物体，制造动感效果或凝固效果，因为物体在运动，必须保持足够快的快门才能保证拍摄出来的照片清晰又不模糊，而如果需要制造动感效果，那么就必须使用慢速快门。快门优先模式从本质上来说就是让使用者预先选择所需要的快门值，比如设定在 1/60 s，而光圈的大小则由相机根据正确曝光所需要的通光量来自动设定，在这一点上，快门优先模式与 P（自动曝光）模式的差别为：P 模式的光圈和快门都由相机自动设定，而快门优先则是快门参数由使用者手动设定，光圈由相机自动设定，有一些类似于 P 模式一半手动、一半自动。

摄影爱好者非常熟悉光圈系数与快门速度之间的关系。要保持一定的曝光量，若快门速度加快，就必须相应地调整光圈系数值。例如，使用快门速度 1/500 s 与光圈系数 $f/1.4$ 得到的曝光量和使用快门速度 1/250 s 与光圈系数 $f/2$ 得到的曝光量实际上是相同的。在拍摄移动物体时，宜采用较快的曝光速度来实现"定格"，以便消除成像模糊。较大的光圈可让更多的光线入射到胶片上，适用于暗弱光照条件。

（2）曝光的影响因素

拍摄地区景物的亮度值存在差异是在胶片上形成图像的先决条件。在航空航天摄影中，这种差异仅与地物种类和条件差异有关。此外，还有几何影响和大气影响会对胶片曝光度产生影响。以下主要介绍几何影响。

对胶片曝光最重要的几何影响是曝光色散（曝光散开），这种外部作用主要会使像点与中心距离不同，从而使得焦平面的曝光度不同。曝光色散会使得空间上具有相同发射率的地物无法在焦平面上产生空间上均匀的曝光效果。对于均匀的地面场景，焦平面上的曝光在胶片的中心处最强，离中心的距离越远，曝光越弱。图3-41所示为地表亮度相同的假设场景所产生的胶片。直接来自光轴上某点的一束光，在胶片上的曝光量 E_0 与透镜孔径的面积 A 成正比，与透镜焦距 f 的平方成反比。

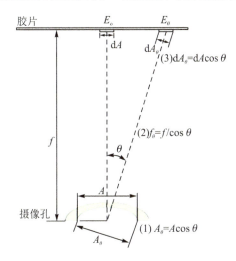

图 3-41　曝光的几何影响

在图3-41中，偏离光轴 θ 角度的点的曝光量 E_θ 比 E_0 小，原因有三个：

① 当远离光轴区域成像时，有效的透镜孔径的聚光面积 A 与 $\cos\theta$ 成比例地减小。

② 摄影透镜到焦平面的距离 f_θ 与 $1/\cos\theta$ 成正比，即

$$f_\theta = \frac{f}{\cos\theta}$$

因为曝光量与该距离的平方成反比，所以与 $\cos\theta$ 的平方成比例地减小。

③ 当胶片面元的有效尺寸 $\mathrm{d}A$ 偏离光轴时，在垂直于光束的方向上的投影面积与 $\cos\theta$ 成比例地减少，即

$$\mathrm{d}A_\theta = \mathrm{d}A\cos\theta$$

以上各种影响对于胶片上远离光轴的点的曝光量理论上是减少的，即

$$E_\theta = E_0 \cos^4\theta$$

式中，θ 是光轴与射向远离光轴的点的光线之间的夹角；E_θ 是远离光轴的点的胶片

曝光量；E_0 是光轴上的点的胶片曝光量。

解决色散的办法之一是用校正模型来校正偏离光轴的点的曝光量。这种校正实质上涉及拍摄一个亮度均匀的景物，测量各种角度的曝光量，并找到色散关系。对于大多数摄像机，这种关系为

$$E_\theta = E_0 \cos^n \theta$$

由于现代摄影机的真实色散特性达不到理论上的 4 次方，因此 n 一般取值为 $1.5\sim 4$，对远离光轴的点的曝光量的调整，要按照特定相机的色散特征来进行。

数码相机有一个特殊的焦平面曝光变量来源——像素渐晕，因为大多数数码相机传感器在单个像素级别上都是依赖角度的。光线以垂直角度入射到传感器上产生的信号要优于斜角信号。大多数数码相机都有一个内部图像处理单元，用于校正诸如此类的自然、光学和机械虚光照效应。这些校正过程通常发生在将原始传感器数据转换成标准格式数据的过程中。

3. 滤色片

滤色片的作用是可选择性地把景物反射的能量根据所需的波长记录在胶片上。滤色片是透明的材料，它通过吸收或反射作用来消除或减小入射到胶片的摄影波段的能量。滤色片通常置于摄影机透镜前面的光路上。在已使用的光谱滤色片中，吸收性滤色片最为常用，它能吸收和透过特定波长的能量。黄色片可吸收蓝色能量而透过绿色能量和红色能量，绿色和红色能量组成黄色光，在白色光照下，可透过这种滤色片看到黄色光。

3.2.2.3 照相摄影机

摄影机是成像遥感最常用的传感器，可装载在地面平台、航空平台及航天平台上。根据结构的不同，摄影机可分为框幅式摄影机、全景式摄影机、数码摄影机和多光谱摄影机。下面主要介绍前三种。

1. 框幅式摄影机

这种摄影机的成像原理是在某一个摄影瞬间获得一张完整的像片（如 24 mm× 36 mm 幅面，相当于 35 mm 胶片摄影机），一张像片上的所有像点共用一个摄影中心和同一个像片面，即所谓中心投影，就是平面上各点的投影光线均通过一个固定点（投影中心或透视中心），投射到一个平面（投影平面）上形成的透视关系（见图 3-42）。

2. 全景式摄影机

全景式摄影机又分为缝隙式和镜头转动式两种。

缝隙式摄影机：当摄影机内的胶片不断卷动，且卷动速度与地面在缝隙中的影像移动速度相同时，则能得到连续的航带摄影像片（见图 3-43）。胶片卷动速度 V 与飞行速度 v 和相对航高 H 有关，以获得清晰的图像，f 为焦距，它们的关系为

$$V = \frac{v \cdot f}{H}$$

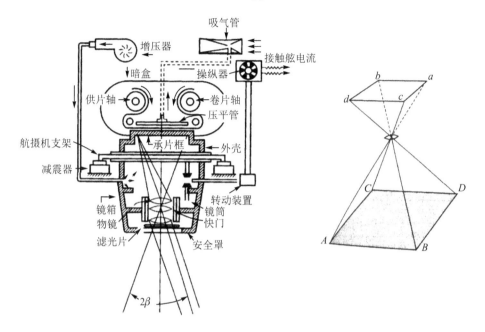

图 3-42 框幅式摄影机

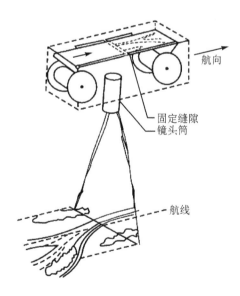

图 3-43 全景式(缝隙式)摄影机

镜头转动式摄影机：摄影机机身不动，通过镜头转动来获取被摄场景（见图 3-44）。

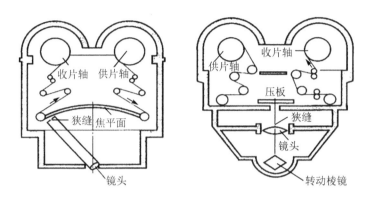

图 3-44 全景式(镜头转动式)摄影机

这种摄影机扫描视场可达150°,但会产生全景畸变,即像距不变,物距随扫描角的增大而增大,出现两边比例尺逐渐缩小的现象,整个影像产生全景畸变;扫描时,飞行器向前运动,扫描摆动的非线性因素使畸变复杂化,如图 3-45 所示。

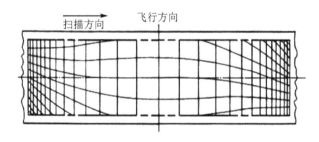

图 3-45 全景式畸变

3. 数码摄影机

数码摄像机按成像画幅尺寸可分为大画幅相机、中画幅相机和135照相机(见图 3-46)。大画幅相机的幅面尺寸大于 60 mm×90 mm;中画幅相机的幅面尺寸大于24 mm×36 mm,小于 60 mm×90 mm;135 照相机的幅面尺寸小于 24 mm×36 mm。

数码摄像机按照相机取景方式可分为旁轴式取景相机、单镜头反光式取景相机、双镜头反光式取景相机、机背式取景照相机和电子液晶取景数码相机。

旁轴式取景相机(见图 3-47)由于取景光轴位于摄影镜头光轴旁边,而且彼此平行,因而取名"旁轴式相机"。

单镜头反光式取景相机(见图 3-48)是指用单镜头,并且光线通过此镜头照射到反光镜上,通过反光取景的相机。所谓"单镜头",是指摄影曝光光路和取景光路共用一个镜头,不像旁轴式取景相机那样,取景光路有独立镜头。"反光"只是相机内一块平面反光镜将两个光路分开,取景时反光镜落下,将镜头的光线反射到五棱镜,再

(a) 大画幅相机　　　　　　(b) 中画幅相机　　　　　　(c) 135照相机

图 3-47　数码摄影机

图 3-47　旁轴式取景相机

到取景窗；拍摄时反光镜快速抬起，光线可以照射到胶片或探测器上。

图 3-48　单镜头反光式取景相机

双镜头反光式取景相机（见图 3-49）有两个镜头，一个镜头在另外一个镜头的正上方。下面的镜头负责将影像传输到胶片上，而上面的镜头传送的影像只是用于取景和聚焦。人们所看到的影像是通过上面的镜头,而实际只有下面的镜头才真正用于拍摄。

图 3-49　双镜头反光式取景相机

机背式取景照相机(见图 3-50)的镜头和相机是软连接,当景物的延长面、镜头平面和焦平面的延长面汇聚成一条线时,焦平面上就会形成一个清晰的实像,也就是说,适当调整相机的前后就能够做到合焦,即在任何光圈数值下都能做到从拍摄主体到无限远全部清晰成像。

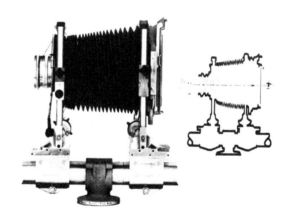

图 3-50　机背取景照相机

电子液晶取景数码相机(见图 3-51)又称卡片相机,是一种非单反和非微单的小型数码相机,外形小巧、机身相对较轻以及设计上超薄时尚是此类数码相机的主要特点。

图 3-51　电子液晶取景数码相机

3.2.3　电视摄像技术

摄像是电子成像的一种形式，其模拟或数字视频信号被记录在磁带、磁盘或光盘上。20 世纪 80 年代中期出现数字视频系统，之前更常见的是模拟视频系统。如今，数字系统已是常态，许多设备提供记录数字录像的功能。

3.2.3.1　摄像记录方式

数码摄像机（见图 3-52）采用 CCD 或 CMOS 二维探测器阵列将每个感光点处输入的能量转换成数字亮度值，它与照相机的主要区别是单帧图像以一定的速率被摄像机记录，以便以平滑和连续的方式记录场景和物体的运动，并一般还伴有声音，摄像记录方式如图 3-53 所示。

图 3-52　数码摄像机

3.2.3.2　摄像帧速率

普通视频摄像机有两种帧速率制式，即 PAL 和 NTSC。PAL 制式规定每秒 25 帧，NTSC 制式规定每 1.001 秒 30 帧（约每秒 29.97 帧）。胶片电影的帧速率是每秒 24 帧。因为与采集和记录视频数据相关的比特率较高，视频数据通常根据各种行业标准进行压缩，如 H.264。

图 3-53 摄像记录方式

1. PAL 电视标准

PAL(Phase Alteration Line)意思是"逐行倒相",也属于同时制。PAL 电视标准规定每秒 25 帧,电视扫描线为 625 线,奇场在前,偶场在后,标准的数字化 PAL 电视标准分辨率为 720×576,24 bit 的色彩位深,画面的宽高比为 4:3。PAL 电视标准用于中国、欧洲等国家和地区。

2. NTSC 电视标准

NTSC(National Television Standards Committee)为(美国)国家电视标准委员会。NTSC 电视标准规定每秒 29.97 帧(简化为 30 帧),电视扫描线为 525 线,偶场在前,奇场在后,标准的数字化 NTSC 电视标准分辨率为 720×486,24 bit 的色彩位深,画面的宽高比为 4:3。NTSC 电视标准用于美国、日本、韩国以及中国台湾地区等国家和地区。

高速摄像机是指一种能够以超过每秒 250 帧的帧速率捕获运动图像的设备。它用于将快速移动的物体作为照片图像记录到存储介质上。录制后,存储在介质上的图像可以慢动作播放。

3.2.3.3 摄像扫描方式

数码摄像机采用两种扫描方式,即隔行扫描和逐行扫描(见图 3-54)。隔行扫描数据来自感光单元行的交替采集,获取每帧时先连续地扫描奇数行,然后再扫描偶数行。逐行扫描数据获取在同一时刻记录的来自阵列中所有感光单元行的数据。

3.2.3.4 摄像记录格式

数字视频记录时,通常有标准清晰度和高清晰度两种标准。

标准清晰度数字视频相机通常以 4:3 的图像格式录制,分辨率如 720×576、640×480。

高清晰度数字视频相机通常以 16:9 的图像格式录制,分辨率可达 1 920×1 080。2014 年,4 K 摄像机的分辨率为 3 840×2 160。在 2021 年的春节联欢晚会

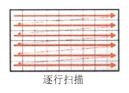
逐行扫描

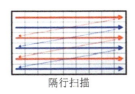
隔行扫描

图 3-54 摄像扫描方式

中,中央广播电视总台率先播出了 8K 高清电视,其分辨率为 7 680×4 320。

3.3 红外成像技术

3.3.1 红外辐射的基本知识

3.3.1.1 红外辐射

1. 红外辐射的历史

1800 年,赫胥耳利用太阳光谱色散实验发现了红外光;1835 年,安培宣告了光和热射线的同一性;1888 年,麦洛尼用比较灵敏的热电堆改进了赫胥耳的探测和测量方法,为红外技术奠定了基础;1904 年,开始采用短波红外进行摄影;20 世纪 30 年代中期,荷兰、德国、美国各自独立研制成功红外变像管,红外夜视系统被应用于实战;1952 年,美国陆军制成第一台热像记录仪。

2. 红外辐射的相关概念

红外辐射是一种电磁波,红外波段在电磁波谱当中位于可见光和微波之间(0.76~1 000 μm),是一种"不可见的光"。根据红外辐射各波段的特性和应用,可以按照波长将红外辐射划分为短波红外(0.76~3 μm)、中波红外(3~6 μm)、长波红外(6~15 μm)和超远红外(15~1 000 μm)四个红外波段(见图 3-55)。

红外辐射普遍存在于自然界,任何温度高于绝对零度的物体(人体、冰、雪等)都在不停地发射红外辐射,并且温度越高,波长越短;温度越低,波长越长。根据红外辐射的这些特征,可用某种设备把强度不同的红外辐射转换成人眼看得见的图像或数据来探测目标。

红外辐射有非常广泛的应用,并且由于红外辐射的倍频程比可见光宽很多,因此在侦察方面可以作为对可见光侦察非常有价值的补充。倍频程是指若使每一频带的上限频率比下限频率高一倍,即频率之比为 2,那么,这样划分的每一个频程称为 1 倍频程。可见光的波长范围是 0.38~0.76 μm,就是一个倍频程;红外的波长范围是

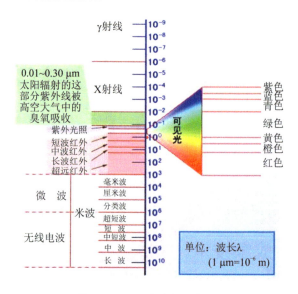

图 3-55 红外波长示意图

$0.76 \sim 1\,000\,\mu m$,约为 10 个倍频程。

3.3.1.2 红外辐射的三个定律

红外辐射有三个定律,这些定律同样适用于所有电磁波,在物理学或者前文中已经有所涉及,此处只做简单介绍。在理论和工程实践中,常用物体的比辐射率来定量描述物体辐射和吸收电磁波的能力,即物体的实际电磁辐射与同温度下黑体辐射的比值。显然,物体的比辐射率都小于1。典型材料的比辐射率如表 3-3 所列。

表 3-3 典型材料比辐射率

材 料	表面状态	温度/℃	比辐射率 ε
铝	抛光	100	0.05
	氧化	100	0.55
黄铜	抛光	100	0.03
	氧化	100	0.61
铸铁	抛光	40	0.21
	氧化	100	0.64
	生锈	20	0.69
钢	抛光	100	0.07
	氧化	200	0.79
砖	粗糙	20	0.93
混凝土	粗糙	20	0.92
石墨	粗糙	20	0.98

续表 3-3

材　料	表面状态	温度/℃	比辐射率 ε
玻璃	抛光平板	20	0.94
漆	白色	100	0.92
漆	黑色	100	0.97
泥土	干燥	20	0.92
泥土	水饱和	20	0.95
水	液态	20	0.96
水	冰	−10	0.96
水	雪	−10	0.85
木材	刨光	20	0.9
人体	皮肤	32	0.98

1. 基尔霍夫定律

一处封闭的真空空腔内有 A、B、C 三个物体（见图 3-56），吸收系数分别为 α_A、α_B、α_C，空腔内温度保持不变，则有

$$M_A = \alpha_A I_A, \quad M_B = \alpha_B I_B, \quad M_C = \alpha_C I_C$$

同温度物体的发射能力正比于其吸收能力；当达到平衡状态时，物体吸收的电磁波能量恒等于它所发射的电磁波能量。简单地说，就是好的吸收体必然也是好的辐射体。

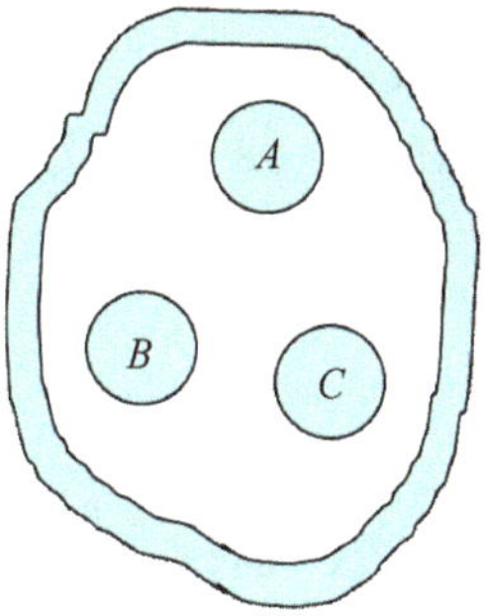

2. 斯蒂芬-玻尔兹曼定律

物体辐射的能量密度 W 与其自身的热力学温度 T^4、表面的比辐射率成正比，可表示为

$$W = \varepsilon \sigma T^4$$

式中，$\sigma = 5.6697 \times 10^{-12}$ W/cm² · K⁴。可见，物体的温度越高，红外辐射能量越多。

图 3-56 封闭的真空空腔

3. 维恩位移定律

物体的红外辐射能量密度大小随波长（频率）不同而变化，与辐射能量密度最大峰值相对应的波长为峰值波长。维恩通过大量实验得出了峰值波长与物体热力学温度的乘积是一个常数，即两者成反比关系，可表示为

$$\lambda_{\max} = \frac{2897.8}{T}$$

式中，$\lambda_{\max}$ 是峰值波长，单位是 μm；T 是物体的绝对温度，单位是 K。红外辐射能量密度曲线和常见物体的峰值波长如图 3-57 所示。

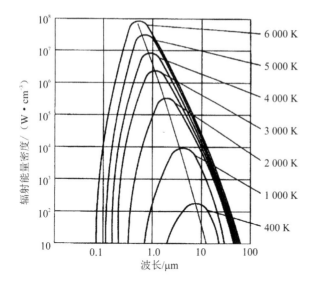

物体名称	温度/K	λ_{max}/μm
太阳	6 000	0.48
融化的铁	1 803	1.61
融化的铜	1 173	2.47
融化的蜡	336	8.62
人体	305	9.50
地球大气	300	9.66
冰	273	10.6
液态氮	77.2	37.53

图 3-57 红外辐射能量密度曲线和常见物体的峰值波长

3.3.1.3　红外辐射的大气窗口

电磁波在大气中传输时,大气对不同波长的电磁波有着不同的吸收和衰减,透过率高的波段被称为大气窗口。

如图 3-58 所示,红外辐射的大气窗口主要有三个,即 1～2.5 μm、3～5 μm、8～14 μm。

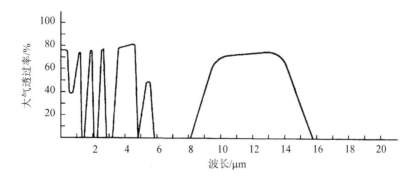

图 3-58 红外大气窗口

3.3.1.4　红外辐射的介质传输特性

许多对可见光透明的介质,对红外辐射却是不透明的。通常把可以透过红外辐射的介质称为红外光学材料。

红外光学材料可以分为晶体材料、玻璃材料和塑性材料三种,每种材料都对某些波长范围的红外有较高的透过率。典型红外光学材料的透过率如图 3-59 所示。

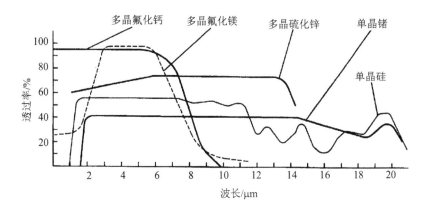

图 3-59 典型红外光学材料的透过率

3.3.2 红外成像系统

3.3.2.1 红外成像的基本原理

红外成像是指利用探测设备测定目标本身和背景之间的红外辐射差而得到不同的红外图像,热红外辐射形成的图像被称为热图。目标的热图像和目标的可见光图像不同,它不是人眼所能看到的目标可见光图像,而是目标表面温度分布图像,即红外成像是将人眼不能直接看到的目标表面温度分布变成人眼可以看到的代表目标表面温度分布的热图像。

3.3.2.2 红外成像系统分类

1. 主动式红外成像系统

主动式红外成像系统自身带有红外光源,是根据被成像物体对红外光源的不同反射率,以红外变像管作为光电成像器件的红外成像系统。图 3-60 所示为装有红外夜视仪的步枪和红外夜视图像。

主动式红外成像系统组成和机构如图 3-61、图 3-62 所示。

(1) 光学系统

光学系统包括物镜组和目镜组。物镜组把目标成像于变像管的光阴极面上;目镜组把变像管荧光屏上的像放大,便于人眼观察。与常规光学仪器不同,变像管将物镜组和目镜组隔开,使得光学系统的入瞳和出瞳不存在物像共轭关系。

(2) 红外变像管

红外变像管是主动式红外成像系统的核心,是一种高真空图像转换器件,完成从短波红外图像到可见光图像的转换并增强图像。主动式红外成像系统的工作波长范围取决于红外变像管的光阴极响应谱区,一般为 0.76~1.2 μm 短波红外光。红外变像管的结构和工作过程如图 3-63、图 3-64 所示。

图 3-60　装有红外夜视仪的步枪和红外夜视图像

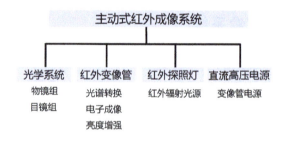

图 3-61　主动式红外成像系统组成

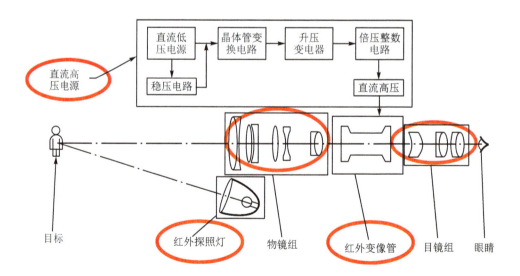

图 3-62　主动式红外成像系统机构

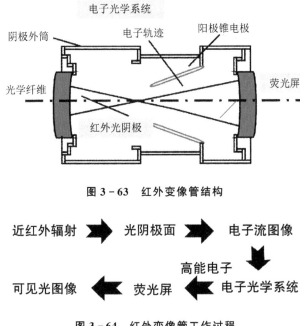

图 3-63 红外变像管结构

图 3-64 红外变像管工作过程

（3）红外探照灯

红外光源可以是电热光源（白炽灯）、气体放电光源（高压氙灯）、半导体光源（砷化镓发光二极管）或激光光源（砷化镓发光二极管）。

对红外探照灯的技术要求包括：红外探照灯的辐射光谱要与变像管光阴极的光谱响应有效匹配，在匹配的光谱范围内有高的辐射效率；红外探照灯的照射范围与仪器的视场角基本吻合；红光暴露距离要短，结构上要容易调焦，滤光片和光源更换方便；体积要小，重量轻，寿命长，工作可靠。

（4）直流高压电源

直流高压电源提供红外变像管进行图像增强所需要的能量，一般为 $1.2 \times 10^4 \sim 2.9 \times 10^4$ V。对直流高压电源的技术要求包括：输出稳定直流高压；在高、低温环境下能保证系统正常工作；防潮、防震、体积小、重量轻、耗电省。

主动式红外成像系统的优点有：能够区分军事目标和自然景物，识别伪装；与可见光相比，短波红外辐射受大气散射影响小，较易通过大气层（恶劣天气除外）；由于系统"主动照明"，工作时不受环境照明影响，可以在"全黑"条件下工作。该系统的缺点是要主动发射红外线照射，易暴露，不利于军事应用。

2. 被动式红外成像系统

被动式红外成像系统主要指的就是红外热成像系统。在自然界中，温度高于绝对零度的一切物体总是在不断地发射红外辐射，收集并探测这些辐射能，就可以形成与景物温度分布相对应的热图像。热图像再现了景物各部分温度和辐射发射率的差异,能够显示出景物的特征。

用红外热成像系统获得的两幅热图像如图 3-65 所示。图 3-65(a)中的色调代表的是物体的温度,温度越高,图像中色调越亮,可以看到人的色调明显比背景中其他物体的色调要亮,这表明背景温度低于人的体温。图 3-65(b)是相同场景的红外热图像与可见光图像的对比,可以通过热图像发现丛林中的人,因此红外热图像可以用于揭露简单遮蔽的伪装。

(a) 红外热图像　　　　　　　　　　　(b) 红外图像和可见光图像对比

图 3-65　两幅红外热成像图

红外热成像系统主要分为光机扫描型和非扫描型两种。光机扫描的工作原理就类似于 3.2.2.3 节中全景扫描式摄影机的原理,其技术成熟,具有图像质量好、结构复杂、成本高的特点。非扫描型的红外热成像系统类似于 3.2.2.3 节中的数码摄影机,具有结构简单的特点,它的图像质量相对差一些,但是也在随着工艺的进步而提高。

根据红外成像技术的发展,目前最普遍的分代方法是,将基于分立的单元或多元探测器阵列的光机扫描型红外热成像系统称为第一代红外热成像系统,将基于焦平面探测器的红外热成像系统称为第二代或第三代红外热成像系统。具体划分为:

① 将由光机扫描器与单元或多元探测器构成的红外热成像系统称为第一代红外热成像系统。

② 将一维扫描型红外热成像仪或小规模凝视型阵列 320×240 称为第二代红外热成像系统,它具有 2 万个以上的探测元,像元特征尺寸为 30 μm 左右。

③ 将 640×480 像元以上的凝视型红外热像仪称为第三代红外热成像系统,它具有 30 万个以上的探测元,探测器尺寸减小到 20 μm 左右。

④ 将具有先进的信号处理功能,工作波段覆盖可见光、短波红外、中波红外和长波红外区域的灵巧焦平面阵列称为第四代红外热成像系统。

(1) 光机扫描型红外热成像系统

光机扫描型红外热成像系统的一般构造如图 3-66 所示,主要分为光学系统、探测与制冷、电子信号处理和显示记录四个部分。

1) 光学系统

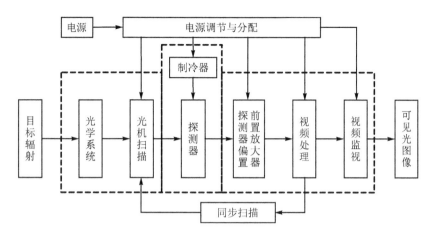

图 3-66 光机扫描型红外热成像系统结构图

光学系统的工作过程是目标的红外辐射通过带扫描部件的光学系统将能量汇聚到探测器,由探测器进行光电转换,然后经过放大输出显示器,或者直接量化为数字影像(见图 3-67)。光机扫描型热成像系统以瞬时视场为单位,用光机扫描方法覆盖总视场。聚光光学系统接收目标或景物辐射,聚焦于探测器;扫描光学系统产生扫描光栅,使分立探测元件能够获取大范围景物图像。

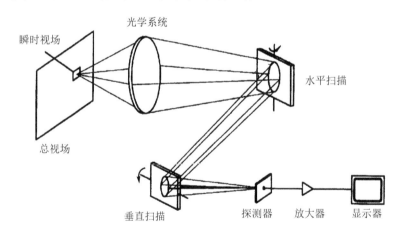

图 3-67 光机扫描型红外热成像系统光路示意图

2) 红外探测器

红外探测器是红外辐射能的接收器,它通过光电变换作用,将接收的红外辐射能量变为电信号,经过放大、处理形成图像。红外探测器有热探测器和光子探测器两种:热探测器(如热敏电阻、热电偶、热释电探测器等)是吸收红外辐射,使敏感元件温度上升,由此引起物理参数改变的探测器;光子探测器是通过光子与物质内部电子相互作用,产生电子能态变化而完成光电转换的探测器。光子探测器在响应灵敏度和响应速度方面均优于热探测器,应用广泛。对红外探测器的基本要求包括:探测率要高,提高系统的热灵敏度;工作波段与检测目标的辐射光谱要适应,以便接收尽可能多的红外辐射;在用于并扫的多元探测器方面,各单元探测器的特性要均匀;探测器响应速度要快,以适应快速扫描;探测器制冷要求不宜太高(小型化)。

3) 制冷器

制冷器的作用是降低红外探测器的噪声,使其在低温状态工作。制冷方式有:变相制冷,即由制冷剂变相吸收热量而制冷;焦耳-汤姆孙效应制冷,即由高压气体节流循环制冷;辐射热交换制冷,即由高温物体辐射能量降温;温差电制冷,即利用直流电通过半导体电偶对的珀尔帖效应制冷。

4) 信号处理与显示

信号处理与显示的基本任务是形成与景物温度分布相对应的图像信号,然后根据景物各单元对应的图像信号标出景物各部分的温度,并显示出景物的热图像。信号处理部分包括前置放大、主放、自动增益控制、限制带宽、检波、鉴幅、多路传输和线性变换。显示可以采用 CRT、LCD 或者 LED 显示屏。

(2) 凝视型焦平面红外热成像系统

凝视型焦平面红外热成像系统利用焦平面探测器面阵,使探测器中的每个单元与景物中的一个微元对应。其没有了光机扫描系统,同时探测器前置放大电路与探测器合一,集成在位于光学系统焦平面的探测器阵列上,这也正是所谓的"焦平面"含义所在。凝视型焦平面红外热成像系统的结构如图 3-68 所示。

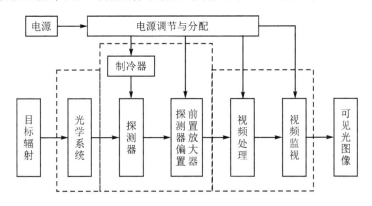

图 3-68 凝视型焦平面红外热成像系统结构图

近年来,凝视型焦平面红外热成像技术的发展非常迅速,PtSi 硅铂焦平面探测器,512×512、640×480 等像元数目的制冷型 InSb 锑化铟焦平面探测器,HgCdTe 碲镉汞焦平面探测器,以及非制冷焦平面探测器均取得重要突破,形成了系列化产品。

红外焦平面探测器(Infrared Focal Plane Array,IRFPA)(见图 3-69)的基本原理是焦平面上排列着感光元件阵列,入射光线经过光学系统在系统焦平面的这些感光元件上成像,探测器将接收到的光信号转换为电信号,并通过信号读出电路(包括积分放大、采样保持和多路传输系统)输出形成图像。

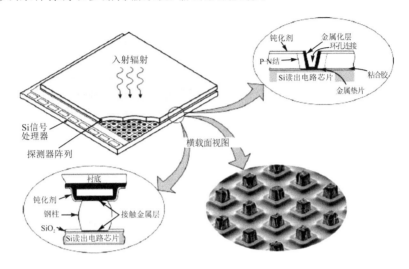

图 3-69 红外焦平面探测器示意图

IRFPA 集成光电转换和信号读出处理于一体;由于具有对信号积分累加,因而提高了系统的灵敏度和分辨率;简化信号处理电路,降低对制冷系统的要求,减小系统体积,降低功耗和成本。

IRFPA 根据焦平面阵列是否需要制冷可分为制冷型 IRFPA 和非制冷型 IRFPA。

制冷型 IRFPA 基于光子探测原理,在较高工作温度下,探测器材料固有的热激发迅速增强,暗电流和噪声的增大将严重降低探测器的性能,甚至使探测器无法正常工作。这类探测器通常工作在 77 K 温度下,一般用液氮制冷。制冷型 IRFPA 存在两个缺点:一是需要工作在液氮温度(77 K,即 -196 ℃)下;二是价格昂贵,制冷型长波红外焦平面热像仪每台在 10 万美元以上,民用应用仍受到限制。在美国、法国和英国等发达国家,基于碲镉汞材料的单色红外焦平面器件的技术已经成熟,以 480×480 像元长波和 512×512 像元中波为代表的焦平面器件已基本取代了多元光导线列通用组件,已实现向更大规模的凝视型焦平面阵列探测器、双色探测器的发展,长波器件达到 640×480 像元,中、短波达到 2 048×2 048 像元的规模。

非制冷型 IRFPA 由热释电探测器或硅微测辐射热传感器以及相应的电路与系统组成,它能在室温下工作,无须制冷,与大规模集成电路工艺兼容,具有如下特点:体积小、重量轻、功耗低、工作可靠,使用寿命为 10 年,可做成便携式产品,操作与维护简便;响应波段宽,能在 3~5 μm 和 8~12 μm 波段使用,温度分辨率高,噪声等效温差可达 100 mK(0.1 ℃);空间分辨率≤1 mrad,空间分辨率高,可制成高密度像元阵列;采用 PAL 和 NTSC 标准视频输出,可与电视显示兼容;性价比高,目前的价格是制冷固体红外焦平面摄像机价格的 1/3~1/5,预计以后可达 1/10~1/100。目前主要研制铁电型和热敏电阻型焦平面阵列,如以铁电陶瓷制作的 384×288 像元的热释电红外探测器;氧化钒热敏电阻制成的非制冷红外焦平面已达到 640×480 像元的规模。

3.3.2.3 红外成像系统性能参数

本小节主要介绍红外热成像系统有别于其他成像系统的几个性能指标参数。

1. 噪声等效温差(Noise Equivalent Temperature Difference,NETD)

噪声等效温差指的是当红外热成像系统输出信号功率与噪声功率相等时,黑体目标与黑体背景的温度之差。当噪声等效温差越小时,热成像系统画面越好。

2. 最小分辨率温差(Minimum Resolvable Temperature Difference,MRTD)

最小分辨率温差指的是红外热成像系统能分辨目标与背景之间的最小温差,也就是常说的热敏度,它可以反映热像仪的空间分辨率。当被测目标的温度波动大且温差较小的,需要选择热敏度高的热像仪进行测温,才能准确测出其温度变化。

3. 最小可探测温差(Minimum Detection Temperature Difference,MDTD)

最小可探测温差指的是当红外热成像系统能分辨出一块一定尺寸的方形或圆形黑体目标及其所处的位置时,对应黑体目标与黑体背景之间的温差。

3.3.3 微光成像系统

微光成像系统是一种利用光增强技术的光电成像系统,可以在极低照度(低至 10^{-5} lx)下工作,应用领域涉及军事、天文、公安执法、生物医疗等。10^{-5} lx 相当于阴天的夜晚,伸手不见五指的情况。微光成像系统可分为直视系统(如微光夜视系统)和间视系统(如微光电视系统)。

3.3.3.1 微光夜视系统

微光夜视系统可分为主动微光夜视系统和被动微光夜视系统,两者的主要差异为是否使用了辅助照明光源。使用辅助照明光源(一般为短波红外波段)的通常被称为主动微光夜视系统,不使用辅助照明光源的被称为被动微光夜视系统。

1. 主动微光夜视系统

主动微光夜视系统目前在公安、工业监控、医学和科学研究等许多领域具有广泛应用,特别是近年来选通技术在该系统的发展应用后。该系统在一些特殊的军事领域也获得了重要应用。

主动微光夜视系统的主要部件包括红外照明光源、物镜、红外变像管及目镜等,工作波段在 $0.76 \sim 1.2\ \mu m$ 的短波红外光谱区,长波限由红外变像管光阴极光谱响应决定。红外照明光源发出的红外辐射照射景物场景,光学物镜将场景反射回来的红外辐射成像在红外变像管的光阴极面上,形成场景的反射图像;红外变像管对场景图像进行光谱转换和亮度增强,最后在荧光屏显示场景的可见光图像;人眼通过目镜观察增强的场景图像。

目前之所以对主动微光夜视系统还有许多重要的需求,主要是因为利用短波红外波段工作的优点:充分利用军事目标和自然界景物之间反射能力的显著差异;与可见光相比,短波红外辐射受大气散射的影响小,具有较高的大气透射比,因而可以观察更远的景物;由于系统"主动"照明目标,使系统工作不受环境照明的影响,可在"全黑"条件下工作;通过选通技术,减小传输介质的后向散射或传感器与场景相对运动造成的图像模糊,使主动夜视成像技术在巡航导弹地形匹配下视系统、水下系统和制导系统、海上救援等军事领域获得重要应用。

当然,主动微光夜视系统也有不足,如在军事应用条件下,辅助照明光源容易暴露自己,这是该系统最致命的弱点,也是军事应用背景的夜视成像系统由主动向被动发展的重要原因。

2. 被动微光夜视系统

被动微光夜视系统利用微光增强技术,可在极低照度(1 lx 以下)下完全"被动"式工作,明显改善人眼在微光环境下的视觉性能,因而首先在军事上得到迅速发展和广泛应用,此外,在天文、公安、安防、生物医学及科研领域也有相当广泛的应用。

被动微光夜视系统由微光物镜、目镜、像增强器、高压电源等部分组成(见图3-70)。夜空自然微光照射在景物上,经反射和大气传输后,进入光学系统物镜,物镜把目标成像于焦平面的像增强器光阴极面上,像增强器对目标像进行光电转换、电子成像和亮度增强,最后在荧光屏上显示增强了的场景目标图像。

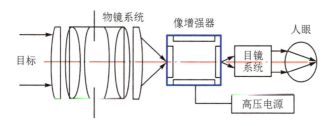

图3-70 被动微光夜视系统结构示意图

被动微光夜视系统的核心器件是像增强器,它把微弱的光图像增强到足够的亮度,以便人眼进行观察。微光像增强器是一种电真空成像器件,主要由光阴极、电子光学系统和荧光屏组成。图像增强包括三个环节,即外光电效应、加速聚焦、可见光(荧光)成像。对微光像增强器的技术要求主要有:足够的亮度增益;低背景噪声;高响应度;好的调制传递特性;图像传递信噪比高。微光像增强器经历了三代微光器件的发展过程,即级联式像增强器、带微通道板的像增强器、半导体光阴极像增强器。

被动微光成像系统与主动微光成像系统相比,其最主要的优点是被动式工作,不需用人工辅助照明,完全依靠夜光照明景物,故隐蔽性好,但景物之间反差小,图像较平淡,层次不够分明,且系统工作受自然照度和大气透明度影响大,特别是在浓云和地面烟雾情况下,景物照度和对比度明显下降,影响观察效果。

3.3.3.2 微光电视系统

微光电视系统的工作原理是微光摄像机将目标及其背景在夜天光辐照下的反射光亮度分布通过电视扫描的方法变成按时序分布的视频信号,再通过控制器进行处理后,输入监视器进行显示(见图3-71)。

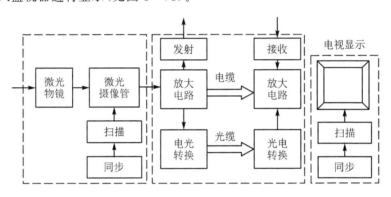

图3-71 微光电视系统结构示意图

微光电视系统主要由三部分组成,即微光电视摄像机、传输通道和接收显示装置。

微光电视系统与微光夜视系统相比,具有如下特点:可以实现图像远距离传输;可以多人、多地点同时观察;便于录像和遥控摄像;可与光电自动控制系统结合构成电视跟踪系统。

微光电视系统与肉眼或普通光学仪器相比,具有如下特点:入瞳直径大,光子数可达人眼1 000倍以上;光阴极面面积比人眼视网膜大很多;光阴极量子效率高;利用数字图像处理技术提高图像质量;可在一帧时间内积累信息,提高信噪比。

3.4 光谱成像技术

3.4.1 光谱成像的基本知识

3.4.1.1 光谱成像的概念

光谱成像是把电磁波谱划分成若干个窄的谱段,在同一时间内,在不同光谱段上对同一目标进行照相或扫描,从而获得图像信息的成像方式。

1. 光谱成像的分类

光谱成像技术的发展由最早的全色光谱成像,到三色光谱成像,到多色光谱成像,再到近乎连续光谱成像,目前高光谱成像已经成为侦察方面一种非常特殊的手段。

全色波段(Panchromatic band)一般指使用 0.5~0.75 μm 左右的单波段,即从绿色之后的可见光波段。因为是单波段,所以在图上显示的是灰度图像(见图 3-72(a))。全色遥感影像也就是对地物辐射中全色波段的影像摄取,它一般空间分辨率高,但无法显示地物色彩。在实际操作中,我们经常将全色遥感影像与波段影像融合处理,得到既有全色影像的高分辨率、又有多波段影像的彩色信息的影像。

彩色波段是 RGB 三个波段,在图上显示的是 RGB 彩色图像(见图 3-72(b))。

多光谱波段是电磁波分割成若干个较窄的光谱段,光谱分辨率在 λ/10 数量级范围内,其图像如图 3-72(c)所示。

高光谱波段是电磁波经过色散形成几十乃至几百个窄波段,光谱分辨率在 λ/100 以上,其图像如图 3-72(d)所示。

超光谱波段是对遥感光谱分辨率的进一步提高,光谱分辨率达到 λ/1 000 以上。

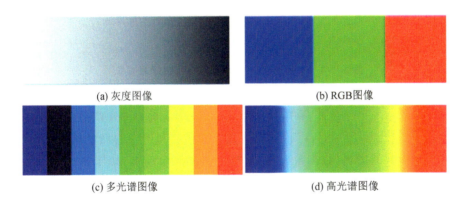

图 3-72 光谱成像图像示意图

2. 成像光谱仪、成像辐射仪、光谱幅射仪

与光谱成像相关的仪器设备主要有光谱仪、成像仪和辐射计,如图 3-73 所示。

图 3-73 光谱仪、成像仪和辐射计

光谱仪记录的是物体发射或反射电磁波的光谱维信息,它的主要性能指标是光

谱分辨率。成像仪，也就是通常所说的照相机或者摄影机，记录的是物体发射或反射电磁波的空间维信息，它的主要性能指标是空间分辨力。辐射计记录的是物体发射或反射电磁波的辐射能信息，也就是电磁波的强度，它的主要性能指标是辐射分辨率，即辐照度分辨力。三者分别在不同的维度上记录电磁辐射信息。

将光谱仪和成像仪相结合，就构成成像光谱仪，将成像仪和辐射计相结合就是成像辐射仪，而将光谱仪和辐射计相结合就构成光谱辐射仪，如图 3-74 所示。

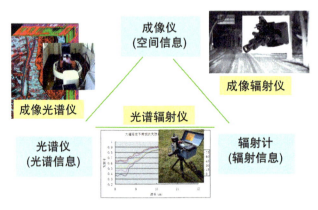

图 3-74　成像光谱仪、成像辐射仪和光谱辐射仪

高光谱遥感具有不同于传统遥感的新特点，主要有：波段多，可以为每个像元提供数十、数百甚至上千个波段；光谱范围窄，波段范围一般小于 10 nm；波段连续，有些传感器可以在 350~2 500 nm 的太阳光谱范围内提供几乎连续的地物光谱；数据量大，随着波段数的增加，数据量呈指数增加；信息冗余增加，由于相邻波段高度相关，冗余信息也相对增加。高光谱遥感成像情况如图 3-75 所示。

高光谱遥感的主要优点：有利于利用光谱特征分析研究地物；有利于采用各种光谱匹配模型；有利于地物的精细分类与识别。

3.4.1.2　光谱成像的基本参数

1. 光谱分辨率

光谱分辨率（Spectral Resolution）是指探测器在波长方向上的记录宽度，又称波段宽度（Bandwidth）。图 3-76 所示为探测器光谱响应与波长的关系曲线，纵坐标为探测器的光谱响应，横坐标为波长。光谱分辨率被严格定义为仪器在达到 50% 光谱响应时的波长宽度。

2. 空间分辨率与视场角

传感器的视场角通常有两个方面，一个方面是瞬时视场角（IFOV），另一个方面是总视场角（FOV）。对于扫描式成像设备，瞬时视场角以毫弧度（mrad）为计量单位，是传感器扫描单元对应的投影角度。瞬时视场角与地面分辨单元对应。

成像光谱仪的空间分辨率（Spatial Resolution）（见图 3-77）是由仪器的角分辨

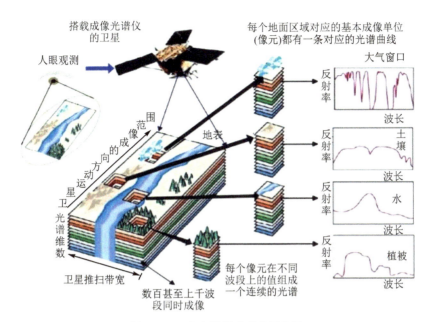

图 3-75 高光谱遥感成像示意图

力(Angular Resolving Power),即仪器的瞬时视场角决定的。

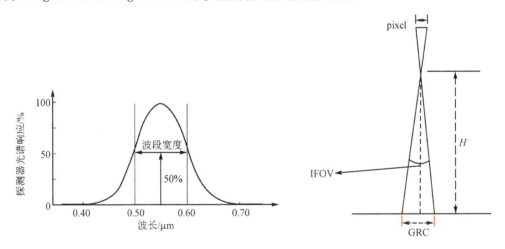

图 3-76 探测器光谱响应与波长关系曲线　　图 3-77 空间分辨率(瞬时视场角)

瞬时视场角所对应的地面大小被称为地面分辨单元(Ground Resolution Cell, GRC)。GRC 计算公式为

$$\mathrm{GRC} = 2H\tan\left(\frac{\mathrm{IFOV}}{2}\right)$$

传感器的总视场角(见图 3-78)是仪器扫描镜在空中扫过的角度,它与系统平台高度决定了地面扫描幅宽(Ground Swath,GS)。GS 计算公式为

$$GS = 2H\tan\left(\frac{FOV}{2}\right)$$

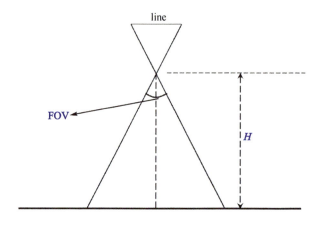

图 3-78 总视场角

瞬时视场角与总视场角的关系如图 3-79 所示。成像传感器成像就是一次中心投影,总视场角是成像幅宽对应的总的视场张角,而瞬时视场角是成像单元对应的视场张角。因此,在设计成像传感器时,FOV 和 IFOV 是必须考虑的重要参数。成像传感器的 FOV 较大,可以获得较宽的地面扫描幅宽;IFOV 较小,可以获得较高的空间分辨率。

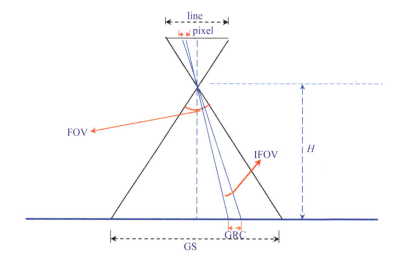

图 3-79 FOV 和 IFOV 关系

3. 信噪比

信噪比(Signal-to-noise Ratio,SNR)是传感器采集到的信号和噪声之比,是传感器的一个极其重要的性能参数。

4. 探测器凝视时间

探测器的瞬时视场角扫过地面分辨单元的时间被称为凝视时间(Dwell Time)，其大小是行扫描时间与每行像元数的比值。凝视时间越长，进入探测器的能量越多，光谱响应越强，图像的信噪比也就越高。推扫型成像光谱仪与摆扫型成像光谱仪相比，在探测器凝视时间上有很大提高。

3.4.1.3 光谱数据的表示方式

1. 光谱图像立方体

高光谱成像是将成像技术和光谱技术相结合的多维信息获取技术。高光谱成像能够同时获取目标区域的二维几何空间信息与一维光谱信息，因此高光谱数据具有"光谱图像立方体"的形式和结构，如图 3-80 所示。其图像空间用于表达地物的空间分布，而光谱空间则用于表达每个像素的光谱属性，体现出"图谱合一"的特点和优势。

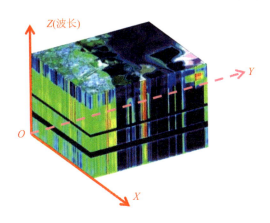

图 3-80 光谱图像立方体

光谱图像立方体获取的数据形成一个三维数据集，可表达成数据立方体的形式，(X,Y) 维组成图像所覆盖的地面空间，第三维是由光谱空间的若干波段组成的光谱维。对光谱图像立方体做多维切面，可得到不同类型的光谱特征，如任意像元点处的光谱特征、任意空间剖面线上某一光谱区间的光谱变化、光谱维上任意波段的空间图像等。这样既可以在空间切面上依据图像特征对地物做图像分析和鉴别，又可以在光谱维上依据光谱特征对地物做光谱特征分析，直接识别地物的种类、组分和含量。

可以简单定义构成成像光谱图像立方体的三维：空间方向维 X、空间方向维 Y、光谱波段维 Z。为了简化处理，假设图像立方体的各个层面是"不透明"的，只能看到立方体的表面。图像立方体共有六个表面，最多只有三个可以同时被看见。这六个表面又可以分成两类：一类是空间维 X 与空间维 Y 构成的空间平面，即 OXY 平面；

另一类是空间维与波段维构成的平面,即 OXZ、OYZ 平面。其中,OXY 平面的图像与传统的图像相同,它可以是黑白灰度图像,反映某一个波段的信息,也可以是三个波段的彩色合成图像,表达三个波段的合成信息,这三个波段可以根据需要任意选择以突出某方面的信息。OXZ、OYZ 平面的图像则与传统图像不尽相同,它反映的不是地物特征的二维空间分布,而是某一条直线上的地物光谱信息,从直观上说,是成像光谱数据立方体在光谱维上的切面。因为图像立方体是"不透明"的,不能看到立方体内部,所以在系统实现时可以增加选择功能,用户通过任意选择立方体内部的任意切面来显示。

2. 光谱曲线

对于某一点的光谱特征最直观的表达方式是二维的光谱曲线。用指数坐标系表示光谱数据,横轴表示波长,纵轴表示反射率,则光谱的吸收特征可以从曲线的极小值获得。在显示曲线时,必须将波段序号转换成光谱波长值,映射到水平轴上,如图 3-81 所示。

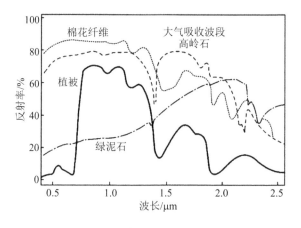

图 3-81 高光谱二维光谱曲线

由于成像光谱图像的波段数有限,光谱曲线只是一些离散的样点,通过这些样点再现光谱曲线需要进行插值。最简单也最常用的插值方法是线性插值,即用折线连接样点构成光谱曲线。然而,这样连成的曲线不够光滑,特别是在波段数较小时尤为明显,如果要获得光滑的曲线,就要采用三次样条插值或其他方法。

3.4.2 光谱成像的关键技术

光谱成像的关键技术包括光谱图像的获取、传输和处理等技术。成像光谱仪是集探测器技术、精密光学机械、微弱信号探测、计算机技术、信息处理等技术于一体的综合性技术。每个单项技术的发展都会推进光谱成像技术的提高,其中比较重要的关键技术有以下五项。

3.4.2.1 探测器焦平面技术

焦平面就是指经过焦点,与主光轴垂直的平面。焦平面技术实际就是探测器工艺技术。如今世界上硅基焦平面探测技术十分成熟,传统的感光胶片已经被固态硅基焦平面探测器所取代。目前最先进的光学卫星的有效载荷所采用的焦平面技术都是固态成像探测器。此外,大面阵和长线阵的硅电感应耦合器件已经商品化,从CCD的角度来讲,可见光、短波红外光谱的间隔可以细分为$1\sim2\ \text{nm}$,国际上已有多种采用面阵CCD探测器的高质量成像光谱仪。

3.4.2.2 各种新型的光谱仪技术和精密光学技术

成像光谱仪中的光谱仪是整个系统中的核心部分,和传统的单色仪相比,其光谱分辨力要求没有那么高,但系统的光学系数往往是非常小的,在$1\sim2$之间,即对光学设计的要求非常高,其关键技术是各种新型的光谱仪技术和精密光学技术,主要涉及光栅器件、色散器件、滤光片技术和精准机械动力技术。其中,光栅器件主要是狭缝式光栅器件和光纤,属于空间扫描技术范畴;而色散器件、滤光片技术和精准机械动力技术属于光谱技术范畴。

3.4.2.3 高速数据采集、传输、记录和实时无损压缩技术

高光谱成像载荷获取的数据是高维数据,包含二维空间维度、一维光谱维度和一维辐射强度,比传统的可见光照相技术高一个维度。它可导致数据量急剧增加,这样海量的数据就会引发多方面的问题:第一个是采集速率问题,要在极短时间内对大量的数据进行采集;第二个是记录和存储问题,海量数据的记录和存储涉及星载固存的大小,也就是星载硬盘的大小;第三个是数据的实时压缩和处理问题。数据量太大,需要非常大的传输带宽才能将数据回传至地面接收站,而数传带宽是有限的,这就需要把大量的数据进行实时压缩,然后再进行传输。例如,目前常用的压缩技术H.265的数据压缩率可达$200:1$。

3.4.2.4 成像光谱仪的光谱与辐射定标技术

定标的目的就是要建立仪器响应值与目标辐射值之间的关系,这是影像定量分析和反演的基础。定标可分为整机的实验室光谱定标和辐射定标,机上光谱校正和辐射校正。其中,光谱定标就是要建立传感器的光谱响应函数;光谱校正就是要确定使用波段的漂移;辐射定标就是要建立传感器在各波段上对辐射量的响应能力。通过以上定标,就可以得到在确定波段范围和仪器光学口径内的辐射量。通过实验或理论手段,确定大气对地物信号的影响,并进行校正,这样就可以得到地物表面光谱辐射数据,再通过地面光谱反射率的定标,就可以获得地物的反射率。

3.4.2.5 成像光谱信息处理技术

成像光谱仪的数据具有"多、高、大、快"等特点,即波段多、光谱分辨率高、数据量

大、产生数据快,因此,传统的数据处理方法无法适应成像光谱仪数据的处理。成像光谱仪的数据处理方法主要应解决以下几个技术重点:海量数据的高比例非失真压缩技术;成像光谱数据高速化处理技术;光谱及辐射量的定量化和归一化技术;成像光谱数据图像特征提取及三维谱像数据的可视化技术;地物光谱模型及识别技术;成像光谱数据在地质、农业、植被、海洋、环境、大气中的应用模型技术。

3.4.3 成像光谱仪成像方式

成像光谱仪的成像方式主要包括两种:空间成像方式和光谱成像方式。空间成像方式是指从影像二维空间形成的角度考察成像光谱仪的工作方式;光谱成像方式是指从光谱维数据形成的角度考察成像光谱仪的工作方式。

3.4.3.1 空间成像方式

空间成像方式成像光谱仪入射狭缝位于准直系统的前焦面上,入射的辐射经过光学系统准直后,经棱镜和光栅狭缝色散,由成像系统将色散后的辐射能按照波长顺序在探测器的不同位置上成像,又称色散型成像光谱仪。按照探测器的构造,成像光谱仪可分为线列和面阵两类,它们分别被称为摆扫型成像光谱仪和推扫型成像光谱仪。其原理图如图3-82所示。

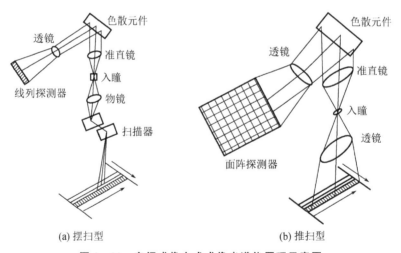

(a) 摆扫型　　　　　　　　　　　　(b) 推扫型

图3-82　空间成像方式成像光谱仪原理示意图

摆扫型成像光谱仪扫描镜的作用是对目标表面进行横向扫描,纵向扫描由搭载该仪器的飞行器的运动所产生。推扫型成像光谱仪面阵探测器用于同时记录目标上排成一行的多个相邻像元的光谱,面阵探测器一个方向的探测器数量应等于目标行方向上的像元数,另一个方向上的探测器数量与所要求的光谱波段数量一致。

1. 摆扫型成像光谱仪

摆扫型成像光谱仪由光机左右摆扫和飞行平台向前运动完成二维空间成像,其线阵探测器完成每个瞬时视场像元的光谱维获取。

如图 3-83 和图 3-84 所示，摆扫型成像光谱仪有一个 45°斜面的旋转扫描镜（Rotating Scan Mirror），在电机（Electric Motor）进行 360°旋转时，其旋转水平轴与遥感平台前进方向平行，扫描镜扫描运动方向与遥感平台运动方向垂直。光学分光系统一般由光栅和棱镜组成，然后形成色散光源，再汇集到探测器（Detectors）上。这样成像光谱仪所获取的图像就具有了两方面的特性，即光谱分辨率与空间分辨率。

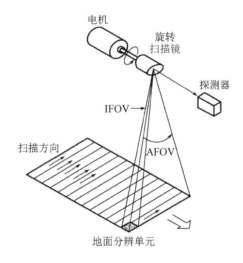

图 3-83　摆扫型成像光谱仪成像方式

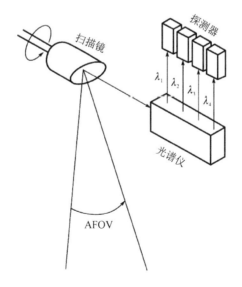

图 3-84　摆扫型成像光谱仪的光谱获取

摆扫型成像光谱仪有四个方面的优点：可以达到 90°的视场角；像元配准好，不同波段在任何时刻都凝视同一像元;每个波段只有一个探测器元件需要定标,增强了数据的稳定性;目标辐射进入物镜后再分光,波段范围可以做得很宽。摆扫型成像光谱仪也存在不足:由于采用光机扫描,每个像元的凝视时间很短,要进一步提高光谱分辨率和信噪比较为困难。

2. 推扫型成像光谱仪

推扫型成像光谱仪采用一个面阵探测器,其工作原理是垂直于运动方向在飞行平台向前运动中完成二维空间扫描(在空间维度上);平行于平台运动方向,通过光栅和棱镜分光,完成光谱维扫描(在光谱维度上)。它的空间扫描方向就是遥感平台运动方向(Along-track Scanning)。图 3-85 所示为推扫型成像光谱仪的成像方式和光谱获取方式。

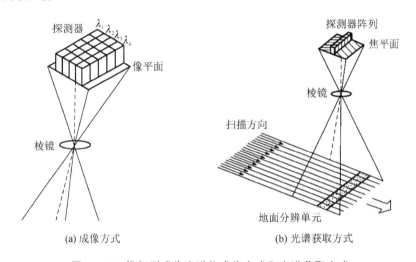

图 3-85 推扫型成像光谱仪成像方式和光谱获取方式

推扫型成像光谱仪有三方面优点:像元凝视时间仅取决于平台运动的地速,因而凝视时间大大延长,相对于摆扫型成像光谱仪,凝视时间可提高近千倍;由于像元凝视时间延长,提高了系统的灵敏度和信噪比,空间分辨率和光谱分辨率也得到提高;由于没有光机扫描运动设备,仪器的体积较小。摆扫型成像光谱仪也存在不足:由于探测器件尺寸和光学设计方面的困难,总视场角不可能很大,一般只能达到 30°左右;一次需要对 CCD 的上万个探测器元件进行定标,增加了处理负荷和不稳定因素,因而现今的面阵器件波段主要集中在可见光、短波红外波段。

3.4.3.2 光谱成像方式

空间成像方式主要回答了成像光谱仪如何在空间维度上进行成像的问题。光谱成像方式就是要回答成像光谱仪如何在光谱维度上进行成像的问题,也就是如何将进入探测器的能量按照波长进行分割或者分解的问题。目前,主要的光谱成像方式是干涉型成像方式。

干涉成像光谱仪在二维信息方面与色散型技术类似，通过摆扫或推扫得到目标上的像元，但每个像元的光谱分布不是由色散元件直接分光，而是生成各种光程差条件下的干涉图，再根据干涉图与光谱图之间的傅里叶变换关系得到光谱图。获取光谱像元的干涉图的方法和技术是该类型光谱仪研究的核心问题，它决定了由其所构成的干涉成像光谱仪的适应范围及性能。

目前，遥感用于干涉成像光谱技术中，获取像元辐射干涉图的方法主要有迈克尔逊干涉法、双折射型干涉法和三角共路型干涉法，形成三种典型的干涉成像光谱仪。

1．迈克尔逊型干涉成像光谱仪

迈克尔逊型干涉成像光谱仪使用迈克尔逊干涉方法，通过动镜机械扫描，产生物面像元辐射的时间序列干涉图，再对干涉图进行傅里叶变换，便得到相应物面像元辐射的光谱图。它由前置系统、狭缝、准直镜、分束器、静镜、动镜、成像镜和探测器组成，如图3－86所示。

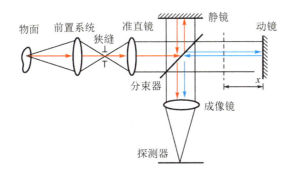

图3－86 迈克尔逊型干涉成像光谱仪原理图

从物面射来的光线通过狭缝经准直镜对准后，直射向分束器。分束器是由厚薄和折射率都很均匀的一对相同的玻璃板组成，靠近准直镜的一块玻璃板背面镀有银膜（分束器），可以将入射的光线分为强度均匀的两束（反射和透射），其中反射部分射到静镜上，经静镜反射后再透过分束器通过成像镜进入探测器；透射部分射到动镜上，经反射后经分束器的镀银面反射向成像镜，进入探测器。这两束相干光线的光程差各不相同，在探测器上就能形成干涉图样。通过移动动镜进行调整，就可以进行不同的干涉测量。分束器中靠近动镜的一块玻璃板起补偿光程的作用（补偿板）。

光源发射的入射光是振幅为 a、波数为 σ 的理想准直单色光束，投射到理想分束器上，分束器反射比、透射比分别为 r、t，这样入射光线就被分为反射光 ar 和透射光 at，经过静镜和动镜又回到分束器，并经过分束器后形成两束相干光，被探测器接收，接收到的信号振幅为

$$A = rta(l + e^{-i\phi})$$

式中，l 是纵向光束，e 是横向光束，ϕ 是相位差。获得的干涉图信号强度为

$$I_D(x,\sigma) = AA^* = 2rtB_0(\sigma)(1+\cos\phi)$$

式中，r 和 t 是反射比和透射比，为常数；$B_0(\sigma)$ 是输入光束强度；ϕ 是相位差，$\phi = 2\pi\sigma x$；x 是光程差。

光程差是光传播的路程差（距离）；波数是单位距离内电磁波的周期数；相位差是相位周期数的差值（无量纲）。对所有波数 σ 积分可得到一般情况下的干涉图表达式为

$$I_D(x) = \int dI_D(x,\sigma) = \int_0^\infty 2rtB_0(\sigma)[1+\cos(2\pi\sigma x)]d\sigma$$

相当于当干涉仪动镜处于某一个位置 x 时，探测器所接收到的所有能量。去除掉已知的直流信号（与 x 无关的常数），得到干涉图的一般表达式为

$$I_D(x) = C\int_0^\infty rtB_0(\sigma)\cos(2\pi\sigma x)d\sigma$$

根据欧拉公式扩展为复数形式，即

$$I_D(x) = \int_{-\infty}^{+\infty} rtB_0(\sigma)e^{i2\pi\sigma x}d\sigma$$

通过傅里叶逆变换，得到光谱图为

$$rtB_0(\sigma) = \int_{-\infty}^{+\infty} I_D(x)e^{-i2\pi\sigma x}dx = Ft^{-1}(I_D(x))$$

整个过程就是已知不同光程差条件下的干涉图，通过计算得到不同波长对应的光谱图。由于两束相干光线的最大光程差取决于动镜的最大可移动长度，所以通过增加动镜的最大可移动长度，可以获得很大的光程差，而光谱分辨率与最大光程差成正比，因此迈克尔逊干涉成像光谱仪可以实现相当高精度的光谱测量。但它有两个明确的缺点：第一，需要一套高精度的动镜驱动系统，在运动过程中要保持动镜运动的匀速性，并且对扰动和机械扫描精度都很敏感，这就使得光学系统复杂、成本高。第二，由于物面像元的干涉图是时间调制的，所以不能测量空间和光谱迅速变化的物面的光谱，只适用于空间和光谱随时间变化较慢的目标光谱图像测量，导致应用领域受到限制。

2. 双折射型干涉成像光谱仪

双折射型干涉成像光谱仪是利用双折射偏振干涉方法，在垂直于狭缝的方向同时产生物面像元辐射的整个干涉图。它由前置系统、狭缝、准直镜、起偏器、Wollaston 棱镜、检偏器、柱透镜和探测器等部分构成，如图 3-87 所示。

前置光学系统将目标成像于入射狭缝上（即准直镜的前焦面），然后经准直镜入射到起偏器。沿起偏器偏振化方向的线偏振光入射到 Wollaston 棱镜，该棱镜将入射光分解为两束强度相等的寻常光(o 光，垂直于主平面振动)和非寻常光(e 光，平行于主平面振动)。这两束振动方向垂直的线偏振光经检偏器后，变成与检偏器振化方

向一致的二线偏振光,经过再成像系统后,在探测器方向上就可以得到干涉图,探测器上每一行对应于入射狭缝上不同的点,这样就可以得到沿狭缝长度方向的空间分辨率。双折射型干涉成像光谱仪主要是利用棱镜的折射作用,产生光程差,形成干涉图。

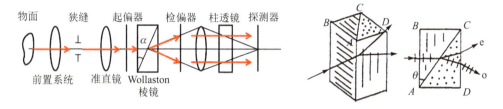

图 3-87　双折射型干涉成像光谱仪原理图

双折射型干涉成像光谱仪具有如下优点:探测器所探测的不是像元辐射中的单个窄波段成分,而是整个光谱的傅里叶变换,又因傅里叶变换的积分过程是一种"平均"过程,故有改善信噪比的作用,并且个别探测器单元的失效不会造成相应波段信息丢失;狭缝的高度和宽度只确定成像的空间分辨率,而不影响光谱分辨率,所以光通量和视场角可以较大;该装置无运动部件,结构紧凑,抗外界扰动或振动能力强;属空间调制,实时性好,可用于测量光谱和空间变化的目标。这类成像光谱仪的缺点是分辨能力有限,光学系统结构复杂。另外,它只是在"一行"测量中因无动镜扫描而可以"瞬时"完成,但是推扫过程中也不允许光谱和空间发生变化。

3. 三角共路型干涉成像光谱仪

三角共路型干涉成像光谱仪是用三角共路干涉方法,通过空间调制产生物面的像和像元辐射的干涉图。它由前置系统、狭缝、准直镜、分束器、静镜、动镜、傅里叶透镜、柱面镜和探测器等部分构成,如图 3-88 所示。

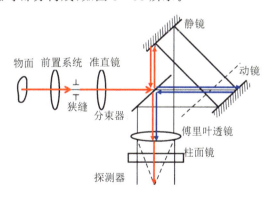

图 3-88　三角共路型干涉成像光谱仪原理图

前置光学系统将目标成像于入射狭缝上(即准直镜的前焦面),然后经准直镜入射到分束器上。分束器将光线分为反射光和透射光,再经过静镜和动镜两个反射面及分束器反射或透射后入射到傅里叶透镜上,当动镜和静镜相对于分束器完全对称时,没有光程差,就没有干涉效应。当动镜移动,与静镜不对称时,由于存在光程差,经傅里叶透镜后就形成干涉。由于光路设置,使入射光阑置于傅里叶透镜的前焦面处,则当动镜与静镜非对称时,两束光相对于光轴向两边分开,形成相对于傅里叶镜的两个虚物点。由虚物点发出的光束经傅里叶透镜后,变成平行光,在探测器处合束产生干涉。

三角共路型干涉成像光谱仪具有如下优点:狭缝的高度和宽度只确定成像的空间分辨率,而不影响光谱分辨力,所以光通量和视场角可以较大;两束光沿相同路径反向传播,对外界扰动或振动的影响自动补偿;实时性较好,可测量光谱和空间变化的目标。这类成像光谱仪的缺点是分辨能力有限,介于迈克尔逊型干涉成像光谱仪和双折射型干涉成像光谱仪之间。与双折射型干涉成像光谱仪类似,三角共路型干涉成像光谱仪也只是在"一行"测量中因无动镜扫描而可以"瞬时"完成,但是推扫过程中也不允许光谱和空间发生变化。

上述三种类型的干涉成像光谱仪结构不同,性能各有所长,但归根结底,都是对两束光的光程差进行时间或空间调制,在探测面处得到光谱信息。

3.4.3.3 其他类型成像方式

1. 滤光片型成像光谱仪

滤光片型成像光谱仪是每次只测量目标上一行像元的光谱分布,采用相机加滤光片的方案,原理简单,并有很多种类,如可调谐滤光片型、光楔滤光片型等。

光楔滤光片型成像光谱仪包括一个安装在靠近面阵探测器的楔形多层膜介质干涉滤光片(见图3-89),探测器的每一行探测像元接收与滤光片透过波长对应的光谱带的能量。不同光楔集中在一起形成渐变滤光片。由于各光楔的顶角不同,光线通过光楔时不同波段色光的相位延迟和偏转角度就不同,从而可以分离出多个波段,并在底板的探测器上成像。

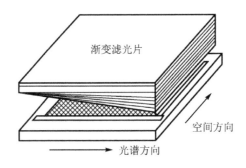

图3-89 楔型多层膜介质干涉滤光片

2. 计算机层析成像光谱仪

计算机层析(Computed Tomography,CT)成像光谱仪是将成像光谱图像数据立方体视为三维目标,利用特殊的成像系统记录数据立方体在不同方向上的投影图像,然后利用计算机层析算法重建出数据立方体,其光学系统原理如图3-90所示。

一个沿三维方向分布的多光谱图像数据的立方体,可以压缩或投影成沿二维方向分布的多光谱光学图像序列。被压缩的二维多光谱光学图像序列被一个或多个二维焦平面阵列传感器接收。通过计算机层析技术,重建算法就可以将压缩的二维多光谱光学图像序列重建为原始目标的光谱图像数据立方体。

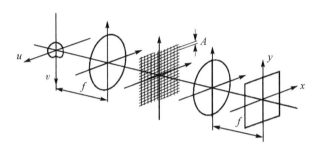

图3-90 层析成像光谱仪光学系统原理图

层析成像光谱仪可以同时获得目标的二维空间影像和光谱信息,并且能够对空间位置和光谱特征快速变化的目标进行光谱成像,但由于探测器格式及色散元件的精度限制及较高的成本,较难实用化。

3. 二元光学成像光谱仪

二元光学元件既是成像元件又是色散元件,与棱镜垂直于光轴的色散不同,二元光学元件沿轴向色散,利用面阵CCD沿光轴对所需波段进行探测,不同位置对应于不同波长的成像区。由CCD接收的辐射是准备聚焦所成的像与其他波长在不同离焦位置所成像的重叠。利用计算机层析技术对图像进行消卷积处理就可以获得物体的图像立方体。采用二元光学元件的成像光谱仪,其光谱分辨力由探测器的尺寸决定。二元光学元件是微浮雕相位结构,设计困难,制作难度较大,多次套刻的误差对衍射效率影响很大。

4. 三维成像光谱仪

三维成像光谱仪是在光栅(棱镜)色散型成像光谱仪的基础上改进而来的。在传统的色散型成像光谱仪中,光谱仪系统的入射狭缝位于望远系统的焦面上,而三维成像光谱仪在望远系统的焦面上放置一个像分割器,这是三维成像光谱仪的核心,它的作用是将二维图像分割转换为长带状图像。

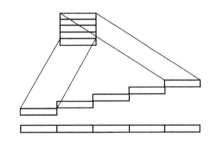

图3-91 像分割器的工作原理

如图3-91所示,像分割器由两套平

面反射镜组成；第一套反射镜将望远系统所成的二维图像分割成多个条带，并将各条带按不同方向反射成为一个阶梯形长条带；第二套反射镜接收每个单独条带的出射光，并将它们排成一个连续的长带。从几何光学的角度来看，重新组合的长带和长狭缝几乎没有任何区别。但是仪器的安装和调试困难，加长狭缝高度也势必造成仪器的结构变大。利用这个像分割器作为棱镜和光栅色散型光谱仪的入射狭缝就可以组成一台三维成像光谱仪。

3.5 光学遥感成像技术

本节主要是在上述章节的基础上，从航天遥感的角度介绍相关知识，主要包括航天遥感的基本概念、常用遥感卫星轨道、遥感成像技术和遥感信息的获取与应用。

3.5.1 航天遥感的基本知识

3.5.1.1 遥感的基本概念

遥感(Remote Sensing)是指通过对电磁波敏感的遥感器件，在远离目标和非接触目标物体条件下，对物体电磁波辐射或反射特性进行收集、处理，并最后成像，从而实现对地面各种景物的探测和识别。它是以航空摄影技术为基础，在20世纪60年代初发展起来的一门新兴技术。一般来说，遥感指的是从人造卫星、飞机或其他飞行器上收集地物目标的电磁辐射信息，得到目标物的形态、质地和状态，提供给各领域应用。

航空遥感是指把遥感器放在高空气球、飞机等航空器上进行的遥感。航天遥感是指把遥感器装在航天器上进行的遥感。人造地球卫星的成功发射大大推动了遥感技术的发展，其发展也伴随着遥感平台的发展而进步。现代遥感技术主要包括信息的获取、传输、存储和处理等环节。

以航空遥感开始，自1972年美国发射了第一颗陆地卫星后，航天遥感时代到来。因此，遥感技术的发展主要分为航空遥感(初期发展)阶段和航天遥感(现代遥感)阶段。

1. 初期发展：空中摄影遥感阶段(1858—1956年)

1858年，法国人用系留气球拍摄了法国巴黎的鸟瞰像片，使空中摄影的发展迈出了第一步。1903年，莱特兄弟发明了飞机并于1909年驾驶飞机拍摄了意大利附近第一张航空像片，它被认为是从飞机获取的最早的航空像片。第一次世界大战期间(1914—1918年)发展了航空像片的常规方法，形成独立的航空摄影测量学的学科体系。第二次世界大战期间(1931—1945年)，由于军事侦察的要求，彩色摄影、红外摄影、雷达技术、多光谱摄影、扫描技术以及运载工具和判读成图设备的发展，促进了军用和民用遥感应用的同步发展。

2. 现代遥感：航天遥感阶段（20 世纪 60 年代至今）

1957 年，苏联发射了人类第一颗人造地球卫星，为航天遥感奠定了基础。20 世纪 60 年代，美国国家航空航天局开启了有关遥感的研究项目，先后发射了 TIROS、ATS、ESSA 等气象卫星和载人飞船，旨在未来的十几年能支持美国各个科研机构对遥感的研究。1972 年，美国发射了地球资源技术卫星 ERTS-1（后改名为 Landsat，Landsat-1），卫星上装有 MSS 传感器，分辨率 79 m，每景影像包含了不同波段的电磁波所获取的大面积信息；1982 年，Landsat-4 发射，它装有 TM 传感器，分辨率提高到 30 m。1986 年，法国发射 SPOT-1，它装有 PAN 和 XS 遥感器，分辨率提高 10 m，其后陆续发射了该系列卫星，它也是目前商业化运营最早的、最为成功的卫星之一。1999 年，美国发射 IKNOS，空间分辨率提高到 1 m，它是世界上第一颗提供高空分辨率影像的商业遥感卫星。

3. 中国遥感事业

20 世纪 50 年代，我国组建专业飞行队伍，系统地开展了以地形制图为主要目的的可见光黑白航空摄像工作，同时对航空像片进行了一些地质判读应用的试验，基本完成了全国范围的第一代航空摄像工作。1970 年 4 月 24 日，我国发射第一颗人造地球卫星，逐步由航空遥感发展到航天遥感。1975 年 11 月 26 日，我国发射的第一颗返回式卫星，获得的影像质量良好。20 世纪 80 年代，我国在农业、林业、海洋、地质、石油、环境监测等方面积极开展遥感试验，取得了丰硕的成果，"六五"计划遥感列入国家重点科技攻关项目。1988 年 9 月 7 日，我国发射第一颗"风云 1 号"气象卫星。1999 年 10 月 14 日，我国成功发射资源卫星 CBERS-1，这使我国拥有了自己的资源卫星。进入 21 世纪，我国已经全面形成了遥感技术与应用的发展能力，在某些方面已经处于世界领先水平，先后发射了搭载各种载荷的遥感卫星。2007 年 10 月 24 日，我国成功发射首颗月球探测卫星"嫦娥一号"，为我国获取了第一幅全月球影像图。

中国的遥感事业在经历了数十年的发展后，已经取得了令人瞩目的成就，并形成了自己的特色，为遥感学科的发展和国家经济建设、国防建设做出了巨大贡献。

3.5.1.2 航天遥感的应用与成像遥感卫星分类

在民用方面，航天遥感广泛应用于地球资源普查、植被分类、农作物病虫害监测、环境污染监测、地震监测等方面。

在军事领域，航天遥感广泛应用于军事侦察、导弹预警、军事测绘、海洋监视、气象观测等方面，可分为卫星成像侦察、卫星电子侦察、卫星导弹预警和卫星海洋监视四类。卫星成像侦察是指利用星载成像设备对地表目标进行成像侦察，获取图像侦察数据和目标位置信息，为军事作战提供战场态势情报和打击效果评估。卫星成像侦察可对全球地面军事目标实现全天候和全天时的侦察与监视，用于确定军事设施位置、监视部队行动、获取战场态势与军事冲突地区信息以及测绘军事地形。

成像遥感卫星可按信息传输方式、用途、工作频段进行分类,具体分类如图 3-92 所示。

图 3-92　成像遥感卫星分类

3.5.1.3　航天遥感的性能参数

1. 分辨率

就航天遥感而言,分辨率又可分为空间分辨率、时间分辨率、光谱分辨率和辐射分辨率。

(1) 空间分辨率

空间分辨率是指遥感图像上能够详细区分的最小单元的尺寸或大小,是遥感影像上能够识别的两个相邻地物的最小距离,是用来表征影像分辨地面目标细节的指标。空间分辨率是评价传感器性能和遥感信息的重要指标之一,也是识别地物形状大小的重要依据。

美国的伊科诺斯卫星于 1999 年 9 月 24 日发射,它是世界上第一颗提供高分辨率卫星影像的商业遥感卫星。该卫星所提供影像的全色空间分辨率为 1 m,多光谱空间分辨率为 4 m,可融合成分辨率为 1 m 的彩色影像。

美国 WorldView-2 卫星的空间分辨率为 0.46 m,该卫星具有敏捷的成像能力,每天 50×10^5 km²,具备现代化地理定位精度能力和极佳的响应能力,能够快速瞄准要拍摄的目标和有效地进行同归立体成像。

图 3-93 所示为伊科诺斯卫星和 WorldView-2 卫星拍摄的影像。

(2) 时间分辨率

时间分辨率是指在同一区域进行的相邻两次遥感观测的最小时间间隔。对同一目标进行重复探测时,相邻两个探测的时间间隔,称为遥感图像的时间分辨率,它能提供地物动态变化的信息,可用来对地物的变化进行监测,也可以为某些专题要素的精确分类提供附加信息。

时间分辨率通常与遥感卫星的轨道参数和影像视场角有关。轨道的回归周期越

(a) 伊科诺斯 1 m 影像　　　　　　(b) WorldView-2 0.46 m 影像

图 3-93　卫星影像图

短,时间分辨率越高;影像视场角越大,时间分辨率越高。增加斜视成像功能,时间分辨率也可以大幅度提高。

(3) 光谱分辨率

光谱分辨率是指传感器在接收目标地物辐射光信号时,能分辨的最小波长间隔,用来表征传感器对辐射源光线波长的分辨能力。光谱分辨率通常以波段宽度来表示,波长间隔越小,光谱分辨率越高。光谱分辨率是描述多光谱成像系统的一个主要指标。

成像的波段范围分得愈细,波段愈多,光谱分辨率就愈高,现在的技术可以达到 0.17 nm 的纳米量级、上千个波段。细分光谱可以提高自动区分和识别目标性质与组成成分的能力。

(4) 辐射分辨率

辐射分辨率是指传感器能分辨的目标反射或辐射的电磁波强度的最小能量级差,用来表征传感器对电磁波能量的分辨能力。传感器的辐射分辨率越高,传感器对地物反射或发射辐射能量的微小变化的探测能力越强。辐射分辨率在遥感图像上表现为每一像元的辐射量化级,一般用灰度的分级数来表示(见图 3-94)。比如 1 位只能表示黑白两种状态,用 10 位就可以表示 2^{10} 种,即 1 024 种状态。

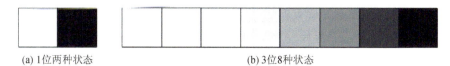

(a) 1 位两种状态　　　　　　(b) 3 位 8 种状态

图 3-94　灰度分级数

2. 幅　宽

幅宽是指传感器能够扫描的地面实际宽度。就遥感成像卫星而言,幅宽通常指所拍摄的单片影像的实地宽度,它与传感器的总视场角和卫星的轨道高度有关。总视场角越大,地面幅宽越大;轨道高度越高,地面幅宽越大。成像卫星的幅宽一般在几千米到几十千米之间,有的甚至可达上百千米。就电子侦察卫星而言,幅宽通常指传感器可扫描的地面范围,一般在数十千米以上。

3. 定位精度

定位精度是指卫星遥感测量所得的目标空间位置与其真实位置之间的接近程度。图3-95所示为某一位置的定位精度。

图3-95 某一位置的定位精度

影响定位精度的因素较多,主要包括轨道确定误差、姿态确定误差、时间统一误差、成像指向误差、几何畸变影响等。一般来说,较好的卫星遥感成像系统对地面目标的定位精度可达米级。

航天遥感成为各国竞相发展的重点,其主要优点包含:安全性,卫星运行轨道不受国界和国际公约限制,可以自由飞越他国上空;全球性,卫星绕地球飞行,可对地球上的任何地方进行观测;范围广,卫星遥感在短时间内可对数万平方千米进行观测;不间断,红外成像、雷达成像和电子侦察卫星可实现24小时全天候观测;多样性,根据不同的任务,遥感技术可选用不同波段和遥感仪器来获取信息,此外,各类新型载荷(如视频卫星等)陆续应用到卫星遥感方面,大大增加数据获取的多样性。

当然,航天遥感也有它固有的缺点,其最大的不足就是灵活性差,卫星在轨道上运行必须遵循轨道动力学规律,只有当卫星过境时才能观测,难以像航空遥感那样快速实现"指哪打哪"的观测任务。此外,遥感卫星研制成本高,每颗耗资上亿元,现有卫星系统每天的运行成本约1 000万元。

3.5.2 常用遥感卫星轨道

卫星轨道根据轨道六要素的不同而有无穷多种组合。如图3-96所示轨道六要素分别为:

① 半长轴a是椭圆长轴的一半,其与运行周期之间有确定的换算关系;对于圆轨道,它等于轨道高度和地球半径之和。

② 偏心率e是椭圆两焦点之间的距离与长轴之比,偏心率为0时,轨道是圆轨

道;偏心率在 0~1 之间时,轨道是椭圆轨道,这个值越大,椭圆越扁;偏心率为 1 时,轨道是抛物线;偏心率大于 1 时,轨道为双曲线。

③ 轨道倾角 i 是轨道平面与地球赤道平面的夹角,用地轴的北极方向与轨道平面的正法线方向之间的夹角度量,倾角小于 90°为顺行轨道,倾角大于 90°为逆行轨道。

④ 升交点赤经 Ω 轨道平面和地球赤道平面有两个交点,升交点赤经是卫星从南半球向北半球的运行弧度穿过赤道平面的交点。

⑤ 近地点幅角 ω 是近地点与升交点对地心的张角,它决定椭圆轨道在轨道平面里的方位。

⑥ 真近点角 f 是卫星从近地点起沿轨道运动时其向径扫过的角度,即当前位置与近地点对地心的张角,它决定了卫星当前时刻在轨道中的位置。

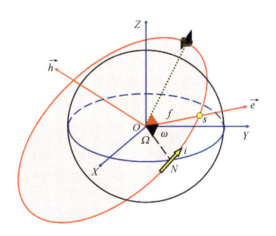

图 3-96 卫星轨道及参数示意图

卫星轨道的分类方法很多,根据偏心率可分为圆轨道、椭圆轨道、抛物线轨道和双曲线轨道;根据轨道倾角可分为顺行轨道、逆行轨道、赤道轨道和极地轨道;根据轨道高度可分为低轨道、中轨道、高轨道和静止轨道。此外,还有回归轨道、冻结轨道、闪电轨道和伴随轨道等其他描述方法。

遥感卫星的轨道是根据遥感卫星的任务需求设计的,轨道的选择取决于任务对观测对象、观测范围和观测频次的要求。遥感卫星最常用的轨道有两种,即地球同步轨道和太阳同步轨道。本节主要介绍这两种轨道及其特性。

3.5.2.1 地球同步轨道

所谓地球同步,就是与地球自转同步,卫星绕地球一圈的周期与地球自转一圈的周期相同,也就是 23 h 56 min 4 s。卫星轨道形状示意图如图 3-97 所示。

卫星轨道运动的周期仅与轨道的半长轴有关,其换算关系为

$$T = 2\pi\sqrt{\frac{a^3}{\mu}}$$

地球同步轨道的周期为 1 天,可以计算得到轨道半长轴为 42 164 km,只要满足这个条件的轨道,都是地球同步轨道。

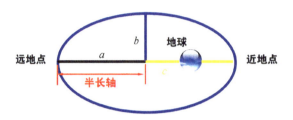

图 3-97　卫星轨道形状示意图

在地球同步轨道中,还有一种特殊的轨道,称之为地球静止轨道,它的轨道倾角为 0,偏心率为 0。也就是说,它是赤道平面上半径为 42 164 km 的圆轨道,除去地球赤道半径 6 378 km,地球静止轨道的轨道高度为 35 786 km。地球同步轨道和地球静止轨道的位置如图 3-98 所示。

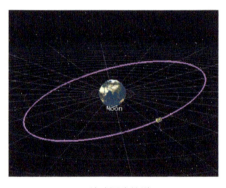
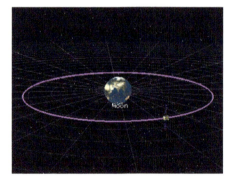

(a) 地球同步轨道　　　　　　　　　　(b) 地球静止轨道

图 3-98　地球同步轨道和地球静止轨道位置图

地球同步轨道与地球静止轨道在三维空间的位置图如图 3-99 所示,观测它们的星下点轨迹,可以看到,地球同步轨道的星下点是一个 8 字形,而地球静止轨道就是赤道上的一个点。

地球静止轨道的特点:一颗卫星覆盖地球 40%,三颗卫星覆盖全球除南北纬 76°以上的所有地域(见图 3-100);星下点轨迹是赤道上的一个点,在地面上的人看来,卫星始终是不动的,地球站天线极易跟踪卫星;理论上这样的静止轨道只有一条,资源十分有限。

地球同步轨道和地球静止轨道在遥感上最重要、最成熟的应用就是气象卫星。

(a) 地球同步轨道　　　　　　　　　(b) 地球静止轨道

图 3-99　地球同步轨道和地球静止轨道星下点位置图

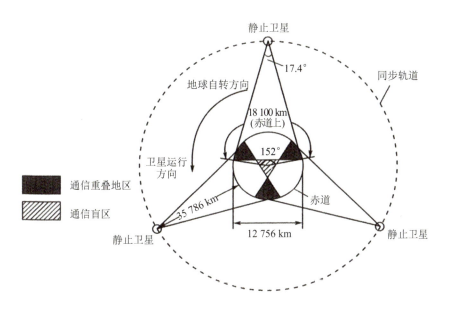

图 3-100　地球静止轨道覆盖范围示意图

我国的"风云 2 号"气象卫星采用地球静止轨道,定位于东经 135°的赤道上空,可获取可见光、红外云图和水汽分布图,每半小时可获取一幅分辨率为 5 km 的卫星图像。此外,我国的"高分四号"成像卫星也位于地球静止轨道,定位于东经 105°的赤道上空,也就是海南岛的正南方,可以提供分辨率为 50 m 的凝视影像,利用其长期驻留固定区域上空的优势,对我国海域监视具有重大意义。

3.5.2.2　太阳同步轨道

太阳同步轨道是轨道平面的旋转与太阳光线的转动同步,也就是说,轨道平面与太阳光线的夹角保持不变。

众所周知,地球围绕着太阳自西向东公转,周期是1年,即365.25天,因此,地球上看到的太阳光线,也就是太阳与地球的连线,一同自西向东旋转,365.25天转动一圈,即360°,平均每天转动360°/365.25＝0.985 6°。这里一年的天数为365.25天,是因为每4年闰一次,多出1天。轨道平面与太阳光线同步旋转,也就是绕地球自转轴每天自西向东旋转0.985 6°,其实就是升交点赤经每天增加0.985 6°。

如图3-101所示,假设轨道平面与太阳光线需要保持37.5°的夹角,那么随着地球绕太阳的公转,地球从①点转到了③点,显然,轨道平面所旋转的角度与太阳光线转动的角度相同,就是图上红色的角度。因此,该轨道上的卫星一年当中经过同一地点的当地时间就一样了。

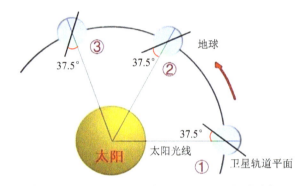

注：卫星的轨道平面,需要随着地球的公转,保持和太阳固定的夹角。

图3-101 太阳同步轨道轨道面旋转示意图

但是,在理想情况下,卫星的轨道平面在空间是不会发生转动的,只会随着地球的自转在空间发生平移。因此,要让轨道平面旋转这么大的角度只能依靠外力。在太空中改变轨道平面需要消耗一定的推进剂,持续改变轨道平面需要卫星携带大量推进剂,一般很难实现。实际上,地球并不是一个质量均匀的圆球,而是一个赤道略微隆起的扁球。地球这种非球形特性会对运行在太空轨道上的卫星产生一个额外的引力,称为地球非球形摄动,其会导致卫星轨道平面发生进动,也就是绕地球自转轴旋转,并且当轨道倾角大于90°时,轨道平面东进;当轨道倾角小于90°时,轨道平面西退(见图3-102)。

通过前述的分析可知,地球的公转使得太阳光线以每天0.985 6°东进,从而导致太阳光线与轨道平面交角不断增大。因此如果能够利用地球非球形摄动,使其对轨道平面每天也产生0.985 6°东进,那么就正好抵消了地球公转所造成的太阳光线转动。天文学家布劳威尔(Brouwer)和考拉(Kaula)推导出了地球非球形摄动所导致的轨道平面转动的角速度为

$$\dot{\Omega} = -K \left[\frac{1}{(1-e^2)} \right]^2 \cdot \sqrt{\frac{1}{a^7}} \cdot \cos i$$

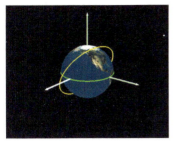
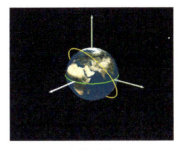

(a) 轨道倾角小于90°   (b) 轨道倾角大于90°

图 3-102 轨道倾角小于 90°和大于 90°的轨道面进动

从上式可知,轨道平面的转动角速度只与卫星的轨道倾角、偏心率和半长轴有关,其中 K 是一个大于 0 的常数。显然,太阳同步轨道的轨道平面的转动角速度为 0.985 6°/天,即 $\dot{\Omega}=0.985\,6°/$天,将其代入上式,同时将 K 用它的常数值代替,即可得到轨道倾角 i 关于半长轴 a 和偏心率 e 的表示式为

$$\cos i = -4.773\,6\times 10^{-15} \cdot (1-e^2)^2 \cdot a^{7/2}$$

因此,只要知道半长轴(或者轨道高度)和偏心率,就可以计算出轨道倾角,并且这个倾角一定是大于 90°的,也就是说,太阳同步轨道一定是逆行轨道。太阳同步轨道倾角和轨道高度、偏心率的关系如图 3-103 所示。

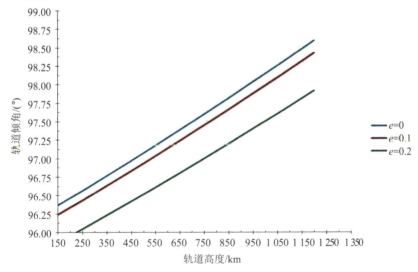

图 3-103 太阳同步轨道倾角和轨道高度、偏心率的关系

通过上面的介绍可知,太阳同步轨道的特点就是太阳光线与轨道平面的夹角始终保持不变。这个特点赋予太阳同步轨道最重要的特性就是它能保证卫星每天在特定的时刻经过指定地区,即以相同方向经过同一纬度时的当地时间相同。太阳同步轨道卫星运行示意图如图 3-104 所示。例如,轨道高度为 574 km、周期为 96 min

的太阳同步轨道卫星一天可以自南向北穿过地球赤道 15 次,并且每次都在当地同样的时间穿过赤道(见图 3-105)。又如,某太阳同步轨道卫星在当地时间下午 2 点整通过某军事基地上空,当该卫星再次飞经该基地上空时,时间和上次一样,依旧是当地时间下午 2 点。

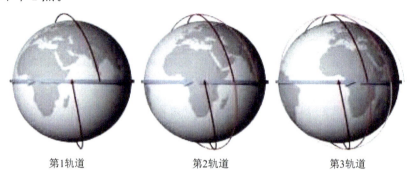

第1轨道　　　　　　第2轨道　　　　　　第3轨道

图 3-104　太阳同步轨道卫星运行示意图

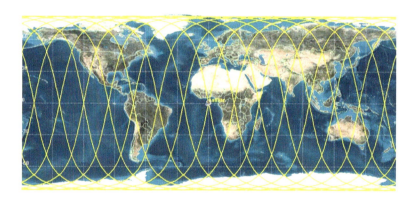

图 3-105　太阳同步轨道星下点(轨道高度 574 km)

太阳同步轨道卫星能够常年在类似的光照条件下对指定区域进行观测,有利于通过阴影判读目标和观察目标区域的变化,这也正是气象卫星、资源卫星和侦察卫星通常选择太阳同步轨道的原因。

此外,由于太阳同步轨道卫星与太阳始终保持固定的相对取向,有利于以太阳能为能源的卫星长期稳定地工作。其中最典型的莫过于晨昏线太阳同步轨道,该轨道可以使卫星的太阳能帆板始终接受稳定的太阳光照射,适用于功率较大的卫星全天时工作。

综上,对太阳同步轨道做以下概括:

① 因为地球绕太阳公转,如果轨道平面不旋转,那么太阳光线照射在轨道平面上的角度就会随地球绕太阳的公转而发生变化。这种角度变化体现为卫星一年当中经过同一地点的当地时间不同,每天会变化 3 min56 s,也就是一个太阳日和恒星日

之差。

② 如果轨道平面旋转,且与地球绕太阳公转的方向与角速度相同,则正好抵消地球绕太阳公转造成的光学变化的影响,那么该轨道上的卫星经过同一地点的当地时间相同。这里需要说明的是,就算当地时间相同,但不同季节太阳高度角不一样,其光照条件也会稍有差别,比如夏至时北京早上 9 点的太阳高度角比冬至时要大,遥感影像中的阴影就要短一些,这种差别在太阳同步轨道的实际应用当中应当考虑并且可以克服的。

③ 太阳同步轨道的倾角与轨道高度、偏心率有关,并且这个倾角一定是大于 $90°$ 的,因此太阳同步轨道是一条逆行轨道。

④ 太阳同步轨道的特性与地球公转相关,与地球自转无关。

3.5.3 遥感成像技术

遥感成像最常采用的是摄影技术,将摄影机安装在航天平台上。此外,还有一种新型对地观测卫星,其最大的特点是可以对某一区域进行"凝视"观测,以摄像方式(视频录像)获得比摄影更多的动态信息,所以被称为视频卫星。

3.5.3.1 遥感摄影技术

1. 遥感摄影技术分类

遥感摄影技术按照扫描方式可以分为中心投影摄影技术、摆扫式扫描摄影技术和推扫式扫描摄影技术。在可见光成像技术部分已经对此进行了介绍,这里主要结合航天遥感再进行简单介绍。

(1) 中心投影摄影技术

中心投影摄影技术是指空间任意直线均通过一个固定点(投影中心)投射到一个平面(投影平面)上而形成的透视关系,一张像片上的所有像点共用一个投影中心和同一个像平面,如图 3-42 所示。在遥感摄影时,地物的反射光线都通过摄像机镜头投影到焦平面的底片上而形成影像。镜头相当于投影中心,底片平面相当于像平面。中心投影在某一个摄影瞬间获得一张完整的像片,因此又被称为框幅式摄影技术。

中心投影摄像技术的典型运用实例就是国际空间站宇航员在休闲时间利用框幅式摄影机进行拍摄。图 3-106 所示为空间站宇航员在 2006 年拍摄到的克利夫兰火山喷发的灰柱,并以此提醒阿拉斯加火山观测站,火山喷发只持续了 6 h。

(2) 摆扫式扫描摄影技术

摆扫式扫描摄影技术又称光机扫描摄影技术,它的原理是在卫星运行的侧向上,利用扫描镜来回旋转以反射来自不同位置的地物信息,像元是一个一个地轮流采光,沿扫描线逐点扫描成像,如图 3-83 所示。影像在飞行方向和扫描方向的比例尺是不一致的,物距随扫描角的增大而增大,出现两边比例尺逐渐缩小的现象,整个影像产生畸变,离投影中心越远,像点位移越大,这种扫描方式获得数据的覆盖范围呈狭

图 3-106 空间站宇航员拍摄场景及拍摄影像

长型。

(3) 推扫式扫描摄影技术

推扫式扫描摄影技术是在光电成像系统中,利用卫星的前向运动,借助于与飞行方向垂直的"扫描"线记录,从而构成二维图像,也就是通过卫星与探测器成正交方向的移动获得目标的二维信息。和摆扫式扫描不同的是,推扫式扫描不用扫描镜,而是把探测器按扫描方式阵列式排列来感应地物电磁波,以代替机械式光机扫描。如图 3-107 所示,若探测器按线阵式排列,则可以同时得到整行数据;若按面阵式排列,则同时得到整幅影像。

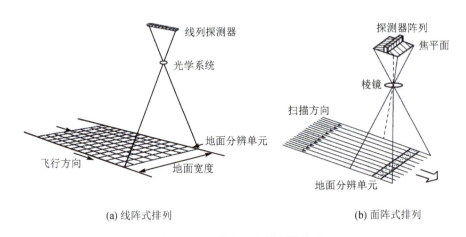

(a) 线阵式排列 (b) 面阵式排列

图 3-107 推扫式扫描摄影技术

2. 遥感成像技术实例分析

SPOT(Systeme Probatoire d'Observation de la Terre)系列卫星是法国空间研究中心(Center Natianal d'Etudes Spatials,CNES)研制的一种地球观测卫星系统,至今已发射 SPOT 卫星 1~7 号(见图 3-108)。

在轨道参数方面,SPOT 卫星采用的是太阳同步准回归轨道,高度为 830 km,轨

图 3-108　SPOT 卫星发展路线图

道倾角为 98.7°，通过赤道时刻为地方时上午 10:30，回归天数（重复周期）为 26 d。

在卫星载荷方面，SPOT 卫星搭载多光谱成像系统和全色成像系统。多光谱成像系统每个波段的线阵列探测器组由 3 000 个 CCD 元件组成，每个元件形成的像元相对地面上为 20 m×20 m。因此，每一行 CCD 探测器形成的影像线相对地面上为 20 km×60 km，每个像元用 8 bit 对亮度进行编码。全色成像系统用 6 000 个 CCD 元件组成一行，地面上总的宽度仍为 60 km，因此每个像元对应地面的大小为 10 m×10 m，在倾斜观测时横向最大可达 80 km。采用相邻像元的亮度差进行编码，以压缩数据量。由于相邻像元亮度差值很小，因此只需要用 6 bit 的二进制进行编码。

SPOT 的轨道模式每隔 26 天重复一次，这意味着可以以这样的频率和拍摄角度来拍摄地球上的任意地点。但当卫星交替经过 1 天和 4 天（偶尔为 5 天）后，系统的可定向光学器件会使它能够拍摄到非星下点的图像。

对于赤道上的一个点，在 26 天中有 7 次拍摄机会；对位于纬度 45°的地区，总共有 11 次拍摄机会，如图 3-109 所示。这种"再访"能力有两方面重要意义：一方面，在经常出现云层覆盖的地区，潜在地增加了该区域可拍摄的频率；另一方面，对地面的同一地区，可提供按照某一频率来进行拍摄的机会，在农业和森林监测应用方面比较合适。

在成像系统中采用了两个相同的摄像机，在每个光学系统中，第一个元件是一块平面镜，可向两个摄像机的任意一侧旋转 27°，这就使得每台摄像机可以拍摄到卫星地面轨迹两侧 475 km 范围内的任意地区。随着拍摄角度的变化，所拍摄的实际地面宽度也发生变化，在最大旋转角度时，拍摄的图像宽度是 80 km，如图 3-110 所示。

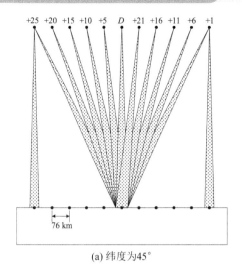 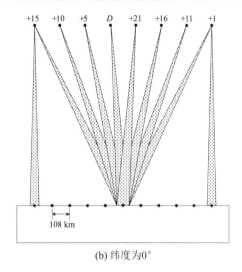

(a) 纬度为45°　　　　　　　　　　　(b) 纬度为0°

图 3-109　SPOT 再访模式

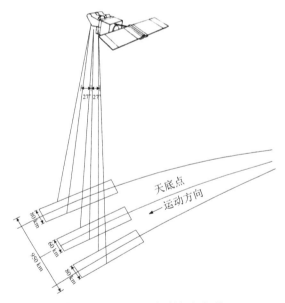

图 3-110　SPOT 倾斜视场扫描

如果两台摄像机都定向拍摄星下点的两幅相邻图像,那么获得的图像总列宽为 117 km,其中在两幅相邻图像上的重叠部分宽度为 3 km,如图 3-111 所示。每台摄像机能够同时收集全色数据和多光谱数据,因此产生四个数据流,但在某一时刻只能同时传送两个数据流,因此,在 117 km 的宽度上,要么传送全色数据,要么传送多光谱数据。

由于摄像机具有非星下点拍摄能力,因此可以进行立体拍摄,即在不同的卫星轨迹上拍摄的图像区域能以立体方式进行观察。由于摄像机直接与卫星的再访联系在一起,因此能够得到的立体图像的频率随纬度的变化而变化。在纬度为 45°处,在卫

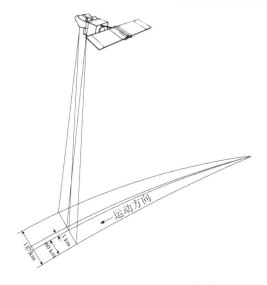

图 3-111　SPOT 双相机同时扫描

星的 26 天回归周期中有六种可能的机会来获得连续两天的立体图像。在赤道上,只有两次连续两天的观测机会。图 3-112 为 SPOT 立体扫描示意图。

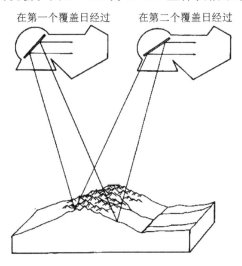

图 3-112　SPOT 立体扫描示意图

3.5.3.2　遥感摄像技术

以摄像方式(视频录像)对某一区域进行"凝视"观测的卫星被称为视频卫星,它是一种新型对地观测卫星,其最大的特点是可以获得比摄影更多的动态信息,特别适用于观测动态目标,分析其瞬间特性。

所谓"凝视",是指随着卫星的运动,光学成像系统始终盯住某一目标区域,可以连续观察视场内的变化。主要有两种手段实现"凝视":一是采用静止轨道光学成像卫星;二是采用具备较高姿态敏捷能力或具备图像运动补偿能力的低轨光学成像卫星。静止轨道卫星由于其轨道动力学特性,卫星与地面相对静止,从而实现凝视。但为了在高轨实现米级地面分辨率,其成像系统口径必须足够大,目前美国、欧洲正在积极研制大口径光学成像系统,我国的静止轨道光学成像卫星地面分辨率可达 20 m。具备"凝视"能力的低轨成像卫星又分为两类:一类是具备高敏捷能力、采用传统线阵探测器的卫星,以美国"世界观测"(WorldView)和法国"昴宿星"(Pleiades)为代表;另一类是采用面阵探测器,综合利用平台的高敏捷能力从而实现"凝视"的卫星,典型代表为美国"天空卫星"(Sky Sat)和我国"吉林一号"视频系列卫星(见表 3-4)。

表 3-4 "吉林一号"视频 03 星参数

项　目	参　数
成像模式	凝视视频成像、推扫成像
地面分辨率	0.92 m(彩色)
轨道类型	太阳同步轨道
地面覆盖范围	11 km×4.5 km
连续成像时间	120 s(一次成像)
最大侧摆角	±45°
卫星总质量	<165 kg
设计寿命	1~3 年
运载火箭	快舟一号甲运载火箭
发射地点	中国酒泉卫星发射中心
轨道高度	535 km

3.5.4　遥感信息的获取与应用

对于卫星遥感,无论是在军事应用领域还是民商应用领域,最后利用的都是遥感卫星探测到的信息经过处理分析后形成的产品。本小节主要介绍卫星遥感从信息获取到产品应用的全流程(见图 3-113)。

3.5.4.1　需求受理与筹划

由于受电源及存储介质的约束,在轨遥感卫星的有效载荷不可能一直处于开机状态。对地面哪一块区域进行拍摄,主要还是取决于用户需求。卫星运行管理部门需要接收确认用户的需求清单并进行统筹管理。

需求筹划就是卫星运行管理部门对接收到的需求清单进行冲突消减和优先级排序。用户需求清单内容一般包括关注的目标区域、所需的遥感手段(是可见光成像、

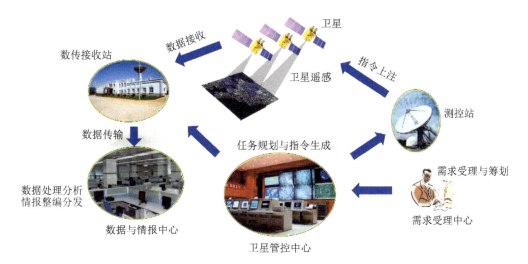

图 3-113　卫星遥感信息获取到产品应用全流程示意图

红外成像、高光谱成像还是雷达成像,抑或是电子侦察)、最低分辨率或定位精度要求、产品样式和产品时效性等。如果用户提出的产品需求在已有的遥感数据库中可以找到,则可以直接提供给用户使用;如果遥感数据库中没有,就需要安排卫星进行侦照。由于卫星运行管理部门接收到的是来自各类用户的众多需求,如果需求基本一致,则可以把它们归类为一个遥感任务,一次收集行动就可以满足多个需求,我们称这一过程为需求冲突消减。此外,面对多种需求时,还会根据用户需求的紧急程度进行排序,我们称之为需求优先级排序。一般情况下,需求的优先级按从高到低的顺序依次为战略需求、战役需求、战术需求;紧急情况下,需求优先级可以由上级指挥部门根据任务情况直接排序。

3.5.4.2　任务规划

在需求优先级排序后,需要考虑的就是安排什么样的卫星进行侦照,具体来说,就是对空间信息资源进行优化配置,对信息的获取、处理、传输活动进行优化调度,制订出满足任务需求的资源分配和活动调度方案,我们称之为任务规划。影响任务规划的基本要素包括任务需求、卫星资源、地面资源以及环境约束条件。其中,任务需求包括区域要求、时间要求、分辨率要求和任务优先级;卫星资源包括载荷类型、工作模式、可视范围、存储容量、卫星能源等;地面资源包括地面站卫星、地面站数目和传输优先级;环境约束包括空间环境和气象条件等。任务规划的结果就是针对各类任务计算出对应的遥感卫星、测控站、数传站、上注时间、观测时间和下传时间等,最大化满足用户需求,并使资源利用率最优。

3.5.4.3　指令生成与上注

在任务规划完成后,用哪一颗卫星在什么时候观测哪一个区域,然后通过哪个地面站上注和下传就都十分明确了。但此时,卫星还不知道自己下一步做什么、怎么做,这就需要地面人员生成相应的控制指令并上传至卫星,告诉卫星什么时间段做什么事。我们称地面人员制定卫星工作指令的过程为指令生成。指令内容主要包括两部分:一是载荷控制指令,主要用于设置载荷的开关机时间(什么时候开机、什么时候关机)、工作模式(工作在高分辨率模式还是低分辨率模式以及载荷侧摆角设置等)、数传时间和速率(什么时候开始数传、什么时候结束,以什么样的速率下传,以及通过公开通道下传还是加密通道下传);二是卫星平台控制指令,主要涉及日常的轨道维持、姿态保持或姿态调整。在编制指令时,这两部分指令一般都编写在一条卫星指令中。

编写后的指令通过遥测通道发送给遥感卫星,这一过程被称为指令上注。指令上注链路有两种模式:一种是当遥感卫星过境地面测控站时,通过指定的测控设备直接将指令发送给遥感卫星;另一种是遥感卫星不在地面测控站的测控范围内时,可以利用中继星进行中转,将指令首先发送给某一中继星,再由中继星转发给遥感卫星。

3.5.4.4 卫星遥感

遥感卫星根据接收到的任务指令,在规定的时间内对指定区域进行遥感,并将遥感获取的地物信息记录在星上存储介质中。这一过程可分为四个阶段:

① 地物目标电磁辐射或反射。地物具有特定的电磁信号特性,这是卫星能够对其进行遥感的前提。如果目标没有任何电磁辐射或反射,卫星遥感也就无从发现并获取该地物信息。

② 卫星传感器观测地物。卫星必须过境地物区域,并且地物在卫星传感器的视场覆盖范围内,此时地物的电磁辐射才可能穿过大气层后到达卫星传感器。

③ 地物电磁辐射转化为卫星数字信号。目标电磁辐射到达卫星传感器后,经过传感器处理变换为电信号,一般情况下该电信号为数字信号,如果是模拟电信号,则经过模数转换为数字信号。

④ 遥感影像生成。该步骤既可能在遥感卫星上完成(如光学成像),也可能在地面完成(如 SAR 雷达成像)。

3.5.4.5 数据接收与传输

卫星传感器探测的信息传回地面的过程被称为数据接收。和指令上注一样,数据接收链路也有两种模式:一种是当卫星过境地面接收站时,卫星通过自身的数传系统直接将数据下传至地面接收站;另一种是卫星不在地面接收站的接收范围内时,则可以利用中继星进行中转,卫星先将数据发送给中继星,再由中继星转发给地面接收站。卫星下传的数据包括原始遥感数据以及数据预处理所需的卫星轨道和姿态等数据。地面接收站收到原始遥感数据后,可通过地面通信网络或者卫星通信网络把数据发送到地面处理系统。

3.5.4.6 数据处理分析

地面处理系统对接收到的原始数据进行预处理,主要包括辐射校正、几何校正等,预处理后生成图像初级产品。如果图像初级产品能够部分满足用户的使用需求,则可以根据需要直接分发使用。此外,地面处理系统还会对图像初级产品进行进一步加工处理,如几何精校正、加地面控制点校正、数字高程模型纠正、专题图制作。经过逐级处理分析后的遥感图像产品可分为 0~6 级,分别是原始信号数据产品、辐射校正后产品、系统几何校正产品、几何精校正产品、正射影像图产品、三维影像图产品和专题图产品。

3.5.4.7 产品生产与分发

在一般应用领域,0~6 级遥感产品基本上能够满足用户需求。地面处理系统可直接向用户提供各级遥感产品,提供方式包括主动推送、用户自主访问产品数据库等。

但就特殊军事应用而言,大多数情况下还需要对图像进行判读、识别,确认图像上的具体目标,通过关联历史数据和其他来源信息,研判目标属性及其发展趋势,融合整编成情报产品,该类情报产品一般密级较高,需要通过专用的信息共享服务系统分发。

思考题

1. 光电成像系统性能评价通常应从哪几方面考虑?
2. 成像空间分辨率由哪些因素决定?
3. CCD 和 CMOS 各自应用的侧重点是什么?
4. 解释 HSI 彩色模型中各分量的含义和作用。
5. 摄影和摄像的区别与各自的优势有哪些?
6. 描述红外热成像系统性能的主要参数,以及这些参数表示的含义。
7. 描述成像光谱仪空间成像方式和光谱成像方式的基本原理,以及它们的主要方式。
8. 描述航天遥感成像主要有哪些方式和各自的优势。

第 4 章 雷达图像获取技术

雷达作为有源系统,具有全天候、全天时工作能力,可在不同频段、不同极化下得到目标的高分辨率图像,是情报获取的重要手段。从出现伊始,雷达就被设计成具有两个功能,即检测和跟踪功能。早期的雷达分辨力较低,它将普通目标视为"点"目标,只测量其空间坐标及运动参数,而在雷达遥感成像、目标识别等应用中,需要将目标看得更清楚,这必须提高雷达的分辨能力。近年来,雷达成像技术及其应用得到持续发展,雷达成像分辨率逐步提高。本章首先介绍雷达的基本概念、组成和工作的基本原理,随后重点介绍具有高距离分辨力和高方位分辨力的合成孔径雷达(Synthetic Aperture Radar,SAR),此外还介绍逆合成孔径雷达(Inverse Synthetic Aperture Rader,ISAR)、干涉合成孔径雷达(Interferometric Synthetic Aperture Radar,InSAR)等,最后介绍雷达成像预处理技术。

4.1 雷达的基本知识

4.1.1 雷达的基本概念

蝙蝠能在夜里飞行并不是用眼睛,而是用耳朵接收嘴巴发出声音后返回的超声波,以探测任何阻挡它的障碍物,从而将这些障碍物的准确位置显现在脑中。这是一种简单而古老的原理:回声定位,即根据物体反射的回波来探测物体并确定与物体之间的距离。雷达受此启发,通过发射电磁波来探测障碍物(见图 4-1)。

图 4-1 蝙蝠与雷达

雷达是英文 radar 的音译,源于 radio detection and ranging 的缩写,意思是"无

线电探测和测距"，即用无线电的方法发现目标并测定它们的空间位置。因此，雷达也被称为"无线电定位"。雷达是利用电磁波探测目标的电子设备，通过发射电磁波对目标进行照射并接收其回波，由此获得目标至电磁波发射点的距离、距离变化率（径向速度）、方位、高度等信息，用于探测、定位以及进行必要的目标识别。进一步可阐述为，雷达是利用目标对电磁波的散射（反射）来发现（检测）目标，测量目标空间位置和运动状态（测距、测角、测速），测定目标的电磁敏感物理参数等的无线电设备。

当雷达探测到目标后，就要从目标回波中提取有关信息。当目标尺寸小于雷达分辨单元时，则可将目标视为"点"目标，这时可测量目标的距离和空间角度，对目标定位，目标位置的变化率（即速度）可从其距离和角度随时间变化的规律中得到，如果在一段时间内测量运动目标的位置及其变化率，就可得到目标运动的轨迹，并由此建立对目标的跟踪。如果雷达在一维或多维上有足够的分辨力，那么这时的目标不是一个"点"，而是可视为由多个散射点组成的复杂目标，从而可以得到目标尺寸和形状方面的信息。采用不同的极化，可测量目标形状的对称性。从原理上说，雷达还可以测定目标的表面粗糙度及介电特性等。

概括来说，雷达的任务主要有：发现目标，即对目标进行检测，解决"有没有（Whether）"目标的问题；测量目标，即对目标的几何参数进行测量，解决目标"在哪里（Where）"的问题；识别目标，即对目标的电磁参数进行测量，解决目标"是什么（What）"的问题。

雷达的优点是白天、黑夜均能探测远距离的目标，且不受雾、云和雨的阻挡，具有全天候、全天时的特点，并有一定的穿透能力。以地面为目标的雷达可以探测地面的精确形状，其空间分辨力可达几米到几十米，且与距离无关。因此，它不仅成为军事上必不可少的电子装备，还广泛应用于社会经济发展（如气象预报、资源探测、环境监测等）和科学研究（如天体研究、大气物理、电离层结构研究等）。此外，雷达在洪水监测、海冰监测、土壤湿度调查、森林资源清查、地质调查等方面也显示出了很好的应用潜力。星载和机载合成孔径雷达已经成为当今遥感方面十分重要的传感器。

4.1.2 雷达的发展简史

4.1.2.1 雷达的起源

雷达的出现，源于第一次世界大战，英国和德国交战时，英国急需一种能探测空中金属物体的技术，以在反空袭战中帮助搜寻德国飞机。第二次世界大战期间，雷达就已经出现了地对空、空对地（搜索）轰炸，空对空（截击）火控，敌我识别功能等技术。第二次世界大战以后，雷达发展了单脉冲角度跟踪、脉冲多普勒信号处理、合成孔径和脉冲压缩的高分辨率、结合敌我识别的组合系统、结合计算机的自动火控系统、地形回避和地形跟随、无源或有源的相位阵列、频率捷变、多目标探测与跟踪等新的雷达体制。

随着微电子等各个领域的进步,雷达技术不断发展,其内涵和研究内容都在不断拓展。雷达的探测手段已经由只有雷达一种探测器发展到了与红外光、紫外光、激光以及其他光学探测手段的融合协作。

当代雷达的同时多功能能力使得战场指挥员可在各种不同的搜索/跟踪模式下对目标进行扫描,并对干扰误差进行自动修正,而且大多数的控制功能是在系统内部完成的。自动目标识别则可使武器系统最大限度地发挥作用,空中预警机和联合监视目标攻击雷达系统(Joint Surveillance Targdt Attack Radar System,J-STARS)等具有战场敌我识别能力的综合雷达系统已经成为未来战场上的信息指挥中心。

4.1.2.2 雷达的发展历史

1. 雷达的前期研究

1842年,奥地利物理学家克里斯琴·约翰·多普勒(Christian Andreas Doppler)率先提出利用多普勒效应的多普勒式雷达。

1864年,英国物理学家詹姆斯·克拉克·麦克斯韦(James Clerk Maxwell)推导出可计算电磁波特性的公式。

1886年,德国物理学家海因里希·鲁道夫·赫兹(Heinrich Rudolf Hertz)展开研究无线电波的一系列实验,证明了电磁波的存在。

1903—1904年,克里斯琴·赫尔斯迈耶(Christian Hulsmeyer)研制出原始的船用防撞雷达,并获得专利。

1922年,伽利尔摩·马可尼(Gugielmo Marconi)提出最早较完整描述雷达的概念:"电磁波是能够为导体所反射的,可以在船舶上设置一种装置,向任何需要的方向发射电磁波,若碰到导电物体,它就会反射到发射电磁波的船上,由一个与发射机相隔离的接收机接收,以此表明另一船舶的存在,并进而可以确定其具体位置。"

2. 雷达的纪元阶段

1930年,美国海军研究实验室的汉德兰采用连续波雷达探测到飞机。

1935年,英国探测到轰炸机,德国也验证了脉冲测距功能。

1937年,罗伯特·沃特森-瓦特(Robert Watson-Watt)设计了作战雷达网"Chain Home",这是真正实用的雷达。

1938年,美国制造了第一个实用防空火控雷达。

1938年,美国海军研制出实用的舰载雷达XAF,安装在"纽约"号战舰上,对舰船的探测距离大于20 km,对飞机的探测距离大于160 km。

1939年,英国研制出世界上第一部机载预警雷达,频率达200 MHz,并且制造出了磁控管。

3. 第二次世界大战中的雷达

在第二次世界大战中,雷达获得了"天之骄子"的称号。虽然雷达真正起源于第一次世界大战时期,但在第二次世界大战时在军事方面得到了更广泛的应用,例如:

"珍珠港"事件中动用的 SCR-270/271 雷达;1942 年单脉冲测角体制被提出,出现 MTI(Moving Target Indicator)雷达;美国研制出针状波束圆锥扫描 S 波段 SCR-584 炮瞄雷达,这是雷达控制火炮的开始。

4. 新体制雷达

20 世纪 50 年代出现了超远距离探测雷达和精密跟踪雷达、脉冲压缩雷达、合成孔径雷达原理试验(成像)和脉冲多普勒雷达。

5. "太空"时代的雷达

1957 年,苏联发射卫星,超远程预警相控阵应运而生。

1964 年,美国装置了第一个空间轨道监视雷达,用于监视人造地球卫星或空间飞行器。

MTI 使雷达用于飞机上,如美国 E-2A 预警机。

多国研制出了 OTH(Over-the-horizon)超视距雷达,探测距离达 3 700 km。

雷达抗干扰技术出现。

6. 雷达技术新突破

20 世纪 70 年代,实现 SAR 成像,星载和机载 SAR 分辨力得到提高。

E-3A 预警机研制成功,其采用超低旁瓣天线(-40 dB)技术。

相控阵雷达有了新进展。

雷达应用于"阿波罗"飞船着陆。

7. 雷达技术大发展

20 世纪 80 年代,相控阵雷达技术大量用于战术雷达,出现了空间监视雷达和机载火控雷达。

8. 雷达技术走向辉煌

20 世纪 90 年代后,宽带、多频段、多极化、多天线、成像雷达以及目标识别、探地雷达出现,毫米波雷达也有了极大发展。雷达系统向着"四抗"能力发展,即抗干扰、抗隐身目标、抗反辐射导弹和抗低空目标入侵。

4.1.3　雷达的基本组成

各种雷达的具体用途和结构不尽相同,但基本组成是一致的。目前应用最广泛的是脉冲雷达,下面以脉冲雷达为例介绍雷达的基本组成。如图 4-2 所示,脉冲雷达主要包括发射机、天线(发射天线和接收天线)、接收机、处理(信号和数据)以及显示器,还有电源设备、数据录取设备、抗干扰设备等辅助设备。

4.1.3.1　发射机

雷达发射机(见图 4-3)产生辐射所需强度的脉冲功率,其波形是脉冲宽度一定,且以固定周期重复的高频脉冲串。发射机现有两种类型:一种是直接振荡式(如

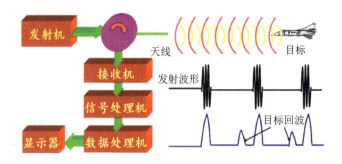

图 4-2　脉冲雷达的基本组成

磁控管振荡器),它在脉冲调制器控制下产生的高频脉冲功率被直接反馈送到天线;另一种是功率放大式(主振放大式),它是由高稳定度的频率源(频率综合器)作为频率基准,在低功率电平上形成所需波形的高频脉冲串作为激励信号,在发射机中予以放大并驱动末级功放而获得大的脉冲功率来反馈给天线的。功率放大式发射机的优点是频率稳定度高且每次辐射是相参的,这便于对回波信号进行相参处理,同时也可以产生各种所需的复杂脉压波形。

图 4-3　雷达发射机

4.1.3.2　天　线

发射机输出的功率反馈送到天线,而后经天线辐射到空间。天线是雷达和外部空间互相联系的出入口,类似于"能量聚焦器",在发射时,发射机信号进行定向辐射;接收时,以一定的波束指向接收目标回波,能够分辨目标、测量目标的角度。各种雷达天线如图 4-4 所示。

脉冲雷达天线一般具有很强的方向性,以便集中辐射能量来获得较大的观测距离。同时,天线的方向性越强,天线波瓣宽度越窄,雷达测向的精度和分辨力就越高。

常用的微波雷达天线是抛物面反射体,馈源放置在焦点上,天线反射体将高频能量聚成窄波束。天线波束在空间的扫描常采用机械转动天线来获得,由天线控制系统来控制天线在空间的扫描,控制系统同时将天线的转动数据送到终端设备,以便取得天线指向的角度数据。根据雷达用途的不同,波束形状可以是扇形波束,也可以是针状波束。天线波束的空间扫描也可以采用电子控制的办法,它比机械扫描速度快,灵活性好,这就是 20 世纪末开始日益广泛使用的平面相控阵天线和电子扫描的阵列天线。前者在方位和仰角两个角度上均实行电扫描;后者是一维电扫,另一维为机械扫描。

电子扫描天线　　　　机械扫描天线　　　　机械和频率扫描混合天线

机械扫描天线　　　　电子扫描天线　　　　机械和频率扫描混合天线

图 4-4　各种雷达天线

天线的性能指标可通过下列参数描述：

① 能将能量放大多少——功率增益、方向性系数、有效孔径。

天线方向图是将辐射强度在三维角空间中的分布表示成相对最大值基础上的曲面，其描述"增益和角度的函数关系，且将增益归一化"，如图 4-5 所示。在天线方向图中，大部分能量集中在天线中轴"锥状"的主波瓣，称为主瓣，其他较弱的称为旁瓣。

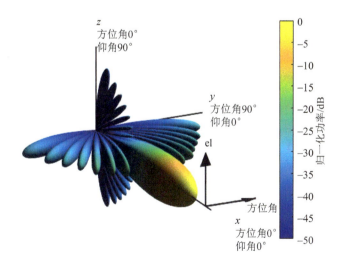

图 4-5　天线方向图

天线有效孔径 A_e（antenna effective aperture）可表示天线将能量放大的程度，即

$$A_e = \frac{D_0 \lambda^2}{4\pi}$$

A_e 与天线实际面积 A 有关,但不相同。显然,波长一定时,天线增益与 A_e 和 A 都成正比,即

$$A_e \approx \varepsilon_A A, \quad 0 < \varepsilon_A \leqslant 1$$

一般来说,增益的增加伴随着波束宽度的减小,并且通过相对于波长增大天线尺寸来实现。对于雷达而言,高增益和窄波束在远距离探测和跟踪范围以及精确的方向测量方面是可取的。

② 能量集中的程度——主瓣宽度以及副瓣相对强度。

衡量主瓣大小的量称为"主瓣宽度"或"波束宽度"。通常的波束宽度(见图 4-6)取功率降到波束中央功率一半时两个半功率点的夹角 $\theta_{0.5}$。此时方向图上值为 1/2,即 -3 dB,称为 3 dB 宽度。

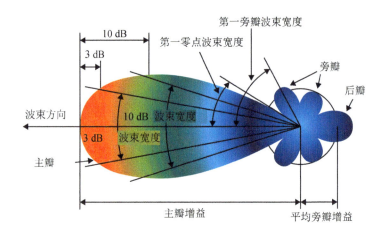

图 4-6 波束宽度

主瓣宽度是衡量天线最大辐射区域的尖锐程度的物理量,通常取天线方向图主瓣两个半功率点之间的宽度。

天线波束宽度与孔径 L、波长 λ 的近似关系为

$$\theta_{0.5} \approx \frac{\lambda}{L}$$

③ 电场矢量方向随时间的变化情况——极化。

4.1.3.3 接收机

雷达接收机的任务是通过适当的滤波将天线上接收到的微弱高频信号从伴随的噪声和干扰中选择出来,并经过放大和检波后,送至显示器、信号处理机或由计算机控制的雷达终端设备中。

雷达接收机可以按应用、设计、功能和结构等多种方式来分类。但是,一般可以

将雷达接收机分为超外差式、超再生式、晶体视放式和调谐高频(TRF)式四种类型。其中,超外差式雷达接收机具有灵敏度高、增益高、选择性好和适用性广等优点,在收、发公用天线的所有的脉冲雷达系统中都获得实际应用,其简化方框图如图 4-7 所示,由高频放大(有些雷达接收机不用高频放大)、混频、中频放大、检波、视频放大等电路组成。实际的雷达接收机可以不(而且通常也不)包括图 4-7 中所示的全部部件。

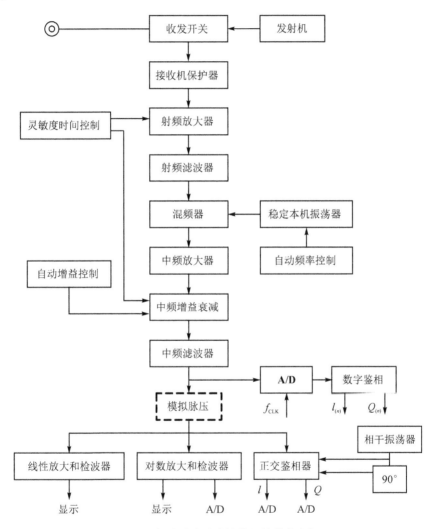

图 4-7　超外差式雷达接收机的简化方框图

接收机的首要任务是把微弱的回波信号放大到足以进行信号处理的电平,同时接收机内部的噪声应尽量小,以保证接收机的高灵敏度,因此接收机的第一级常采用低噪声高频放大器。一般在接收机中也进行一部分信号处理,例如,中频放大器的频率特性应设计为与发射信号匹配的滤波器,这样就能在中放输出端获得最大的峰值信噪比。对于需要进行较复杂信号处理的雷达,如需分辨固定杂波和运动目标回波而将杂波滤去的雷达,则可以由典型接收机后接的信号处理机完成。

雷达接收机的主要组成部分是:高频部分,又称接收机"前端",包括接收机保护器、低噪声高频放大器、混频器和本机振荡器;中频放大器,包括匹配滤波器;检波器和视频放大器。

从天线接收的高频回波通过收发开关加至接收机保护器,一般是经过低噪声高频放大器后再送到混频器。在混频器中,高频回波脉冲信号与本机振荡器的等幅高频电压混频,将信号频率降为中频(IF),再由多级中频放大器对中频脉冲信号进行放大和匹配滤波,以获得最大的输出信噪比,最后经过检波器和视频放大器后送至终端处理设备。

接收机中的检波器通常是包络检波器,它取出调制包络并送到视频放大器,如果后面要进行多普勒处理,则可用相位检波器替代包络检波器。

4.1.3.4 信号处理

信号处理的目的是消除不需要的信号(如杂波)及干扰而通过或加强由目标产生的回波信号。信号处理是在做出检测判决之前完成的,它通常包括动目标显示(Moving Target Indication,MTI)和脉冲多普勒雷达中的多普勒滤波器,有时也包括复杂信号的脉冲压缩处理。性能好的雷达在信号处理中消去了不需要的杂波和干扰,而自动跟踪只需处理检测到的目标回波,输入端如有杂波剩余,可采用恒虚警(Constarot False-Alarm Rete,CFAR)等技术加以补救。

4.1.3.5 数据处理

检测判决之后的处理称为数据处理,包括目标航迹的关联、跟踪滤波、航迹管理、自动跟踪、目标识别等。早期雷达不需要进行数据处理。

4.1.3.6 显示终端

通常情况下,接收机中放输出后经检波器取出脉冲调制波形,由视频放大器放大后送到终端设备。最简单的终端是显示器(见图 4-8)。雷达终端显示器用来显示雷达所获得的目标信息和情报,显示的内容包括目标的位置及运动情况、目标的各种特征参数等。

对于常规的警戒雷达和引导雷达的终端显示器,其基本任务是发现目标和测定目标的坐标,有时还需要根据回波的特点及变化规律来判别目标的性质(如机型、架数等),以方便全面掌握空情。现代预警雷达和精密跟踪雷达通常采用数字式自动录取设备,雷达终端显示器的主要任务是在搜索状态截获目标、在跟踪状态监视目标运动规律和监视雷达系统的工作状态。

在指挥控制系统中,雷达终端显示器除了显示情报之外,还有综合显示和指挥控制显示任务。综合显示是把多部雷达站网的情报综合在一起,经过坐标系的变换和

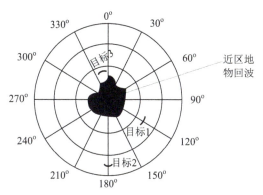
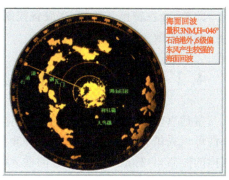

图 4-8 显示器

归一、目标数据的融合等加工过程,形成一幅动态形势图像和数据。

早期的雷达终端显示器主要采用模拟技术来显示雷达原始图像。随着数字技术的飞速发展以及雷达系统功能的不断提高,现代雷达的终端显示器除了显示雷达的原始图像之外,还要显示经过计算机处理的雷达数据,例如目标的高度、航向、速度、轨迹、架数、机型等,以及显示人工对雷达进行操作和控制的标志或数据,进行人机对话。

雷达终端显示器根据完成的任务可分为距离显示器、平面显示器、高度显示器、情况显示器和综合显示器、光栅扫描显示器等。例如,在平面位置显示器(Plan Position Indicator,PPI)上可根据目标亮弧的位置,测读目标的距离和方位角这两个坐标。

显示器除了可以直接显示由雷达接收机输出的原始视频外,还可以显示经过处理的信息。例如,由自动检测和跟踪设备(Automatic Detection and Tracking,ADT)先将收到的原始视频信号(接收机或信号处理机输出)按距离方位分辨单元分别积累,而后经门限检测,取出较强的回波信号而消去大部分噪声,对门限检测后的每个目标建立航迹跟踪,最后,按照需要,将经过上述处理的回波信息加到终端显示器。自动检测和跟踪设备的各种功能常要依靠数字计算机来完成。

4.1.3.7 其他附属设备

同步设备(频率综合器)是雷达整机工作的频率和时间标准。它产生的各种频率振荡之间保持严格的相位关系,从而保证雷达全相参工作。时间标准提供统一的时钟,使雷达各分机保持同步工作。

由于脉冲雷达的天线是收发共用的,因此需要高速开关装置。在发射时,天线与发射机接通,并与接收机断开,以免强大的发射功率进入接收机而将接收机高放混频部分烧毁;接收时,天线与接收机接通并与发射机断开,以免微弱的接收功率因发射机旁路而减弱。这种装置称为天线收发开关。天线收发开关属于高频馈线中的一部分,通常由高频传输线和放电管组成,或用环行器及隔离器等来实现。

此外,收发转换开关、雷达设备控制、电源、激励器、同步器、冷却系统等也对于雷达探测的成败至关重要。

4.2 雷达工作的基本原理

雷达以辐射电磁能量并检测反射体(目标)反射的回波的方式工作。回波信号的特性可以提供有关目标的信息,通过测量辐射能量传播到目标并返回的时间可得到目标的距离,目标的方位通过方向性天线(具有窄波束的天线)测量回波信号的到达角来确定。对于动目标,雷达通过多普勒效应探测出其运动的速度可推导出目标的轨迹或航迹,并能预测其未来的位置。此外,雷达可在距离上、角度上或这两方面都获得分辨力。

利用雷达进行探测是为了发现目标,同时还要对目标定位。雷达对地面或海面目标定位时,只需测出距离和方位角两个数据;如确定空中目标的位置,则需要测出斜距、方位角和仰角(或高度)三个数据。

4.2.1 发现目标

雷达发现目标的过程是:发射机产生的雷达信号(通常是重复的窄脉冲串)经天线辐射到空间,目标截获并反射雷达信号→雷达天线收集回波信号→接收机加以放大。如果接收机输出的信号幅度足够大,就说明目标已被检测。收发开关可使天线用于信号发射和接收。

雷达是通过检测物体对雷达电磁信号的反射回波来发现目标的。但是,除了目标的回波外,雷达接收机中总是存在着一种由天线和接收机内部电路产生的杂乱无章的信号,这些信号被称为噪声。采用先进的电子元器件和精心的电路设计可以减小这种噪声,但不可能完全消除。由于噪声时时刻刻伴随目标回波而存在,所以当目标距离雷达很远、目标回波很弱的时候,回波就和噪声混杂在一起,难以区分出来。因此,只有当目标回波比噪声强时,才能从接收机的噪声背景中发现目标的回波。从噪声中发现回波信号的过程称为目标检测。由于噪声的存在,雷达对目标的检测不可能总保持正确的判断。可能出现两种不正确的判断:一种是把强的噪声当作回波,称为虚警;另一种是把低于一定强度的目标回波当作噪声,称为漏警或漏报。当目标距雷达太远,或者目标本身的反射很弱时,雷达正确检测目标的概率就会下降到不能容忍的程度,几乎无法正常发现目标,因此雷达对目标的发现距离是有限度的。

目标对雷达信号的反射强弱程度称作目标的雷达反射截面积(Radar Cross Section,RCS),它与目标自身的材料、形状和大小等因素有关,也与照射它的雷达波的频率有关。目标的雷达反射截面积的大小影响着雷达对目标的发现,反射截面积越

大的目标可被探测到的距离越远。反射截面积的计算公式为

$$\sigma = 4\pi \times \frac{\text{目标向照射源方向反射回的单位立体角内回波功率}}{\text{目标处单位面积上的入射功率}}$$

$$= 4\pi \times \frac{P_b/4\pi}{P_{in}/4\pi R^2}$$

$$= 4\pi R^2 \frac{P_b}{P_{in}} \quad \text{m}^2$$

当雷达电磁波照射目标的同时,也会照射到目标所在的背景物体上,因此这些背景物体的反射回波也会进入雷达接收机,成为无用的回波,称为雷达杂波。例如,雨雪等自然现象形成的反射回波被称为气象杂波;向地面、海面观测目标时地物和海面反射形成的杂波被称为地物杂波和海杂波。这些杂波都会在雷达显示器上出现,严重影响对目标的检测。因此,现代雷达根据杂波与目标的不同特征,利用各种信号处理技术消除杂波的影响,才使雷达的应用扩展到复杂的作战环境下,以保证其正常发现目标的能力。

雷达究竟能从多远的距离发现(检测到)目标,可以利用雷达方程来分析。雷达方程将雷达的作用距离和雷达发射、接收、天线及环境等因素联系起来,它不仅可以用来决定雷达检测某个目标的最大作用距离,也可作为了解雷达工作关系和用作设计雷达的一种工具。

设雷达发射机功率为 P_t,当用各向均匀辐射的天线发射时,距雷达 R 远处任一点的功率密度 S_1' 等于功率被假想的球面积所除的值,即

$$S_1' = \frac{P_t}{4\pi R^2}$$

实际的雷达总是使用定向天线将发射机功率集中辐射于某些方向上。天线增益 G 用来表示相对于各向同性天线,实际天线在辐射方向上功率增加的倍数。因此,当发射天线增益为 G 时,距雷达 R 处目标所照射到的功率密度为

$$S_1 = \frac{P_t G}{4\pi R^2}$$

目标截获了一部分照射功率并将它们重新辐射于不同的方向。用雷达截面积 σ 来表示被目标截获入射功率后再次辐射回雷达处功率的大小,则在雷达处的回波信号功率密度 S_2 为

$$S_2 = S_1 \frac{\sigma}{4\pi R^2} = \frac{P_t G}{4\pi R^2} \frac{\sigma}{4\pi R^2}$$

σ 的大小随具体目标而异,它表示目标被雷达"看见"的尺寸。一些典型目标的散射截面积如图4-9所示。

雷达接收天线只收集了回波功率的一部分,设天线的有效接收面积为 A_e,则雷达收到的回波功率 P_r 为

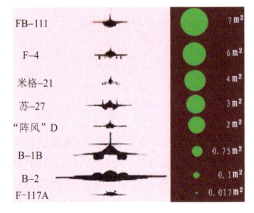

图 4-9 一些典型目标的散射截面积

$$P_r = A_e S_2 = \frac{P_t G A_e \sigma}{(4\pi)^2 R^4}$$

当接收到的回波功率 P_r 等于最小可检测信号 S_{min} 时,雷达达到其最大作用距离 R_{max},超过这个距离后,就不能有效地检测到目标,最大作用距离可表示为

$$R_{max} = \left[\frac{P_t G A_e \sigma}{(4\pi)^2 S_{min}}\right]^{\frac{1}{4}}$$

通常收发共用天线,天线增益 G 和有效接收面积 A_e 有关系为

$$G = \frac{4\pi A_e}{\lambda^2}$$

则有

$$R_{max} = \left[\frac{P_t G^2 \lambda^2 \sigma}{(4\pi)^3 S_{min}}\right]^{\frac{1}{4}} = \left[\frac{P_t A_e^2 \sigma}{4\pi \lambda^2 S_{min}}\right]^{\frac{1}{4}}$$

4.2.2 测　距

雷达与物体之间的距离测量是基于雷达发射的无线电波在空间以等速直线传播这一物理现象的。电磁波的传播速度与光速相等,只要能测出雷达自发射电磁波至接收到目标回波的时间间隔,则目标至雷达站的距离可表示为

$$D = \frac{1}{2} c \times \Delta t$$

式中,D 是目标至雷达的距离;c 是电磁波传播速度,$c = 3 \times 10^8$ m/s;Δt 是电磁波往返于雷达至目标间所用的时间。可以看出,雷达测距的精度完全取决于测量时间的精度,设测时误差 $\Delta t = 0.1\ \mu s$,则测距误差为 15 m。

显示器的设计已根据这个原理在荧光屏中间的时间基线上标出了相应的距离刻

度,因而可直接显示出目标的距离。时间基线的长度能代表距离,是因为基线是等速扫描产生的,即在雷达发射机每次开始工作的瞬间,电子束也刚好开始从时间基线的最左端往右扫描。基线上起始脉冲与目标回波脉冲间的距离长度代表时间,按照前述的测距原理,这个长度也可以代表目标的距离。为方便起见,雷达显示器的基线上标出的是距离刻度。

假设在发射雷达波的瞬间,显示器荧光屏的时间基线起点处出现该发射脉冲,假如经过 200 μs 后雷达波与目标相遇,并被反射,那么再经过 200 μs,反射信号回到雷达,所以在时间 400 μs 处出现回波信号,此时便可以根据回波所处的位置,在距离刻度上读出目标的距离为 60 km。

4.2.3 测 向

测角的物理基础是电磁波直线传播和天线的方向性。目标角位置是指方位角或仰角,在雷达技术中测量这两个角位置基本上都是利用天线的方向性来实现的。雷达天线将电磁能量汇集在窄波束内,当天线波束轴对准目标时,回波信号最强;当目标偏离天线波束轴时,回波信号减弱,根据接收回波最强时的天线波束指向,就可以确定目标的方向,这就是角坐标测量的基本原理。天线波束指向实际上也是辐射波的波前方向。

雷达测定目标的方向是利用天线的方向性来实现的。通过机械和电气上的组合作用,雷达把天线的波束指向需要探测的方向,一旦发现目标,雷达读出此时天线波束的指向角,就是目标的方位角或俯仰角。

警戒雷达的波束形式一般被设计成水平面窄而垂直面宽,搜索时,由天线控制设备带动天线转动。当天线波束在全方位范围内搜索时,称为环形扫描;当限制在指定的扇形范围内搜索时,称为扇形扫描。上述两种扫描方式可以是自动的,也可以是手动的。

为了测定目标的方向,雷达使用方向性天线测定目标。雷达天线将发射功率集中在很窄的波束里,只有波束对准目标时,才能收到回波信号。因此,发现目标时天线的方向即为目标方向。雷达测向的方法分为振幅法和相位法。

1. 振幅法:利用天线收到的回波信号的幅度值

振幅法测向又分为最大信号法和等信号法测向。

最大信号法是以收到回波最强的方向为目标方向。由于波束是花瓣形的,只有当波束的中轴线(最强辐射线)对准目标时,显示器上出现的回波才会是幅度最大的,此时天线的方位角便是目标的方位角,可由角度指示器读出,如图 4-10 所示。当天线波束扫过目标时,雷达回波在时间顺序上从无到有,从小到大到小到消失,即天线波束形状对雷达回波幅度进行了调制。

等信号法是采用两个相同且彼此部分重叠的波束,比较两个波束回波的强弱来

图 4-10 最大信号法测向

判断目标偏离等信号轴的方向和角度,如图 4-11 所示。如果目标处在两波束的交叠轴方向,则由两波束收到的信号强度相等,否则一个波束收到的信号强度高于另一个。当两个波束收到的回波信号相等时,等信号轴所指方向即为目标方向。比较两个波束回波的强弱就可以判断目标偏离等信号轴的方向,并可用查表的办法估计出偏离等信号轴的大小。

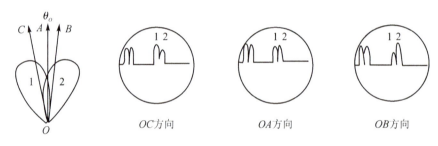

图 4-11 等信号法测向

2. 相位法:利用多个天线所接收回波之间的相位差进行测角

如图 4-12 所示,设在角度 θ 方向有远区目标,则到达接收点的目标所反射的电波近似为平面波。由于两个天线的间距为 d,故它们所收到的信号由于存在的波程差而产生一个相位差 φ,可表示为

$$\varphi = \frac{2\pi}{\lambda}\Delta R = \frac{2\pi}{\lambda}d\sin\theta$$

实际上目标的距离和方位角通常是用方位显示器同时测量的。方位显示器的荧光屏圆周上标有

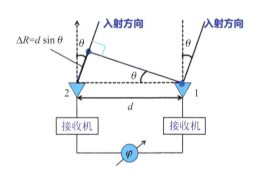

图 4-12 相位法测向的基本原理

方位刻度,圆心作为时间基线的起点,并代表雷达的位置,圆的半径为时间基线,标有距离刻度。时间基线和天线同步旋转,当天线旋转一周时,荧光屏上的时间基线也旋转一周。雷达将接收到的四面八方的目标回波都以辉光的亮点或短的圆弧形式显示

在荧光屏的相应位置上,亮点中心至圆心的距离表示目标的斜距,亮点中心所在的方位便是目标的方位,其数据可由距离刻度和方位刻度直接读出。

测定目标仰角的原理和方法与测方位角相似,只是要求雷达垂直波束比较宽,或者使雷达天线不断俯仰(这种"点头式"的雷达叫作测高雷达),当天线对准目标即目标回波最大时,天线仰角便是目标仰角,该仰角可由角度指示器读出。

4.2.4 测 高

目标高度并不能直接测出,但当目标水平距离较近时,如图 4-13 所示,由于目标位置 A 及其在地面上的投影点 B 和雷达天线所在的位置 O 构成一个直角三角形,因此,只要测出仰角和距离,高度也就很容易得出了。目标高度是导出量,而不是测量量,测高就是测仰角。

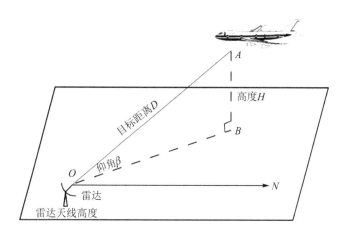

图 4-13 雷达测高示意图

目标高度 H 可表示为

$$H = D\sin\beta + 雷达天线高度$$

当目标较远时(见图 4-14),为提高测量精度,需要对地球表面曲率和大气折射的影响加以修正,修正值为 $\dfrac{D^2}{2R}$,$R \approx 1.33 R_e = 8\,500 \text{ km}$,$R_e$ 为地球半径 6 370 km,1.33 是大气折射修正指数,则目标实际高度为

$$H_{远} = H_0 + \dfrac{D^2}{2R}$$

实际测高时,不必临时去计算,而是事先按公式将目标的斜距、仰角与高度的关系绘制成曲线,测出斜距和仰角后,在曲线上便可查得目标的高度。

目标的斜距和高度也可以用距离-仰角显示器来测量。在这种显示器的荧光屏上,横坐标表示斜距,纵坐标表示仰角,再将绘制在透明胶片上的高度曲线放在荧光

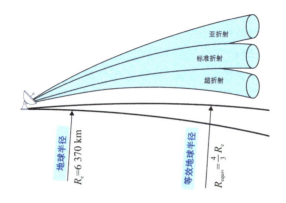

图 4-14 远距离测高示意图

屏前,当目标回波(显示为亮点)出现时,可直接由显示器读出目标的高度。

此外还有距离-高度显示器,也可以直接显示目标的斜距和高度,比较精确。

4.2.5 测 速

多普勒频移的概念是,当发射源和接收者之间有相对径向运动时,接收的信号频率会发生变化。当目标和雷达之间存在相对运动时,收到的回波频率与发射频率会有一个多普勒频移。通过测量多普勒频移就可以确定目标相对于雷达的径向速度(见图 4-15)。

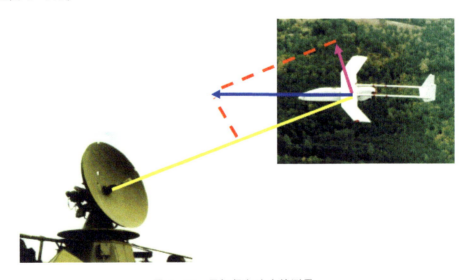

图 4-15 目标径向速度的测量

这一过程可表示为

$$f_d = \frac{2v_r}{\lambda} = \frac{2f_0 v_r}{c}$$

式中，f_d是多普勒频移，v_r是目标相对雷达的径向速度，f_0是雷达信号的频率，c是电磁波的速度。多普勒频移处于频率范围内，正负取决于目标接近还是远离雷达。

例如：雷达波长为0.03 m，测得多普勒频移为10 kHz，则目标相对于雷达的径向速度为

$$v_r = \frac{f_d \lambda}{2} = \frac{10 \times 10^3 \times 0.03}{2} = 150 \text{ m/s}$$

雷达波频率越高，多普勒频移的值越大。多普勒频移与载频相比非常小，对载波频率偏移更加敏感。雷达设计者不能控制飞行目标的速度，但可以控制雷达的频率，因此，大部分的多普勒雷达都有很高的频率，会制造较大的频移以便测量。图4-16所示为雷达载波频率在单位速度1 m/s上的多普勒频移。

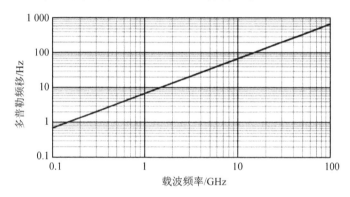

图4-16 雷达载波频率函数在单位速度1 m/s上的多普勒频移

目标与雷达的相对几何位置以及运动方向对多普勒频移也有较大的影响，如图4-17所示。

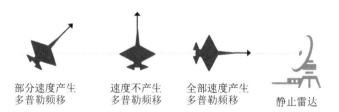

图4-17 雷达的相对几何位置以及运动方向对多普勒频移的影响

4.2.6 航　迹

对于运动目标来说，航迹就是它的航行轨迹。按一定时间间隔在平面图上标出目标位置，取各点的连线即可得到航迹。有了航迹就可以连续掌握目标的运动特性，

可以用来确定目标所构成的相对威胁,还可以用来确定目标的未来位置。两批飞机目标的典型平面轨迹图如图 4-18 所示。

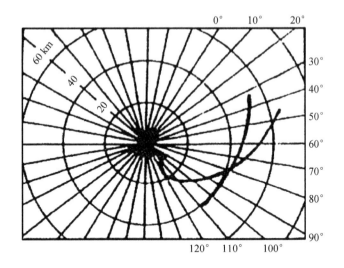

图 4-18 两批飞机目标的典型平面轨迹图

4.2.7 目标识别

雷达目标识别(Radar Target Recognition,RTR)是指利用雷达对单个目标或目标群进行探测,对所获取的信息进行分析,从而确定目标的种类、型号等属性的技术。1958 年,美国的 D. K. 巴顿(D. K. Barton)通过精密跟踪雷达回波信号分析出苏联人造卫星的外形和简单结构,这可以被视为 RTR 研究的起点。经过全球同行的不懈努力,RTR 已经在目标特征信号的分析和测量、雷达目标成像与特征抽取、特征空间变换、目标模式分类、目标识别算法的实现技术等众多领域都取得了不同程度的突破,这些成果的取得使人们有理由相信 RTR 是未来新体制雷达的一项必备功能。目前,RTR 技术已成功应用于星载或机载合成孔径雷达地面侦察、毫米波雷达精确制导等方面。但是,RTR 还远未形成完整的理论体系,现有的 RTR 系统在功能上都存在一定的局限性,其主要原因是目标类型和雷达体制的多样化以及所处环境的极端复杂性。

4.3 合成孔径雷达技术

合成孔径雷达(Synthetic Aperture Radar,SAR)是一种主动微波相干成像雷达,它分别利用距离向的脉冲压缩技术和方位向的合成孔径技术来实现较高的空间分辨率。相比于其他光学、红外等传感器,SAR 不受外界天气、光照等条件的约束,而且对地表植被具备一定的穿透性能,能够对目标进行全天候、全天时的侦察。因此,自SAR问世以来,它就成为一种不可或缺的遥感信息获取手段。经过近半个世纪的飞速发展,SAR已被广泛应用于军事侦察、打击效果评估、武器制导以及导航等国防军事的各个领域,并为现代农业、资源勘探、防灾减灾、海洋监测、地球遥感等国民经济的各个方面提供服务和决策支持,发挥着越来越重要的作用。图4-19所示为美国林肯实验室牵头研制用于SAR图像目标识别的半自动图像智能处理系统。SAR技术发展水平的高低已经成为衡量一个国家军事力量水平高低和综合国力强弱的重要标志之一,SAR解译相关技术的研究也成为目前遥感领域的前沿研究热点。

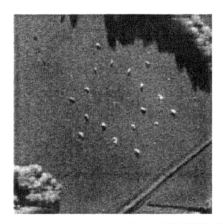 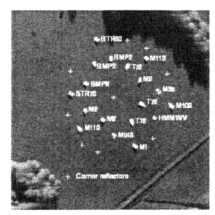

半自动图像智能处理系统的一组实验结果

图4-19 美国林肯实验室牵头研制用于SAR图像目标识别的半自动图像智能处理系统

SAR在遥感领域获得越来越多的应用,主要由于以下三个特点:

① 雷达自带照射源,在黑夜中同样能出色地工作。

② 一般雷达所使用波段的电磁波几乎可以无失真地穿透水、汽、云层。

③ 物质的光学散射能量与其雷达电磁散射能量是不同的,因此,雷达与光学传感器具有互补性,有时甚至具有比光学传感器更强的地表特征区分能力。

4.3.1 合成孔径雷达的发展历史

雷达能够全天候、远距离对目标进行探测和定位,在第二次世界大战中发挥了重大作用。图4-20为在低分辨率雷达的显示屏上看到的目标(飞机),显示界面上给出的是一个点目标,实际的飞机目标在回波中也是一个点目标的回波。

20世纪50年代初,美国固特异(Goodyear)航空公司的科学家卡尔·威利(Cral Wiley)首先提出"合成孔径"的概念,标志着SAR技术的诞生。随后,威利与美国密执安大学多位科学家共同努力研制出了世界上第一台合成孔径雷达。20世纪60年代,合成孔径雷达被最早装备在航空侦察机上。美国诺顿(Norden)公司研制出的

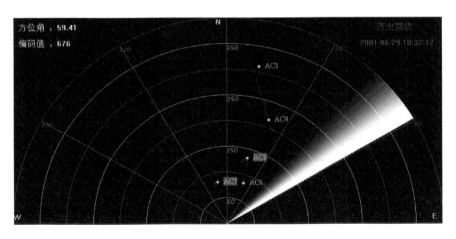

图 4-20 在低分辨率雷达显示屏上看到的的目标(飞机)

AN/APG-76 前视多模雷达被装配在 F-4E 战斗机上,成为机载 SAR 系统的开端。20 世纪 80 年代后期,SAR 技术得到快速发展,现代机载合成孔径雷达取得飞速进步,开始装备在技术要求更加严格的无人机系统上。1999 年,由美国桑迪亚国家实验室和通用原子公司联合研制生产的 Lynx SAR 首次装载于全球鹰无人机上并完成试飞,该系统可工作于 Ka、Ku、X 和 VHF/UHF 四个波段,具备条带、聚束等多种工作模式,能够高分辨率实时成像,在聚束模式下可达到 0.1 m 的成像分辨率。于 2005 年首次试飞成功的 Mini-SAR 系统是由桑迪亚国家实验室在 Lynx SAR 的基础上研制成功的,该系统重量仅为 25 lb(等于 0.454 kg),非常适合安装在小型无人机以及精确制导武器等各种小型平台上。

与此同时其他发达国家也积极开展机载 SAR 系统的研究,取得了丰硕的成果。丹麦的 KRAS 系统工作在 C 波段,最高分辨率达到 2 m。法国宇航研究中心(Office National des Etudes et des Resherches Aerospatiales,ONERA)在 20 世纪 90 年代研制成功的 RAM-SES 系统,工作在 P～W 共八个波段上,最高分辨率达到 0.12 m。德国应用科学研究协会(Forschungsgesellschaft fur Angewancdte Naturwissenschafteneν,FGAN)实验室研制的相控阵多功能成像雷达(Phased Array Multifunctional Imaging Radar,PAMIR)系统于 2002 年试飞成功,随后经过多次改进,已经可以达到 0.04 m 的分辨率,该系统是目前公开报道的分辨率最高的机载 SAR 系统,可以比较详细地描述飞机和车辆等目标的细节信息。

随着卫星发射技术的发展成熟,星载 SAR 系统的研制也取得了实质性的进展。1978 年,美国航空航天局(National Aeronaulics and Spale Administrontion,NASA)顺利发射的 Seasat 卫星开创了星载 SAR 的历史。在随后的发展中,1988 年美国发射的"长曲棍球-1"(Lacrosse)军事侦察卫星工作于 L 波段和 C 波段,其最高成像分辨率达到 1 m 以内,被认为是世界上第一颗高分辨率军事侦察 SAR 卫星。欧洲航天局(European Space Agency,ESA)分别于 1991 年和 1995 年发射了地球遥感卫星

ERS-1和ERS-2系列卫星,这些卫星均装载C波段SAR,最高分辨率达到6 m。2006年,意大利发射了首颗"宇宙-地中海"(Cosmo-Skymed)雷达卫星,该卫星工作于X波段,双极化,聚束模式下分辨率为1 m。2014年,意大利又发射了第一颗Sentinel-1卫星,该卫星工作于C波段,在条带工作模式下其分辨率为5 m。德国于2007年发射了首颗TerraSAR-X卫星,该卫星工作于X波段,全极化模式,在聚束模式下分辨率可达1m。另外德国于2006—2008年间发射了5颗SAR-Lupe间谍卫星,这些卫星工作于X波段,分辨率达到0.5 m。日本的"大地2号"(ALOS-2)卫星于2014年5月发射成功,该卫星上携带的有源微波L波段先进合成孔径雷达(Phased Array Type L-Band Synthetic ApertureRadar-2,PALSAR-2)可获取3 m×50 km的高分辨率宽测绘带SAR图像。此外,以色列于2008年发射Tec-SAR,加拿大于2007年发射RadarSat-2等,这些星载SAR的分辨率都已达到1 m左右。2020年,美国Capella Space商业公司发射了第一颗业务SAR卫星,影像分辨率可达0.5 m,该公司最终打算建设一个由36颗卫星构成的星座,以便能实现每小时的重访能力。2024年,美国Umbra Lab的SAR卫星星座已具有8颗卫星,影像分辨率最高可达0.15~0.25 m。2024年,芬兰ICEYE SAR卫星公司在轨星座卫星数量已达34颗,影像分辨率达0.5 m。

经过近几十年的发展,合成孔径雷达技术已经比较成熟,各国都建立了自己的合成孔径雷达发展计划,各种新型体制合成孔径雷达应运而生,在民用与军用领域发挥重要作用。

4.3.2 雷达成像的几何关系

雷达成像的几何关系如图4-21所示,假设雷达飞行平台平行于地面做匀速直线运动,飞行路线为直线,飞行高度为H,飞行速度为v,地面形成的航迹(Nadir)斜距为r;天线在飞行平台侧部,天线主波束指向测绘带;天线波束指向与航向夹角为

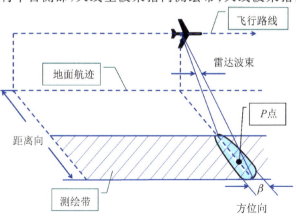

图4-21 雷达成像的几何关系

90°时称为正侧视,天线沿方位向线尺寸(也即沿方位向孔径)为 L,沿方位向主波束角 $\beta=\lambda/L$,俯仰向天线尺寸(也即俯仰向孔径)为 L_r,俯仰向主波束角 $\beta_r=\lambda/L_r$,天线视角 v 为入射波束与竖直线的夹角;测绘带(Swath)为天线主波束探测到的地带;距离向是沿着雷达视线的方向(range,也被称为纵向),方位向是飞机飞行的方向(azimuth,也被称为横向),也即垂直于雷达视线的方向。

了解了雷达距离向和方位向的概念后,下面介绍雷达在距离向和方位向上如何实现高分辨率成像。

4.3.3 雷达的距离向分辨率与目标的一维距离像

4.3.3.1 雷达的距离向分辨率

雷达图像的清晰度直接取决于雷达的分辨率。雷达的距离像分辨示意如图 4-22 所示。雷达沿波束指向的分辨率(即距离向分辨率,range resolution)取决于发射信号的脉冲宽度或经过脉冲压缩处理后的脉冲宽度,可表示为

$$\Delta r = \frac{c\tau}{2}$$

总的来说,若发射信号的带宽为 B(单位:Hz),则采用匹配滤波技术可获得的相应的分辨率(单位:m)约为

$$\Delta r = \frac{c}{2B}$$

式中,c 为电磁波传播速度。因此,信号带宽越宽(或者脉冲越窄),雷达的距离向分辨率越高。

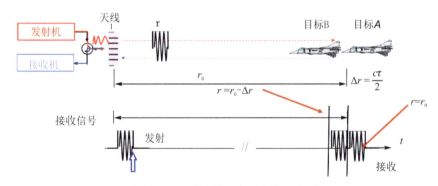

图 4-22 雷达的距离像分辨示意图

4.3.3.2 目标的一维距离像

在介绍目标的一维距离像之前,还需要了解散射中心理论。

根据高频射线理论,当雷达的工作波长远小于目标尺寸时,雷达工作在目标的光学区,目标总的电磁散射可以被认为是由某些局部位置上电磁散射相干合成的,也即

目标的回波可近似为目标物体上散射中心回波的合成。这些局部性的散射源通常被称为等效散射中心，简称散射中心（或散射点）。散射中心这一概念是在理论分析中产生的，虽然没有严格的数学证明，但它与高分辨雷达观测等精确测量结果相吻合，能够切实体现目标的电磁散射特性。

通常，目标上的散射中心主要包括目标的边缘（比如棱线）、曲率不连续点、尖端、镜面、腔体、行波及蠕动波等强散射点，其反映了目标精密结构特征。典型飞机目标的主要散射现象如图4-23所示。

1—尖顶绕射；　6—行波；
2—镜面反射；　7—多次散射；
3—蠕动波；　　8—裂缝散射；
4—边缘绕射；　9—凹腔体；
5—尖角绕射；　10—曲面不连续处绕射

图4-23　典型飞机目标的主要散射现象

需要强调的是，虽然散射中心理论不涉及带宽，对高频段窄带雷达也适用，但只有在雷达的分辨率足够高时，才能孤立出散射中心，进而区分形成图像。

了解了散射中心理论，再来介绍雷达的一维距离像。

根据前面介绍可知，在雷达采用了宽频带信号后，距离向分辨率可大大提高。其距离分辨单元长度可小到亚米级，这时从一般目标（如飞机等）接收到的已不再是"点"回波，而是沿距离向分布开的一维距离像（见图4-24）。

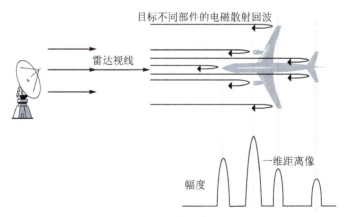

图4-24　目标的距离向回波

在散射中心模型的假设条件下，对目标高分辨一维成像时，目标的回波可被视为它的众多散射点子回波的和。宽频带雷达一般都采用时宽较大的宽频带信号（如常用的线性调频信号），通过匹配滤波将其压缩成窄脉冲，而与窄脉冲宽度相当的长度远小于目标的长度，目标回波的窄脉冲分布相当于三维分布的目标散射点子回波之和；在平面波的条件下为沿波束射线的相同距离单元里的子回波做向量相加。

通常将该回波的幅度分布称为一维实距离像，简称一维距离像。这样，目标上不同分辨单元内的散射中心所产生的回波将在不同时刻到达雷达接收机。因此，通过采集雷达目标对应不同时刻散射回波信号的幅度，即可获得目标的一维距离像。需要注意的是，一维距离像可以在距离维将目标在不同分辨单元内的散射中心区分开，但是无法区分目标在相同距离分辨单元内的两个以上的散射中心。

图 4-25 所示为一个扩展目标（飞机目标）的高分辨一维距离像（High Resolution Range Profile，HRRP），强散射点的子回波表现为尖峰，目标的一维距离像与目标上的强散射结构（即散射中心）有直接的对应关系，目标的一维距离像在一定程度上反映了目标的结构信息，为进行雷达目标识别提供了可能。

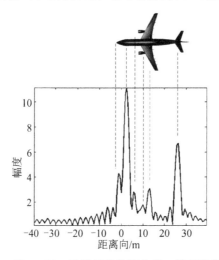

图 4-25 飞机目标的高分辨一维距离像

对于同一个目标，当雷达与目标之间的视角相差较大时，不仅投影的射线有变化，目标上散射点的分布也会有所不同。图 4-26 所示为实测的飞机目标一维距离像，三个一维距离像的视角各相差 15°，可见一维距离像在视角变化较大的情况下会有很大的不同。另外，当视角变化较大时，还可能存在遮蔽和散射点游动等现象，致使一维距离像将随视角的变化而更剧烈。

实际上，目标上散射点的分布虽然随视角的改变而变化，但其变化是比较缓慢的，当视角改变不超过 10°时，可认为目标上的散射点分布近似不变。由于距离像是由散射点投影到雷达射线上得到的，所以要考虑目标转动会使其子回波的包络有少许移动，更要考虑由此会引起子回波间相位差的变化，从而使子回波的向量和幅度发生大的变化。下面将就这一问题进行具体说明。

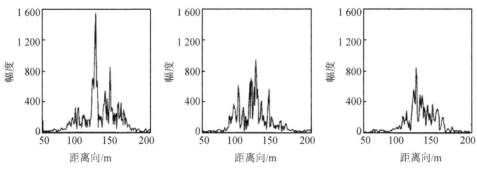

图 4-26 实测的飞机目标一维距离像(大视角范围)

如果以目标上的某一点作为转动的轴心,则在转动过程中,离轴心横距越远的散射点,其径向移动也越大,即各散射点子回波之间到雷达的径向距离会有所变化。实际上,视角变化对距离像波形影响最敏感的因素还在于同一距离单元里的子回波是以向量相加的,雷达对目标视角的微小变化,会使在同一距离单元内而横向位置不同的散射点的径向距离差发生改变,从而使两者子回波的相位差发生显著变化。

例如,若波长为 3 cm,两个散射点的横距为 10 m,当目标转动 0.05°时,两者到雷达的径向距离差变化为

$$\Delta r = d \Delta \theta = 0.01 \text{ m}$$

它们的子回波的相位差改变为

$$\Delta \varphi = \frac{2\pi}{\lambda} \times 2 \times \Delta r = \frac{360°}{3} \times 2 = 240°$$

由此可见,目标一维距离像的波形随视角缓慢变化。但在约 10°的范围里,波形的总体变化不大,只是尖峰的相对位置会有小的移动(由于转动引起的散射点位置变动),而尖峰的振幅可能是快变的(当相应距离单元中有多个散射点子回波以向量加和时)。图 4-27 所示为 C 波段雷达实测的飞机回波一维距离像,图中将视角变化约 3°的

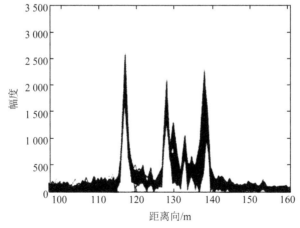

图 4-27 实测的飞机回波一维距离像(小视角范围)

回波重合绘在一起,尖峰的位置基本重合,但尖峰的幅度会有变化。一维距离像随视角变化而具有的峰值位置缓变性和峰值幅度快变性可作为目标特性识别的基础。

目标的一维距离像对姿态具有敏感性。雷达与目标间相对姿态发生变化时,获得的目标的一维距离像也会发生变化。如果能够获得目标多个角度的一维距离像,综合利用这些一维距离像信息,可以对目标进行二维成像。

4.3.4 雷达的方位向分辨率与阵列天线

4.3.4.1 雷达的方位向分辨率

雷达本质上是一种基于距离测量的探测设备,容易获得高的距离向分辨率,而方位向分辨率是比较差的。方位向(azimuth,也称横向)是雷达飞行的方向,也即垂直于雷达视线的方向,垂直于波束指向的分辨率为角度分辨率,一般取决于波束宽度(见图 4-28),可等效为方位分辨率(azimuth resolution)(见图 4-29)。雷达在方位和仰角上分辨目标的能力主要由方位和仰角波束宽度决定,即雷达的方位分辨率取决于雷达天线的方位波束宽度(见图 4-30)。

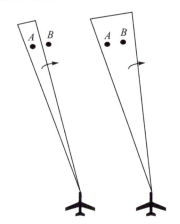

图 4-28 雷达的方位角分辨示意图

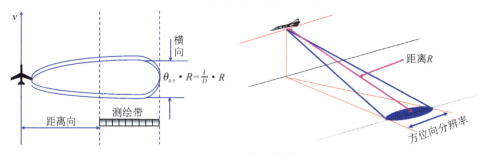

图 4-29 方位向分辨率

通常,3 dB 波束宽度(见图 4-31)被用来作为雷达角分辨力的度量衡,它取决于波束宽度,即天线方向图的半功率宽度。天线波束宽度与孔径 D、波长 λ 的近似关

图 4-30 雷达在方位和仰角上分辨目标的能力

系为

$$\theta_{0.5} = \frac{\lambda}{D}$$

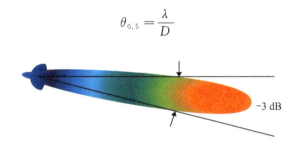

图 4-31 3 dB 波速宽度

以实孔径天线为例,其角度分辨率 $\theta_{0.5}$ 和相应的方位分辨率 Δd_a 为

$$\theta_{0.5} = \frac{\lambda}{D}$$

$$\Delta d_a = \theta_{0.5} R = \frac{\lambda}{D} R$$

式中,D 是实际阵列天线的长度,λ 是波长,R 是目标与雷达间的距离。

根据上述公式,可以从三个方面来提高方位向分辨率:减小雷达载波波长;近距离使用;增大天线沿方位向孔径。

根据上述分析可知,天线波束越窄,横向分辨率越高;而想要波束窄,就要求有大的天线孔径或提高雷达工作频率。对于给定波段的雷达,天线尺寸越大,角度分辨率和方位向分辨率越高。在某些高分辨率观测应用中,考虑到体积和质量等限制因素,实孔径天线的方位分辨能力远远不能满足需求。

4.3.4.2 阵列天线

现代雷达常采用阵列天线,即将一系列阵元按一定的构形排列成阵列。合成阵列的概念是从实际阵列引申过来的,为此下面先简单介绍实际阵列,由此可比较实际阵列和合成阵列的异同。

1. 实际阵列天线

对于由 N 个阵元构成的线性阵列,假设各阵元是等幅同相馈电(见图 4-32)。天线阵满足远场条件,波前是阵元由 N 个相距为 d 的平面波小阵元组成的线阵。

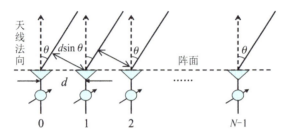

图 4-32 线性阵列天线

相对于天线法线的 θ 方向上,两相邻阵元波程差为 $d\sin\theta$,则两相邻阵元之间的相位差为

$$\varphi = \frac{2\pi}{\lambda} d\sin\theta$$

在线性传播媒质中,电磁场方程是线性方程,满足叠加定理的条件。因此,在远区观察点 P 处的总场强可以被认为是线阵中 N 个辐射单元在 P 处辐射场强之和。所有 N 个阵元沿 θ 方向在远场中某一点处辐射场的矢量之和为

$$E(\theta) = \sum_{k=0}^{N-1} E_k e^{jk\psi}$$

将此矢量和规范化,即可得线阵的方向图函数为

$$F_a(\theta) = \left| \frac{E(\theta)}{E_{\max}(\theta)} \right| = \left| \frac{\sin\left(N\frac{\psi}{2}\right)}{N\sin\left(\frac{\psi}{2}\right)} \right| = \left| \frac{\sin\left(N\frac{\pi d\sin\theta}{\lambda}\right)}{N\sin\left(\frac{\pi d\sin\theta}{\lambda}\right)} \right|$$

如果 θ 很小,有 $\sin\left(\frac{\pi d\sin\theta}{\lambda}\right) \approx \frac{\pi d\sin\theta}{\lambda}$,则方向图函数可简化为

$$F_a(\theta) = \left| \frac{\sin\left(N\frac{\pi d\sin\theta}{\lambda}\right)}{N\left(\frac{\pi d\sin\theta}{\lambda}\right)} \right| = \left| \operatorname{sinc}\left(N \times \frac{\pi d\sin\theta}{\lambda}\right) \right|$$

其中,πd 为线阵的长度。阵列天线孔径与波速宽度的关系示意如图 4-33 所示。

因此,实际阵列的半功率点波瓣宽度为

$$\theta_{0.5} = \frac{\lambda}{L}$$

式中,L 是实际阵列的总长度。若阵列对目标的斜距为 R,则其横向距离分辨力为

$$\theta_s = \frac{\lambda}{L} R$$

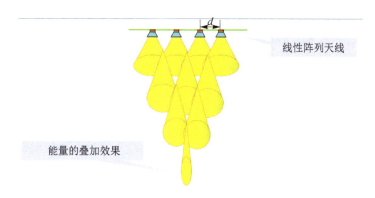

图 4-33　阵列天线孔径与波束宽度的关系示意

2. 合成阵列天线

合成阵列的基本思想来源于天线阵,采用相干雷达系统和单个移动的天线模拟真实线阵中所有天线单元的功能。合成阵列是通过移动阵元(实际是一个小天线雷达)形成的,天线沿一条直线依次在若干个位置平移,并发射和接收信号,来模拟实际线阵中所有天线单元的功能。同时由于不受时间限制,所以容易得到长的合成阵列,可类比于天线阵来理解。合成阵列只用一个阵元,在不同位置上测量和录取信号,然后通过合成处理形成所需的波束,因此合成阵列的目标在阵列的坐标里必须是固定的。

在合成阵列情况下,用一个阵元(辐射单元)在各个位置发射和接收信号,这里的"阵元"在实际中就是一个天线孔径较小的一般相干雷达。天线沿一条直线依次在若干个位置平移,等效为一个物理上的大孔径阵列天线,也即以时间换空间,且在每个位置上发射一次信号,接收相应发射位置的雷达回波信号并储存起来。

当天线移动一段距离后,储存的信号和实际线性阵列天线的每一个单元所接收的信号非常相似,因此,若对储存的信号进行与实际线性阵列天线相同的处理,就可以获得长天线孔径的效果。这就是合成孔径的含义。

实际阵列和合成阵列的异同(见图 4-34)在于:实际阵列是将一次"快拍"的各阵元的信号加以合成,强调必须在同一瞬间录取,目的是正确反映各阵元信号之间因波程差而引起的相位关系;合成阵列则是阵元采取自发自收方式,在不同位置上先后测量和录取信号。

对于相干雷达系统,各阵元处通过自发自收,接收到的基频回波信号的相位完全可以反映目标到各阵元位置的波程关系,但前提是发射载频必须十分稳定,而初相是不重要的,可以是各次不同的任意值。

此外,合成阵列与实际阵列的另一区别是:实际阵列考虑单程路径;合成阵列考虑双程路径(见图 4-35)。

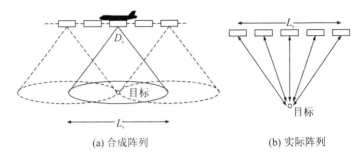

(a) 合成阵列　　　　　　　　　(b) 实际阵列

图 4-34　合成阵列与实际阵列对比

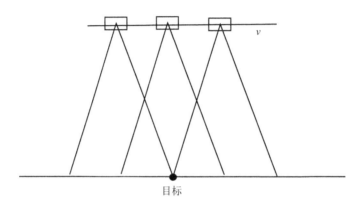

图 4-35　双程路径示意

双程束宽的相位差增加一倍相当于阵列孔径增加一倍,因此波束宽度减小一半。若合成阵列长度为 L 时,其收发双程的波束宽度近似等于相同长度(L_s)实际阵列的"一半"(见图 4-36)。

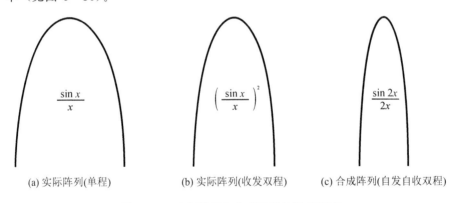

(a) 实际阵列(单程)　　　(b) 实际阵列(收发双程)　　　(c) 合成阵列(自发自收双程)

图 4-36　实际阵列与合成阵列的波束宽度

考虑侧视情况,若单个天线孔径为 D,则保证天线波束总能够照射到地面某一点时,雷达平台走过的距离为合成孔径的长度,即

$$L_s = \frac{\lambda R}{D}$$

合成孔径的长度由天线波束宽度所覆盖的长度所决定。阵列孔径长度与观测距离成正比,距离越远,阵列孔径长度也越长。合成孔径阵列的横向距离分辨率为

$$\delta_x = \theta_s R = \frac{\lambda}{2L_s} R = \frac{\lambda}{2 \times \frac{\lambda R}{D}} R = \frac{1}{2} D$$

上面介绍的合成阵列的基本情况说明,只要目标固定不动,且相干雷达发射载频十分稳定,用单个阵元分别在各个阵元位置测量和录取,再通过合成处理,就可以获得长阵列的结果。但是合成阵列是为了获得窄的波束和高的横向分辨率,因此合成阵列孔径必须很长,同时还要结合具有距离高分辨率的宽频带信号对观测场景成像。

4.3.5 合成孔径雷达的工作原理

合成孔径雷达(SAR)主要用运动平台雷达对地面场景实现二维成像,而 SAR 也只具有径向(借助宽频带信号)和横向二维高分辨能力。但实际地面场景会有高程起伏,而雷达载体(如飞机)更是在较高的高度,因此 SAR 是在三维空间里实现二维成像的,有许多实际问题需要解决和注意。

SAR 是利用与目标做相对运动的小孔径天线,把在不同位置接收的回波进行相干处理,从而获得较高分辨力的成像雷达。SAR 天线往往仅用单个辐射单元,沿一条直线依次在若干个位置平移,并且在每一个位置发射一个脉冲信号,接收相应发射位置的雷达回波信号并储存起来,然后通过信号处理的方法产生一个等效的长的线性阵列天线。SAR 成像关系示意图如图 4 - 37 所示。

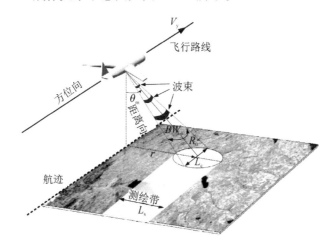

图 4 - 37 SAR 成像关系示意图

4.3.5.1 SAR 的距离向和方位向分辨率

SAR 通过脉冲压缩技术改善距离向分辨率,与发射信号的带宽有关,带宽越大,分辨率越小;通过合成孔径技术改善方位向分辨率,条带 SAR 理论上可以达到天线尺寸的 1/2,聚束 SAR 分辨率更小。

高的分辨率要求采用小的天线而不是大的天线,并且与距离和波长无关。当然,由于受到其他因素的影响,天线孔径也不可能无限小。SAR 距离向高分辨通过发射宽带信号实现,方位向高分辨通过合成孔径实现。合成的天线孔径如图 4-38 所示。

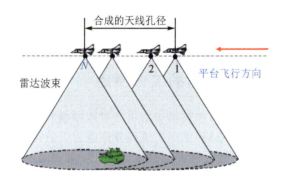

图 4-38 合成的天线孔径

N 个阵元的线性阵列的辐射方向图可定义为单个阵元辐射方向图与阵列因子的乘积。阵列因子是阵列里天线阵元均为全向阵元时的总辐射方向图。若忽略空间损失和阵元的方向图,则阵列的输出可表示为

$$V_R = \sum_{n=1}^{N} A_n \exp\left(-j\frac{2\pi}{\lambda}d\right)^2$$

式中,V_R 是阵列输出面的各阵元幅度的平方之和,A_n 是第 n 个阵元的幅度,d 是线性阵列中阵元的间距,N 是线性阵列中阵元的总数。因此,阵列的半功率点波瓣宽度为

$$\theta_{0.5} = \frac{\lambda}{L}$$

式中,L 是实际线性阵列的总长度。若阵列对目标的斜距为 R,则其横向距离分辨率为

$$\theta_s = \frac{\lambda}{L}R$$

假如不用那么多的实际小天线,而是只用一个小天线,让其在一条直线上移动。该小天线发出第一个脉冲并接收从目标散射回来的第一个回波脉冲,并存储起来后,按照理想的直线移动一定的距离到第二个位置。该小天线在第二个位置上再发出一个同样的脉冲波(第二个脉冲与第一个脉冲存在一个有时延引起的相位差),并在接

收第二个脉冲回波后也将其存储起来。以此类推,一直到这个天线移动的直线长度相当于阵列大天线的长度位为止。最后把存储起来的所有回波(也是 N 个)都取出来,同样的矢量相加,在忽略空间损失和阵元方向图的情况下,其输出为

$$V_s = \sum_{n=1}^{N} A_n \exp\left(-j\frac{2\pi}{\lambda}d\right)^2$$

式中,V_s 是同一阵元在 N 个位置合成孔径阵列输出的幅度的平方之和。合成阵列的有效半功率点波瓣宽度近似于相同长度的实际阵列的一半,即

$$\theta_s = \frac{\lambda}{2L_s}$$

式中,L_s 是合成孔径的有效长度,即目标仍在天线波瓣宽度之内时飞机飞过的距离。

用 D_x 作为单个天线的水平孔径,则合成孔径的长度为

$$L_s = \frac{\lambda R}{D_x}$$

又合成孔径的横向距离分辨率为

$$\delta_s = \theta_s R$$

经化简后,即

$$\delta_s = \theta_s R = \frac{\lambda}{2L_s}R = \frac{\lambda}{2 \times \frac{\lambda R}{D_x}}R = \frac{D_x}{2}$$

上式有几点需要注意:首先,横向距离分辨率与距离无关。由于合成天线的长度 L_s 与距离成线性关系,因而长距离目标比短距离目标的合成孔径更大。其次,横向距离分辨率与合成天线的"波束宽度"不随波长而变化。由于长的波长比短的波长的合成天线长度更长,从而抵消了合成波束的展宽。最后,如果将单个天线做得更小一些,则分辨率就会更好一些,这恰好与天线横向分辨率的关系相反。

4.3.5.2 SAR 的工作模式

SAR 可以按照许多不同方式进行工作,例如多系统工作方式,或者单个系统中包含不同模式的工作方式。

SAR 至少有三种工作模式的 SAR:条带 SAR、扫描 SAR 和聚束 SAR(见图 4-39)。

1. 条带合成孔径雷达(StripmapSAR)

条带 SAR 主要用来对大面积区域进行成像,其分辨率并不太高,故又被称为搜索 SAR。在条带 SAR 中,波束以不变的斜视角度对一条平行于飞行路径(假设为直线)的带状区域进行连续观测,通常波束都指向正侧视 $\theta=0$,如果 $\theta\neq 0$,则称其为斜视 SAR。

在条带模式下,随着雷达平台的移动,天线的指向保持不变。天线基本上匀速扫过地面,得到的图像也是不间断的。该模式对于地面的一个条带进行成像,条带的长度仅取决于雷达移动的距离,方位向的分辨率由天线的长度决定。

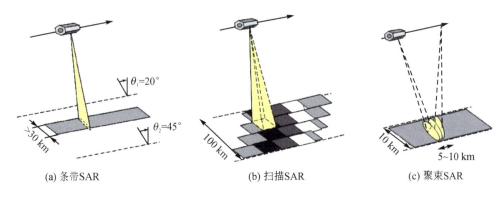

(a) 条带SAR (b) 扫描SAR (c) 聚束SAR

图 4-39 SAR 工作模式

该模式的优点是成像几何简单,缺点是方位分辨率受限。

2. 扫描合成孔径雷达(ScanSAR)

扫描模式与条带模式的不同之处在于,在一个合成孔径时间内,天线会沿着距离向进行多次扫描。这种方式牺牲了方位向分辨率(或者方位向视数)而获得了宽的测绘带宽。扫描模式能够获得的最佳方位分辨率等于条带模式下的方位向分辨率与扫描条带数的乘积。

该模式的优点是成像场景扩展,缺点是成像处理复杂。

3. 聚束合成孔径雷达(SpotlightSAR)

聚束模式通过扩大感兴趣区域(如地面上的有限圆域)的天线照射波束角宽,则可以提高条带模式的分辨率。这一点可以通过控制天线波束指向,使其随着雷达飞过照射区而逐渐向后调整来实现。波束指向的控制可以在短时间内模拟出一个较宽的天线波束(也就是指一个短天线),但是波束指向不可能永远向后,最终还是要调回到前向,这就意味着地面覆盖区域是不连续的,即一次只能对地面的一个有限圆域进行成像。

该模式的优点是方位分辨率提高,缺点是成像场景受限、成像处理复杂。

4.4 逆合成孔径雷达技术

合成孔径雷达(SAR)是运动雷达对固定的目标成像,适用于地形测绘等场合。然而在目标移动而雷达静止的情况下,同样可以工作,这种相反的工作模式称为"逆合成孔径雷达(InverseSAR,ISAR)"。ISAR 通常是静止的雷达对运动的目标进行纵向和横向二维高分辨率成像,以满足日益增长的对目标精细观察和识别分类的要求。ISAR 和 SAR 运动方式正好相反,但实质相同,因为真正重要的是雷达和观测目标间的相对运动。SAR 与 ISAR 这两种雷达的工作原理是基本相通的,这个概念可以推广到雷达和目标都运动的情况,例如,用机载或星载合成孔径雷达对波涛汹涌的海面上的舰船进行成像。

虽然这两种雷达的工作原理基本是相通的,但两者用途不同,实际中遇到的问题和解决方法也不一样。例如,SAR装载在飞机上对地面目标成像时,由于载机的航迹、速度等均可通过机上多种传感设备获取,雷达本身的不规则运动也可以依靠这些信息获得比较完善的补偿。而在ISAR成像过程中,固定在地面的雷达要对航行中的飞机回波做二维高分辨处理时,由于飞机的姿态角、高低角、速度和航向等的变化对雷达来说都是未知的,因而成像难度较大。

ISAR用来对一般雷达的目标(如飞机、舰船、导弹等)进行成像,例如,地基雷达跟踪卫星航迹。早期雷达的功能只是检测和估计目标的位置和运动信息,分辨率很低,分辨单元比目标还大,因而将上述目标视为"点"目标。C波段频带为400 MHz雷达实测数据的ISAR飞机成像如图4-40所示。

要对目标成像必须大幅度提高雷达的分辨率。提高雷达的距离分辨率相对要容易一些,通过宽频带信号可以得到高分辨的目标一维距离像,用带宽几百兆赫的信号(现在已有宽达千余兆赫的信号),可以得到亚米级的距离分辨率。困难之处还是在于提高横向分辨率。同SAR一样,ISAR也是依靠雷达与目标间的相对运动,形成合成阵列来提高横向分辨率的。ISAR一般是雷达不动(实际上也可以是运动的),而目标运动。由于运动是相对的,也可以看成是目标不动,而雷达在空间根据目标的平动和转动逆向地形成虚拟合成阵列,利用合成阵列的大孔径提高目标的横向分辨率。

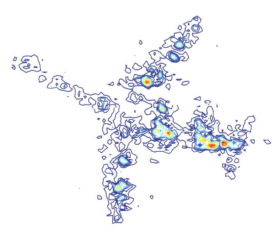

图4-40 C波段频带为400 MHz雷达实测数据的ISAR飞机成像

可想而知,ISAR的合成阵列分布要比SAR复杂得多。SAR阵列形成的主动权在自己,控制载体做匀速直线飞行,便可在空间形成均匀的线阵;而ISAR形成阵列的主动权在对方,不仅是航向、速度,连目标姿态的变化都会影响合成阵列的分布。

机动飞行的目标可以在空间形成十分复杂的虚拟阵列,而且阵列的分布还是不可能准确测量的。好在为得到亚米级的横向分辨率,雷达对目标视线的变化(即目标相对雷达射线的转角)只要求很小几度,在这期间由于目标的惯性,其姿态变化不可能十分复杂。即使如此,ISAR合成阵列分布仍远比SAR复杂。

ISAR在另一些方面要比SAR简单,主要是ISAR目标的尺寸比SAR所要观测的场景小得多,目标一般不超过几十米,大的也只有百余米。当目标位于几十千米以外时,电波的平面波假设总是成立的,因而为成像分析带来便利。

ISAR成像还常用转台模型,当目标做平稳飞行时,通过平动补偿将运动目标转换为平面转台目标,如果成像要求的转角(相干积累角)很小,其间散射点的移动量远小于距离分辨单元长度,则分析处理可以大大简化。而实际的ISAR成像在许多场合是满足上述条件的。

4.5 干涉合成孔径雷达技术

干涉合成孔径雷达(Interferometric Synthetic Aperture Radar,InSAR)技术是合成孔径雷达技术的新发展,它是以合成孔径雷达图像中相位信息为信息源来提取地表三维信息和地面变化情况的一项新技术。InSAR通过对地面同一区域在较短的时间内进行两次观测来获得一个图像对,由于目标与传感器之间几何关系的变化,获得的复图像对之间的相位具有一定的差异,通常由三角函数的运算关系得到相位差值,因此相位差被限制在主值相位之间。在把这个相位差恢复到真实值后,根据相位差的真实值,可以得到两次观测时目标与天线之间距离差,再利用一些精确已知的参数和几何关系,就可以精确地计算出地面场景的三维信息和变化情况。

InSAR不仅继承了SAR全天候、高分辨、覆盖面广的优点,还利用了多幅相干SAR图像中的相位信息来提取传统SAR很难得到的地面三维信息和变化信息,大大拓宽了微波遥感的应用领域。InSAR主要的应用领域有地形测绘、地球动力学、冰川观测、海洋测绘、资源调查等,而且其应用领域还在随着研究的深入而不断地扩大。合成孔径雷达干涉成像已经成为SAR研究领域的热点之一。

InSAR是一般SAR功能的延伸和发展,它利用多个接收天线或单个天线多次观测得到的回波数据进行干涉处理,可以对地面的高程进行估计,对海流进行测高和测速,对地面运动目标进行检测和定位。接收天线之间的连线称为基线,按照基线和航向方向的夹角,人们将InSAR分为垂直于航向的干涉仪(Cross-track InSAR,XTI)和沿航向的干涉仪(Along-track IsSAR,ATI)。XTI(基线在垂直雷达视线的方向应有较长的分量)能够完成地面和海面高程的测量;ATI可以用来对海流进行测速,对地面运动目标进行检测和定位。这两类不同的干涉方式都可以采用飞机作为平台,也可以采用卫星、航天飞机和空间站之类的天基平台。

通过 SAR 干涉测量技术，能够得到两类信息，即地形信息及地表变化信息，这两类信息通常共存于同一幅图像中。在这种工作模式下，可以通过复数图像后处理来提取地形高度和移位。将两幅在同一空间位置（差分 InSAR）或间隔很小的两个位置（地形高度 InSAR）获得的复数图像进行共轭相乘，就能得到一幅具有等高度线或等位移线的干涉图。

InSAR 高程测量已经经过了很长时间的发展，其原理最早是在 1974 年被提出，但由于对雷达技术的要求太高，后续的发展比较缓慢。直到 1986 年才有人通过实验得到了机载 SAR 的干涉测高结果，但精度很差。1988 年有人进行了星载的试验，利用间隔 3 天的 SEASAT 星载雷达双航过的数据进行干涉高程测量，由于卫星运行稳定性高，得到了精度较高的地形图，对干涉测高的研究和实际应用起到了很大的促进作用。此后，星载 SAR 提供了大量可用于干涉测高的双航过数据，这使它成为研究热点，很多实验都获得了好的结果。目前星载干涉高程测量广泛采用双航过的工作方式，即利用传统的单天线 SAR 雷达在不同时间两次对同一场景采集的一对图像数据进行 InSAR 处理。机载干涉高程测量则更多地采用双天线单航过方式，很多国家的研究机构和公司研制的双天线机载 InSAR 系统已经能够实现较高精度的地形测量，例如美国 NASA 安装在 DC-8 飞机上的 TOPSAR，理论测高误差为 2~4 m，实际工作时高程测量误差为 3~40 m。与双航过方式相比，单航过有效克服了时间去相干、两次飞行航迹不平行等问题，因而性能更加可靠稳定。但天基 InSAR 由于平台距离观测地面远，要达到一定的精度需要很长的基线，因而在传统的单星 SAR 中难以实现。美国很早就采用航天飞机机载单天线 SAR 系统（包括 SIR-A，SIR-B 和 SIR-C/X-SAR）对地面进行观测，通过将两次航过获得的图像进行处理来获取地面高程，由于航天飞机运动不稳定引起的航迹、天线指向变化使实验获得的地面高程测量结果不理想，后来美国 NASA 和国家图像与测绘局（National Imagery and Mapping Ageng，NIAM）联合开展了航天飞机雷达地形测量计划（Shuttle Radar Topography Mission，SRTM），研制了双天线系统，制成 60 m 长碳纤维复合材料长臂，把另一个接收天线安装在长臂的顶端，以获得较长的测量基线，实际高程测量误差小于 20 m。地形的高度测量三维图像如图 4-41 所示。

InSAR 的另一个功能是进行地面运动目标检测和定位，它属于沿航向干涉处理。ATI 方法最早用于测量海流的速度，后来逐渐用于地面运动目标检测和定位。美国 E-8（JSTAR）的 APY-3 雷达是一个代表。欧洲的 FGAN 先后开发了机载实验雷达（AER）和相控阵多功能成像雷达（PAMIR），对干涉动目标检测进行研究。德国宇航中心（Deutsches Zentrum fur Luft-und Raumfahrt，DLR）还研制了同时具有 ATI 和 XTI 基线的 E-SAR 对地面动目标检测进行了实验。

目前 InSAR 已经成为雷达成像技术中的一个研究热点，由于 InSAR 涉及的雷达系统和信号处理的问题比较多，研究人员提出了很多不同的方法以获得高的测量精度和稳定可靠的性能，但仍有一些实际问题没有获得很好的解决。

图 4-41　地形的高度测量图像

本书前文在介绍一般 SAR 的成像原理时已经指出，一般 SAR 只具有二维高分辨的测量能力：利用宽频带的信号可以得到斜距的高分辨率，而利用长的合成孔径阵列可以得到横向的高分辨率。实际上空间是三维的，一般 SAR 成像相当于将实际的三维空间映射到 SAR 的二维平面上。

如果将三维空间以雷达载体直线航线为轴的圆柱坐标表示，在垂直于航线的法平面内，只有斜距的高分辨，而雷达天线仰角的方向图只能起到确定观测范围的作用，在该平面内作为成像来说不具有角分辨率，因而它只是以场景中目标对于雷达斜距的远近显示在图像里，不能提供高度信息。如图 4-42 所示，若只知道目标到雷达的斜距为 r，则目标可能位于 P_1 点，也可能位于 P_2 点，或圆弧线 q 上的任一点。

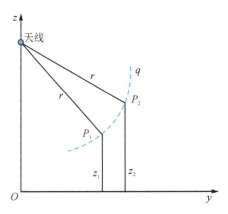

图 4-42　正交于航向的平面内单天线成像几何关系

如果在法平面的仰角向提供高的分辨率，就可以对法平面内的目标二维成像，当然也就可以区分场景中各处的高程，这就要求天线在高度方向有很长的孔径，但这是难以做到的。现在的目的并不要求利用原始数据进行法平面的成像处理，而是为法平面内原来以二维（斜距和仰角）分布，但被映射到一维（斜距）上的目标提供高度信息。这一目的要容易实现一些，其与成像的区别在于场景中的各个目标已被分离开，只要设法测出各点目标的高度参数即可。如图 4-43 所示,如果在航线的法平面内的不同位置处加一个接收天线和通道,对指定的点目标所测得斜距

$$r_2 = r_1 + \Delta r$$

对天线 A_1 和天线 A_2 以所测得的斜距 r_1 和 r_2 分别画圆弧 q_1 和 q_2,则目标应该位于两圆弧的交点。于是只要两个天线的位置和两个斜距确定,便可以从简单的几何关系确定 P 点的高程。对 SAR 图像中的各点逐个加以处理,便可以得到观测场景的高程分布。InSAR 正是利用这一基本原理实现高程估计的。

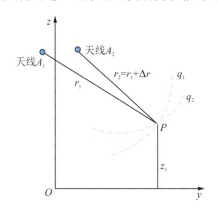

图 4-43 双天线观测的几何关系

InSAR 的基本原理虽然简单,但实际实现起来还有许多问题,例如,为了得到高的角分辨率和测量精度,天线必须有足够长的孔径,InSAR 只对分离的目标进行测量,只要有两个天线就可以完成任务,但为了有足够的测量精度,两天线间的距离(称为基线长度)必须足够大,特别是星载的 InSAR,由于雷达到观测区距离很远,需要基线很长,所以在实现过程中,InSAR 有很多工作模式。此外,因为 InSAR 主要是得到垂直航向不同位置处的回波数据,对于地面静止目标,在发射频率、电波传播等足够稳定的条件下,SAR 的回波数据只取决于雷达与观测区的相对位置,而与是什么时间测得到的没有关系。因此,InSAR 所需的双天线数据可以是一次航行录取的,称为单航过;也可以是同一载体平台以不同位置的平行航线分两次录取的,称为双航过。

机载 InSAR 一般采用双天线单航过模式,在载机上的水平方向装两副天线,可以一发双收,也可以双天线轮流地自发自收。星载 InSAR 由于雷达距观测区很远,为了得到一定的测高精度,实现长基线单载体的双天线结构比较困难,而人造卫星的航行轨道比飞机稳定得多,早期一般采用单个载体双航过模式,两次航行可形成较长而又较稳定的基线。

下面就以双天线单航过的一发双收为例,具体介绍干涉高程测量的原理。以此为基础容易推广到其他模式。

如图 4-44 所示为典型的干涉几何关系,该图是双天线单航过、一发双收模式的

示意图。其中,设天线 A_1 兼作发射。当用单个天线 A_1 工作时,点目标 P 的斜距 r_1 是可以得到的。另外加一个天线 A_2 的作用是能确定 P 点在平面内的另一个位置参数(如侧偏角 θ)。

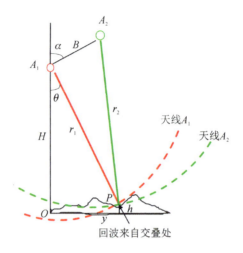

图 4-44　典型的干涉几何关系

设天线 A_2 与天线 A_1 在同一个垂直于航向的法平面内平行运动,基线长度 B 及基线与地面垂直线所形成的倾角 α 为已知,则从图中的简单几何关系和余弦定理可得

$$r_2^2 = r_1^2 + B^2 + 2Br_1\cos(\alpha+\theta)$$

或

$$\theta = \arccos\left(\frac{r_2^2 - r_1^2 - B^2}{2Br_1}\right) - \alpha$$

式中,B 和 α 是自行设定的,而斜距 r_1 和 r_2 可以由两个天线分别测量,由此可以从上式计算得到所需的参数 θ,从而确定了 P 点在法平面内的位置(包括它的高程)。

但是,测得高程的精度能否满足要求是必须考虑的,可以暂不考虑其他实际因素,仅就公式的形式加以分析。从式中可知,为提高参数 θ 的测量精度,基线的长度 B 和倾角 α 应准确设定(或可以精确测定),斜距 r_1 和 r_2 应能精确测量。

由于斜距 r_1 和 r_2 是两个很大的数,它们远大于基线长度 B,且两者相差很小。如果将两者分别测量,再得到平方差 $r_2^2 - r_1^2$,则误差会很大。通常的做法是将上述平方差进行分解,即

$$r_2^2 - r_1^2 = (r_2 + r_1)(r_2 - r_1)$$

则产生误差的主要来源是

$$(r_2 - r_1) = \Delta r$$

即目标到两个天线的波程差。用直接的方法测量该波程差,而不是分别测得两个斜距后再相减,误差可以大大减小。

在 SAR 雷达里直接测量两个天线的波程差是将两个通道输出的信号进行比较，常用的方法有两种，一种是比较两个脉冲回波包络的时延差，称为时差测量，其精度可达匹配（压缩）输出脉冲宽度的几分之一。但这种方法的误差还是太大，因为

$$r_2^2 - r_1^2 = (r_2 + r_1)\Delta r$$

亚米级的 Δr 误差乘以 (r_2+r_1) 会造成很大影响，时差测量方法在这里不适用。另一种方法是比相法，或称干涉法，它是将两路输出的复信号比相。由于两者的相位差 ϕ 与波程差 Δr 关系为

$$\phi = \frac{2\pi}{\lambda}\Delta r$$

式中，Δr 的测量是与波长相比较，而时差测量法是与脉冲宽度相比较，且在 SAR 雷达里，波长一般为脉宽的几十分之一，所以此种方法的测量精度要高得多。正是由于用了比相法（即干涉法），InSAR 也因此得名。

需要指出的是，两天线接收信号的波程差 Δr 虽然不大，但可能比波长 λ 大许多，即两个信号的相位差的真实值可能比 2π 大很多。从两路信号的复振幅计算相位差时，由于相位值以 2π 为模，相位 φ 只能在 $(-\pi, \pi]$ 的区间里取值，称为相位的主值（或缠绕值），它与相位的真实值 ϕ 可能相差 2π 的整数倍，即 $\phi = \varphi + 2k\pi$（k 为整数）。为此，在得到相位的主值后，还要通过解缠绕处理（或称为去模糊处理）得到相位的真实值。解缠绕处理是 InSAR 里的难题之一。

上面介绍了为提高点目标 P 的测量精度（主要是 θ 角的精度），采用干涉法测量两天线目标回波的波程差

$$\Delta r = (r_2 - r_1)$$

考虑到 $r_2 = r_1 + \Delta r$，可利用图 4-44 中的几何关系得

$$\theta = \arccos\left(\frac{(2r_1 + \Delta r)\Delta r - B^2}{2Br_1}\right) - \alpha$$

$$\Delta r = \frac{\phi\lambda}{2\pi}$$

$$h = H - r_1\cos\theta$$

$$y = \sqrt{r_1^2 - (H-h)^2}$$

点目标 P 的位置可以通过直角坐标里的高度 h 和水平距离 y 表示。基线长度 B 和倾角 α 是预置的（实际还需实时精确测量），高度 H、斜距 r_1 的测量也应该比较准确，而波程差 Δr 则借助上式进行干涉法测量。因而可以用较高的精度估计出点目标的高程。

需要指出的是，不管是时差法，还是干涉法，只有将点目标从众多目标中分离出来后才能应用。上面已经假设分离出来的是理想的点目标，实际从 SAR 图像中能够分离的是"像素"，像素对应于信号包络可视为"点"目标，但像素的尺寸相对于波长来说要大得多，应视为由许多散射点组成的"复杂"目标。复杂目标回波有方向敏感性

问题,即对不同的视角,其响应回波会有区别,这对双视角工作的 InSAR 来说是重要的。

此外,InSAR 的基线必须足够长,其出发点在于它测量观测区的高程时有较高的仰角测量精度。两天线在空间位置不同,首先要区分的是沿航向(AT)方向还是垂直于航向(XT)方向,沿航向方向分量对高程测量是没有贡献的。在垂直于航向方向的法平面内,为提高测高精度,只有垂直于雷达到目标射线的孔径分量才是有效的,即有效基线的长度为

$$B_\perp = B\sin(\alpha + \theta)$$

实际基线长度 B 通常是固定的,随着观测区的改变,雷达射线的侧偏角 θ 会有所变化,这时的有效基线长度是不同的。

4.6 雷达成像预处理技术

4.6.1 SAR 图像的特点

尽管 SAR 图像的质量让人满意,但是对于一名观察者,其在对场景图像进行分析和理解的时候,更倾向于使用光学照片,因为光学照片是彩色的,而 SAR 图像却是单色的,这个源于 SAR 测量的是目标的标量反射系数。毋庸置疑,光学照片的分辨率较 SAR 图像要高,并且 SAR 图像表现出来一种颗粒状的斑点,常被称为"椒盐"噪声,这种现象是相干成像系统所特有的(如全息图),但是不会出现在由非相干处理所得到的光学照片上。通过认真观察两种不同的图像,不难揭示一些会影响图像分析的区别。图 4-45、图 4-46 所示分别为同一地物目标的光学影像和雷达影像。细致观察便可发现,同一场景对应的雷达图像和可见光图像有许多类似的地方,同样也存在很多明显的区别。例如,在光学图像的上彩色的跑道终点线是可见的,但这些在图像里面均是完全不可见的;在雷达图像中,跑道的颜色与光学图像的颜色相反,即混

图 4-45 机场目标雷达影像与光学影像的对比

凝土铺设的跑道为暗色,建筑物为亮色。

图4-46 建筑目标雷达影像与光学影像的对比

上述的一些失真使得雷达图像与光学图像有差别,在进行图像理解时,应特别加以注意。

关于雷达图像有以下几个独特的问题:
➢ 前端压缩现象造成的几何失真;
➢ 视角差引起的辐射失真;
➢ 雷达图像阴影;
➢ 相干斑。

4.6.1.1 几何特性

雷达是基于距离测量的探测器,用宽频带的信号可以获得高的径向距离分辨率和测量精度。一般雷达依靠自身天线的波束进行方向分辨,其分辨率是比较差的。SAR 利用长的合成阵列获得高的横向分辨率,不过,运动平台的合成阵列是线阵,它只在沿阵列方向有长的孔径,而在阵列的法平面里没有孔径,作为合成阵列,(不考虑作为阵元的雷达自身天线的方向性)在其法平面里是没有方向性的。因此,SAR 在三维空间里只具有二维高分辨-径向距离及斜视角(通过相干积累可得高分辨的横向距离)。

至于作为阵元的雷达波束,其作用主要是确定观测(照射)的范围,在沿阵列方向,雷达波束宽度还决定有效合成阵列长度,即确定最高的横向分辨率,而在阵列法平面的波束就只有确定观测范围的作用,法平面里的目标分辨只能由高的距离分辨来担当。当然,如果法平面内目标的分布十分复杂,只靠距离的高分辨是无能为力的,但 SAR 的对象是地面场景,平面的地面距离与雷达径向距离虽然不同,但两者有单调关系,利用斜距的高分辨有可能对平面场景进行分辨。问题在于场景里的高程经常有起伏。

如上所述,作为阵元的雷达波束确定观测范围的作用是易于理解的,只有被波束覆盖,目标才会被检测到,而能实现高分辨的 SAR 只是二维的——径向距离和横向距离。SAR 实际工作在三维空间里,而又只有二维高分辨能力,即 SAR 是用二维平面来对实际的三维空间成像。

在对场景高程起伏引起的几何失真的介绍中,多次提到 SAR 是用二维平面来对实际的三维空间成像。其实,一般场景成像都是二维的,用其他手段也是如此,如用光学摄影。但光学摄影是基于侧角的测量手段,仍以航线轴的法平面为例,它对观测区是以高的角度分辨率进行分辨的,在径向距离上没有分辨能力,这是它的局限性。但这一性质与人的视觉系统相同,人们观看光学摄影的场景图片不会有什么困难。SAR 则不一样,它是以距离进行分辨的,对于理想平面的场景,由于地面距离与径向距离有单调变化的关系,因而也不会有什么问题,但当场景中有高程起伏,特别是地面倾角与雷达天线的侧偏角可以比拟时,会产生成像结果与实际情况的失真。如图 4-47 所示,成像结果与实际情况的失真包括三种情况,即透视收缩、叠掩(顶底位移)和阴影。

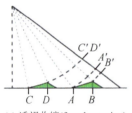 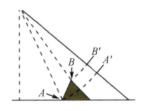 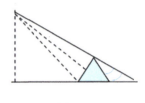

(a) 透视收缩(foreshortening)　　(b) 叠掩(顶底位移)(layover)　　(c) 阴影(shadow)

图 4-47　几何特性

1. 透视收缩(foreshortening)

透视收缩是前端压缩引起的图像几何失真(见图 4-48)。由于距离向上的比例尺主要与侧视角有关,随着侧视角的增大,图像比例尺变大,所以在图像上有近地点被压缩、远地点被拉长的感觉。飞行方向的比例尺是固定的,它的速度和胶片记录取决于平台飞行的速度。

在观测场景中有一块坡地 ADB,若为平面(ACB)时,A、C、B 三点在数据录取平面横截线上的投影分别为 A'、C'、B'。由于坡地的隆起,坡顶点 D 的投影为 D'。从图 4-48 中可见,录取的数据长度与原地面长度的比例有明显不同,迎坡缩短,而背坡拉长。倾斜的坡面与雷达射线垂直,这类似于地面为平面时机(星)底正下方的情况,相当长的一段坡面等效于斜距的一点,也就是在所成图像的纵坐标里整个迎坡缩短为一个像素,而呈现迎坡盲区。

2. 叠掩(顶底位移)(layover)

由于坡度大,雷达波束先到坡顶,后到坡底,显示顶底倒移。叠掩可视为透视收缩的极端情况。这种现象会引起不同目标的信息互相叠加,在 SAR 图像上也表现出明显的亮度区域。当雷达波束到斜坡顶部的时间比雷达波束到斜坡底部的时间短

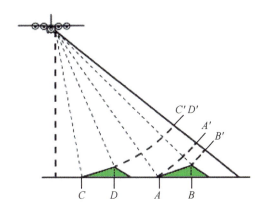

图4-48　前端压缩引起的图像几何失真

时,顶部影像先被记录,底部影像后被记录,这种斜坡顶部影像和底部影像被颠倒显示的现象称顶底位移,如图4-49所示。

对于一些陡峭的山岗或高的建筑物,如水塔等,其倾角很大,当用光学设备斜视时,应先看到底部,再看到顶部。SAR成像的结果则相反,因为顶部到雷达的距离是短于底部的,因而在它的成像中顶部先于底部,形成顶底倒置。

3. 阴影(shadow)

光学图像也有阴影,只要仪器的视线被遮挡,或光线遮挡的部分,均会在图像里形成阴影。SAR是主动辐射的探测器,它不需要外辐射源,因而只有自身辐射受到阻挡才会形成阴影,如图4-50所示。

图4-49　顶底位移

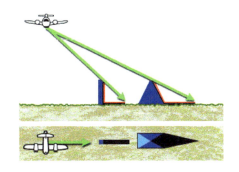

图4-50　雷达目标阴影形成示意

雷达图像的阴影(见图4-51)对应雷达波束照射不到的区域(无回波区)。远端阴影区域会比近端阴影区域范围更大。在地形起伏的区域,一般迎面坡是前向收缩;坡度较大时,顶底叠置;背面坡的坡度较大时,出现阴影。

图 4-51 雷达图像中的目标阴影

4.6.1.2 辐射特性

在雷达成像中,入射角不同引起的辐射强度不一致造成图像灰度有差异。如果图像灰度不一致,需要做辐射校正,如图 4-52 所示。另外,雷达的后向散射系数和散射面积发生了变化,或地形变化引起的地表覆盖类型的散射过程发生了改变,也导致了后向散射的变化。

斜距显示近距离压缩是指斜距影像上相同长度的目标,近距端比远距端影像短,近距被压缩比较亮,这导致近距端影像分辨率低,远距端影像分辨率高。可以采用一个定标系数将 SAR 信号转化为雷达散射截面,并进一步地将其转化为雷达亮度。

在崎岖的山区,由于地形起伏,不仅造成 SAR 图像发生几何畸变,也会对图像中每个像元的地面接收回波带来影响。对于相同的地物类型,SAR 图像可能存在不同的亮度值,并受到坡度和坡向的影响,从而形成不用的辐射值;然而不同的地物可能会有相似的亮度值。因此,地形引起的辐射变化阻碍了 SAR 图像进一步的解译。根据 SAR 图像的后向散射特性,精确的后向散射系数估计是 SAR 数据解译的关键。然而受到地形起伏的影响,同一单元面积内的后向散射可能不同。

4.6.1.3 相干斑"噪声"

SAR 图像为相干图像,同一个分辨单元内多个散射体回波的辐相随机叠加。在宏观上,SAR 测量的是地物的后向散射系数,测量的内容包括振幅、相位,而可见光和红外遥感获取的则是地物的反射能量;在微观上,微波遥感光学的遥感机理不同。

SAR 中还有一种乘性噪声,称为相干斑"噪声"。这种噪声是分布目标所固有的,它的形成原理与一般雷达里的复杂目标"闪烁"现象类似。SAR 的一个分辨单元用一个强度值表示,虽然分辨单元不大,但里面通常还是存在许多散射点,单元的回波为各个散射点子回波的向量和。因此,单元总的回波强度与雷达的视角有关,视角改变会使子回波间的相位关系发生变化,从而使总的幅度改变;在少数场合,使多数

图 4-52 图像灰度不一致,需要做辐射校正

子回波基本同相相加,从而出现了特大尖峰。即使是平坦的农田或沙滩,在 SAR 图像里,也会出现一些点状亮斑,通称相干斑。相干斑是由于相干合成产生的,在光学图像里就不存在这种斑点,雷达图像的相干斑具有特殊的成像机理。

一个分辨单元内存在多个散射体,接收机中电场强度求和值在不同空间点是变化的,在不同时刻同一空间点上也会变化。

散射系数 σ_0 相同,像素之间灰度出现随机起伏均匀场景,SAR 图像呈现随机颗粒(图像幅度,符合瑞利分布)。

图 4-53 所示为相干斑"噪声"形成示意图,假设没有相干斑,则成像后应如

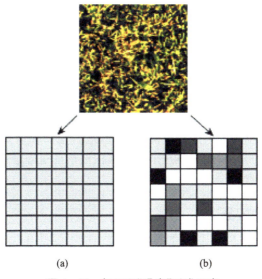

(a) (b)

图 4-53 相干斑"噪声"形成示意

图 4-53(a)所示,然而,同一个分辨单元内草丛的叶片回波可能同相叠加,也可能相消,从而使图像像素忽明忽暗,如图 4-53(b)所示。

相干斑类似于噪声,影响图像质量,增加了 SAR 图像解译的难度,真实雷达图像中的相干斑如图 4-54 所示。

图 4-54 雷达图像中的相干斑

4.6.2 几何校正

雷达图像上各地物的几何位置、形状、尺寸、方位等特征与在参照系统中的表达要求不一致时,即说明图像发生了几何畸变。

图像的总体变形(相对于地面真实形态而言)是平移、缩放、旋转、偏扭、弯曲及其他变形综合作用的结果。

几何校正主要是解决地形造成的雷达影像像点移位的问题。需要确切获取 SAR 影像上地物特征的空间位置时,须对 SAR 影像进行精确的几何校正处理。

一般的"几何校正"只是对像元进行地理编码,对地形引起的几何畸变进行校正。几何精校正则是通过正射校正达到改变地形引起的几何畸变的过程。基于外定标数据的几何校正属于带控制点的几何精校正。

具体校正方法是,利用事先在 SAR 扫描区域内布置的间距、夹角已知的反射器,找到这些反射器在实际图像中的对应位置,然后进行地面控制点和对应像素点坐标配对,计算形变矩阵的参数,然后将这个图像都按照形变矩阵进行校正。图 4-55 为雷达测量图及校正示意。

4.6.3 辐射校正

理想的目标回波图像与实际传感器飞行数据成像图像之间经常出现较大差异,造成这样差异的因素如下:

① 由 SAR 传感器特征造成,如 SAR 传感器的工作模式(条带模式、聚束模式)、

 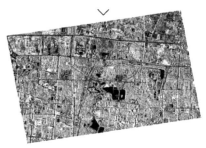

图 4-55　雷达测量原图及校正结果

发射信号的特征(极化方向及线性调频信号的调频率、带宽、采样频率等)、天线方向图调制。

② 由搭载平台运动特征造成,包括速度、加速度、航迹、横翻、侧滚和俯仰等。

③ 由不同的成像算法和图像后处理造成。

④ 由其他因素造成,如大气衰减、地形、测量误差等。

对于 SAR 传感器特征和搭载平台运动特征因素造成的误差,大部分是可以定量测量的。因此,通过各种信号记录器、信号分析仪、飞行状态记录仪,可以得到误差因素的确切数学模型。对于误差因素不能定量测量的情况,采用与采集数据同时采集的外定标数据以及基于统计的方法可以较好地校正此类差异。

在利用传感器观测目标的反射能量时,所得到的测量值与目标的电磁反射功率等物理量之间的差值称为辐射误差。

辐射分辨率是指 SAR 系统对相邻目标散射系数的分辨能力。由于 SAR 图像相干斑(speckle)的存在,这种分辨往往是比较困难的。相干斑是地面分辨单元内目标多个散射体回波信号矢量叠加所出现的现象。图像中的相干斑可以通过多视处理技术减轻。多视可以在距离向,也可以在方位向。虽然多视处理可以改善辐射分辨率,但它势必降低了空间分辨率。辐射分辨率 γ 的定义表示式为

$$\gamma = 10 \lg(1+q)$$

其中

$$q = \frac{\sigma}{S}$$

式中,σ 是存在噪声情况下的信号功率标准差,S 是无噪声情况下的信号功率均值。SAR 图像中通常存在噪声,如果已通过噪声校准(即噪声功率均值被减掉后),则 q 可表示为(单视处理)

$$q = 1 + \left(\frac{S}{N}\right)^{-1}$$

式中,$\frac{S}{N}$ 是单视图像信噪比。当采用独立的多视处理,且认为每视信噪比相同时,则 q 可估计为

$$q = \frac{1 + \left(\frac{S}{N}\right)^{-1}}{\sqrt{L}}$$

式中，L 是独立视数，此时的 $\frac{S}{N}$ 是每视信噪比。当多视处理的各视数互相交叠，或是更复杂的处理形式时，则必须按照有效独立视数进行辐射分辨率的估计。

SAR 能够测量图像分辨单元目标散射面积的精度被定义为绝对辐射精度。如果这种测量进行多次，那么测量的标准差被定义成测量的辐射稳定性。实际上辐射稳定性是指对经过任何校准过程校正的 SAR 系统整个增益稳定性的测量。

动态范围被定义为在雷达视场内均匀分布目标归一化散射系数的范围，在此范围内满足所有性能要求。动态范围是一个定义的界限条件，因此不存在定义表达式。

SAR 影像的辐射校正建立了 SAR 图像灰度与地面目标后向散射系数之间的精确量化关系，是数据定量化应用的前提，分为内部定标和外部定标。外定标是通过布置于地面定标场的角反射器（见图 4-56）测量 SAR 系统参数，主要包括相对辐射定标和绝对辐射定标。相对辐射定标用于解决 RCS 相等的目标像素值不同的问题。绝对辐射定标是通过角反射点计算平均辐射定标因子从而计算其他区域的后向散射系数。

图 4-56　角反射器

SAR 系统辐射定标常用的参考目标是三面角、二面角、金属球等反射器。在场地中布设后向散射系数已知的各种反射器，其后向散射系数基本涵盖雷达接收机的动态范围。通过提取图像反射器对应像素的幅度值，再利用拟合的手段，则可以得到辐射校正曲线，然后就可以对整幅图像进行相对辐射校正。

4.6.4 相干斑抑制

斑点噪声通常是由微波与地表单元散射体之间的相互作用而引起的。地表单元内包含了大量随机分布的散射体,而雷达天线记录同一分辨率单元内所有散射体的散射贡献,不同的散射体具有不同的相位和振幅。当微波遇到相同相位的散射体时,若发生建设性干涉,则提高信号;相反,若发生破坏性干涉,则信号降低。因此,造成图像上的斑点噪声。

强度数据是指对经过聚焦处理的 SAR 数据进行多视处理,多视得到的强度图像是距离向和/或方位向像元分辨率的平均值;一个 L 视数的图像,本质上是 L 的指数分布。

由于 SAR 图像的像元灰度值服从指数分布,每个像点都有一个灰度的随机涨落性,造成图像中出现颗粒状的光斑噪声,利用多视处理的方法可以消除或减弱光斑噪声。

多视处理是将合成孔径分为若干个子孔径,在每个子孔径内分别进行方位压缩,再将多个子孔径的处理结果求和平均的方法,以此消除或减弱光斑噪声,但这样做同时也降低了方位向上的分辨率。

具体可通过多视平滑处理、空间滤波等技术抑制相干斑。最直接的方法是采取多视处理,即将波束分成几个子波束,对每个子波束录取的数据单独成像,利用各子波束视角的微小差别,这些差别对场景基本没有影响,但改变了分辨单元内各散射点子回波之间的相位关系(因为雷达波长通常比分辨单元小得多,小的视角变化可使子回波间的相位差发生大的变化),使同一分辨单元的回波强度值发生变化。将各子波束所得图像做非相干相加,会对强度起伏的背景起到平均作用,使相干斑得到一定程度的抑制。在一般情况下,用"四视"平均可使相干斑明显减弱。需要指出的是,这种抑制相干斑的方法是以牺牲横向分辨率为代价的,"四视"工作将使横向分辨率降低到原来的 $1/4$。图 4-57 所示为抑制相干斑前后的对比。

图 4-57 相干斑抑制前后对比图

思考题

1. 雷达成像的距离向分辨率与哪些因素有关？与光学图像的分辨率有何区别？
2. 试分析如何利用目标的一维距离像获取关于目标的情报信息。
3. 简述雷达的基本任务。
4. 简述雷达的基本组成。
5. 试对比可见光图像，总结雷达图像的特点，分析雷达图像在使用中应注意的问题。
6. 合成孔径雷达已成为战场侦察的主干装备，请结合书本内容选取一点，针对性分析合成孔径雷达在情报获取中可能的应用。

第 5 章　信号情报获取技术

通过信号情报获取技术能够获取其他手段难以获取的有关国家安全、军事斗争、政治、外交和经济建设等各个领域的重要信号情报,是各国战略力量的重要组成部分。信号情报对国家安全和防止敌人突然袭击具有重要的地位和作用。不论是在和平时期或战争时期各国都在紧张地进行着信号情报获取,严密监视敌方的军事部署和军队调动情况以及军事行动企图等,以期能够及早发现敌情,做好战争预报和作战准备,防止敌人的突然袭击和入侵。本章阐述信号情报的基本概念,重点围绕电子侦察情报的获取展开,介绍电子侦察的基本原理与系统、辐射源方向的测量与定位基本原理等内容。

5.1　信号情报的基本概念与分类

5.1.1　信号情报的基本概念

通常信号情报(Signal Intelligence,SIGINT)是指通过截获、记录和处理各种电子设备辐射的电磁信号,分析测量其时域,频域、空域等外部特征参数,进而获得技术信息和情报的活动。信号情报具体包括支持作战的通信情报(Communication Intelligence,COMINT)、电子情报(Electronical Intelligence,ELINT)和外国仪器信号情报(Foreign Instrumentation Signals Intelligence,FISINT)等。

信号情报的侦察对象包括通信信号、雷达信号、遥测遥控信号;信号情报的侦察内容包括信号参数测量、频率、脉冲持续时间、脉冲重复频率、信号调制方式、天线方向图、天线功率。

5.1.2　信号情报的分类

信号情报通常包括电子情报和通信情报,还包括外国仪器信号、测量与特征信号情报等。

电子情报(ELINT)是通过拦截有意电磁辐射(通常是雷达)而得到的情报,但不属于通信情报或者外国仪器信号情报的范畴。ELINT 主要指对雷达、信标、干扰机、导弹制导系统、测高仪、导航发射设备和敌我识别器(Identification Friend or Foe,IFF)等物体发射的信号进行搜集、处理、利用和分析之后,提炼出信息。从广义上讲,ELINT 几乎可以指任何非通信辐射信号。

通信情报（COMINT）是非预定接收者通过拦截通信获得的情报信息，它更加关注通信信号本身携带的信息含义，关注通信信号破译。例如，为了执行任务，卫星必须和地面站通信。

外国仪器信号情报（FISINT）主要是指截获的外国在进行作战部署与测试系统时辐射的电磁信号而获得的情报，是由非预定接收者截收外国仪器信号得到的情报。外国仪器信号包括但不限于遥测、跟踪、融合、武器、火力控制系统的信号，以及视频数据链的信号。遥测信号情报（TELINT）主要是指对遥测遥控信号的截获与分析，它也属于外国仪器信号情报。

测量与特征信号情报（Measurement and Signal Intelligence，MASINT）是对从特定技术传感器中获取的数据进行定性和定量分析后获得的情报信息，辨识伴随来源、辐射源、发射机的独特特征，以便对同一类型的发射源进行后续识别或测量。MASINT 能够提供技术衍生情报来探测、标记、跟踪和定位，并描述固定和动态目标对象和来源的特定特征。作为全源情报集合环境的一个组成部分，MASINT 为决策者的信息需求提供了独特的补充信息部分。针对 MASINT 原始数据的专业处理和开发技术能够扩大其他情报系统搜集数据的有用性。MASINT 是一种全球系统，具有在全球范围内利用机会的能力，业务部门科学和技术情报（Scientific and Technical Intelligence，S&TI）中心在处理、利用和分析 MASINT 数据方面发挥着关键作用。此外，服务部门生成 MASINT 产品，保障联合部队对应的各个部门，由此生成的 MASINT 产品有助于情报预警、作战环境联合情报准备（Joint Intelligence Preparation of the Operatienal Environment，JIPOE）、部队保护和国外物资利用。MASINT 还可以根据对收集的遥测数据的分析，获取关于大规模毁灭性武器（Weapens of Mass Destruction，WMD）能力以及武器系统能力的情报。

SIGINT、ELINT、COMINT、FISINT、TELINT 及 MASINT 之间的相互关系如图 5-1 所示。

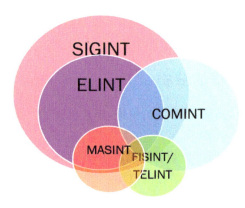

图 5-1　各类信号情报之间关系图

本章重点关注电子情报(ELINT),主要利用截获的电磁信号参数特征,分析获得目标对象的相关情报,其中包括雷达、遥测设备、通信设备等发出的电子信号。ELINT 与 COMINT 的主要区别如图 5-2 所示。

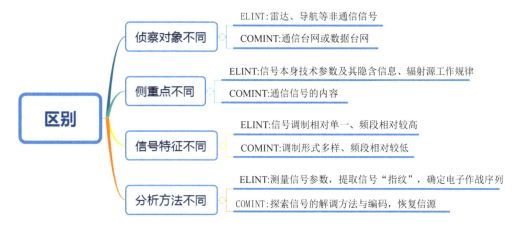

图 5-2　ELINT 与 COMINT 的主要区别

5.2　电子信号情报侦察

电子侦察(Electronic Reconnaissance)是指使用各种电子技术手段,对对方无意或有意辐射的电磁信号进行搜索、截获、测量、分析、识别,以获取对方电子信息系统及电子设备的技术参数、功能、类型、型号、地理位置、用途以及相关武器和平台类别等情报信息的侦察,电子信号情报侦察工作流程如图 5-3 所示。

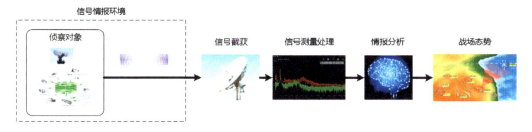

图 5-3　电子信号情报侦察工作流程

随着电子技术的发展和应用需求的牵引,电子侦察的内涵与外延也在发生变化,除了对相关技术参数的获取之外,对于承载在各种信号上的信息的提取、分析、解译与利用也逐渐成为电子侦察的重要组成部分。电子侦察情报中的隐藏信息包括位置、活动规律、工作模式、装备类型、兵力部署与调动、装备技术性能等。

5.2.1 电子侦察情报的分类

电子情报根据使用目的不同可分为技术电子情报和作战电子情报。

技术电子情报(Technical ELINT)主要用来评估雷达的能力和性能,以确定建造雷达所用的技术水平,找出雷达缺陷,协助电子战的规划者进行对抗。起初人们将此类电子情报手段称为精度参数测量(Precision Parameter Measurement),该技术通过测量雷达信号特征以获得极高的雷达精度,或者测量其他参数以发现雷达运作的某些特征,能够分析出雷达的探测和跟踪能力。技术电子情报的战略性目标是:评估一个国家的技术水平,阻止出人意料的技术突破。技术电子情报的主要目的是:获得技术参数,借此评估雷达的任务、目标,性能和弱点。技术电子情报最为重要的搜集目的,就是能够揭示雷达在电子对抗中暴露出弱点的技术参数。

技术电子情报侦察属于战略情报侦察,它要求获得全面、广泛、准确的技术和军事情报,在平时和战时都要进行,以便为高级决策指挥机关和中心数据库提供各种翔实的数据。先进的雷达情报数据库可以像天气预报一样,随时随地提供重点、热点地区各方面的雷达部署、功能和性能、信号调制参数等情报。雷达情报侦察是国防战略情报的重要组成部分,主要由侦察卫星、飞机、舰船和陆海基前沿侦察站与各级情报处理中心等共同组成。为了减轻有效载荷,许多前沿侦察设备只承担信号的截获和记录、存储、转发,而由异地的情报处理中心汇集各种 ELINT 来源,完成信号的综合分析处理。为保证情报的准确性和可靠性,ELINT 允许有较长的信号分析处理时间。

作战电子情报(Operational ELINT)大部分的电子情报主要致力于截获和分析雷达信号,用来定位并识别雷达,判断其运行状态,并跟踪它们的移动。

作战电子情报的情报产品就是雷达战斗序列(Radar Order of Battle)。军队通过确认敌方雷达战斗序列,可以在战斗中蒙蔽敌方雷达的侦察,或者摧毁敌方雷达。在近期的俄乌冲突中,作战电子情报被证明极具情报价值,俄乌都进行了大规模的作战电子情报活动以支援战斗任务。

军事指挥官对作战电子情报最感兴趣。连续精确地定位舰船、飞机或者地对空导弹部队分队所携带的雷达,是实施跟踪的最佳方式。作战电子情报广泛应用于现代战争中,用于精准定位空中打击的目标,定位存在威胁性的敌方雷达,协助战斗机避开雷达防御的领域。同时,作战电子情报对能量辐射源的高精度定位,也是对军火库进行高精度定位的关键。出于战术情报需求,执法人员也越来越关注作战电子情报。

5.2.2 电子侦察的基本条件

电子侦察的实现需满足一些基本条件(见图 5-4):辐射源发射电磁波;电子侦

察接收到足够强的辐射信号（灵敏度以上）；辐射信号调制方式和参数位于电子侦察处理能力内；电子侦察系统能够适应所在的电磁信号环境。这几个条件缺一不可。

图 5-4　电子侦察基本条件

5.2.3　电子侦察的主要特点

电子侦察的主要特点可归纳如下。

1. 覆盖范围广，作用距离远

雷达接收的是目标对照射信号的二次反射波，信号能量反比于距离的四次方，雷达侦察接收的是雷达的直射波，信号能量反比于距离的二次方。因此，雷达侦察机的作用距离一般远大于雷达的作用距离，这对于目标的早期探测预警和武器引导是非常重要的。

现有的基于陆、海、空平台的侦察会受到地理空间的限制，侦察设备的作用距离一般不超过两三百千米。陆基侦察设备只能对周边国家部署在浅纵深地域的电磁辐射源进行侦察；舰载侦察设备一般也难以远离本土深入前沿纵深海域进行侦察；机载侦察设备虽然具备一定的升空优势，但是其侦察时间又非常受限，尽管大量研发的高空长航时无人侦察机弥补了有人侦察机在侦察时间与空间上的缺陷，但是在作用距离与侦察时间方面相对于航天电子侦察来说也没有明显的优势。航天电子侦察利用较高的卫星轨道，具备覆盖范围广、作用距离远的特点，可实施全方位、大纵深、高立体的侦察。

2. 灵敏度要求高，测量精度要求高

由于卫星运行轨道高，航天电子侦察设备监视的战场空间更加广阔，作用距离远，也需要星上电子侦察设备具有极强的截获微弱信号的能力，以及处理和分选复杂信号的能力；采用大口径天线以实现对极低功率谱密度信号的接收，并保持较高的截获概率等，所以对侦察灵敏度的要求较高。另外，由于侦察距离的增加，对侦察系统位置分辨力的要求相应提高，所以对参数测量精度的要求也相应提高，但受卫星平台设备量和观测口径限制，要提高测量精度需要付出较大的代价。

3. 对目标的连续侦察时间与轨道高度相关

由于侦察设备是搭载于卫星平台上的，根据开普勒定理，卫星的运行周期与轨道长半轴的1.5次方成正比,轨道高度越低,其运行周期越短,所以除高轨卫星之外,电子侦察卫星对同一目标的持续监视时间都比较短,一般长的有十几分钟,而短的只有几分钟,甚至十几秒。如果要保持对同一区域的长期持续性侦察,采用同步静止轨道或者卫星星座组网是比较可行的两条途径。

4. 频谱宽开,获取情报多

一方面,电子侦察系统几乎覆盖了整个电磁频谱,工作频段是从几十兆赫到几十吉赫;另一方面,电子侦察不受战场环境和夜间条件的限制,远距离、全天候侦察的能力大大提高,可以为指挥员快速提供不同范围、不同频段、不同时间、不同地点、不同对象的综合信息,获取的情报信息量大,获取的信息多而准。

5. 侦察具有针对性、实时性、连续性和抗干扰性

电子侦察任务一般都具有一定的针对性,对某些地域和目标需要进行重点侦察,这同样要求卫星的飞行轨道和信号接收处理具有针对性;侦察信息需要实时地传回地面才能实现较高的信息利用价值,这又要求其具有一定的实时性,随着星载实时信号处理技术的快速发展以及卫星中继通信的广泛应用,航天电子侦察能快速地形成情报,并能实时或近实时地传递情报,降低了反应时间,便于捕捉战机和及时组织战略、战役和战术行动;航天电子侦察一般要求卫星具有全天候、全天时长期连续的侦察能力;抗干扰能力的强弱也直接影响到其侦察能力的大小,一个很容易受干扰的侦察卫星在遇到干扰时就不能有效地执行侦察任务,这是不能被接受的。

6. 面临日益密集、复杂、多变的电磁环境

随着无线电技术在军事与民用方面的全面发展,电子侦察面临的信号环境也日益复杂,主要表现在:辐射源数量日益增多,电子侦察卫星可能受到成千上万个辐射源的照射,信号密度大;辐射源体制多,信号波形复杂多变;辐射源的频段在不断拓展,不同辐射源,如雷达、通信、导航、制导等系统的工作频段在越来越宽的范围上不断重叠,造成信号在频域上拥挤,在时域上交叠,这对航天电子侦察系统的总体设计以及其信号分析与处理技术提出了较高的要求。

7. 依赖于对方的电磁辐射或散射

信号情报侦察也有一定的局限性,如信息获取依赖于雷达的发射、单个侦察站不能准确测距等。出于目标信息获取的共同利益,在现代电子信息传感器中,采用有源与无源探测综合、射频与光电探测综合等手段,互相取长补短、协同工作,将是重要的发展方向。

8. 安全隐蔽性好

对外辐射电磁波很容易被敌方侦收设备发现、识别和定位,不仅会造成己方信息的泄漏,还会招来强烈的干扰和致命的火力打击。从原理上说,电子侦察只接收外来的辐射信号,本身不需要发射,因此不会被敌方检测、识别和定位,具有良好的安全隐蔽性。

9. 依赖于情报数据库和知识库的长期、全面、稳定、可靠支持

电子侦察所获得的是直接来自于雷达的发射信号,受其他环节的"污染"少,信噪比较高,便于进行准确、细致的特征分析和提取,甚至可以获得不同辐射源"个体"的特征信息。电子侦察本身的宽频带、大视场特点有助于获取各种雷达发射信号的信息,且便于进行长期的信息积累,建立丰富的辐射源数据库和知识库。这也是电子侦察信号处理中非常重要的信号和信息处理依据。

5.2.4 电子侦察在现代战争中的作用

如前文所述,电子侦察卫星的众多优势使得它能长期监视敌方雷达、导弹测控、通信终端等电磁辐射源的变化,从而掌握敌方防空反导系统的配置、战略武器系统的试验、作战部队中的指挥控制和新型电子设备的研发情况,从而为我方战略轰炸机、弹道导弹的突防以及实施有效的电子干扰等作战行动提供准确的情报。历史上的战例表明,在现代战争爆发之前,电子设备的启用次数和工作规律等一般都会出现异常,使用电子侦察卫星可以提前察觉并发现敌方入侵的迹象,为决策当局与指挥机关提供预警时间;为重要军事设施的打击提供支援;掌握雷达等电子装备的部署情况;辅助弹道导弹预警工作;评估打击效果,为战略战役决策提供依据等。下面结合战例介绍电子侦察在现代战争中的作用:

(1) 发现电磁异常,提供预警时间

20 世纪 90 年代的海湾战争前夕,美国电子侦察卫星发现伊拉克的苏制 TALL KING 雷达在停用数月之后突然开机使用。结合当时的情形,情报专家分析后认为伊拉克军队会有重大调动,随后用电子侦察卫星跟踪收集与伊军的军用通信、武器和导弹部署等相关的信号情报,从而使美国当局能提前 12~24 小时掌握伊拉克军队入侵科威特的相关情报。

(2) 跟踪定位辐射源,支援目标打击

1991 年 2 月 8 日,根据电子侦察卫星提供的情报,美军实施了"斩首行动",派遣 F-16 战机袭击了伊拉克巴士拉以北 160 km 处的一支车队。后来据其他情报证实,萨达姆就在这支车队中,但是他在袭击中幸免于难。因为在海湾战争期间,美军有意识地保留了萨达姆的部分通信能力,以便将其作为电子侦察卫星的跟踪信标,电子侦察卫星通过对与萨达姆相关的通信信号的截获与辐射源定位,为"斩首行动"提供了目标指示与有效引导。

(3) 掌握电子装备部署,评估打击效果

美军在海湾战争中使用的电子侦察卫星至少有 6 颗,分别属于"水星""顾问"和"号角"这三种类型。美军通过各种手段引诱伊拉克防空部队开启大量隐蔽的防空雷达,电子侦察卫星随后截获到这些雷达信号,并对其实施定位,协助各种打击武器对上述雷达进行摧毁。通过对电子侦察卫星侦收到的雷达在遭受打击前后的工作信号进行对比,可以判断该雷达的受损程度,从而对打击效果进行评估。

(4) 掌握通信情报,提供决策支持

海湾战争期间,美军电子侦察卫星截获了伊拉克军队大量的战场无线通信信号,如卫星电话、背负式步话机、各种通信电台等发送的信号,通过对通话内容的分析,伊军导弹发射、飞机坦克出动和雷达使用等情况大都在美军的严密监视之下。在这场战争中,美军还监听到苏联军官指挥伊拉克坦克作战的语音,并截获了苏军向伊拉克提供美军侦察卫星过顶时间表的相关信号,从而在与苏联的谈判中占据了主动。

(5) 为其他侦察系统提供多源情报信息

海湾战争期间,伊拉克曾发射"侯赛因"战术导弹对多国部队进行袭击。于是,探测这些导弹的发射便成为美军当时的一项重要任务。按照伊军的导弹操作条例,发射"侯赛因"导弹前,需要首先释放几个高空探测气球,用于测定高空风速,以提高导弹的打击命中精度。伊军一般使用 ENDTRAY 雷达来跟踪这些释放的探测气球,而这种雷达恰好是北约研制的,因而电子侦察卫星就通过快速捕获该雷达信号来预报"侯赛因"导弹发射时机,从而为多国部队的导弹拦截提供了另一个渠道的情报来源。

(6) 打击恐怖主义,确保国家安全

2001 年"9·11"事件之后,美国在全球范围内通缉恐怖袭击的主谋、基地组织领导者哈立德·穆罕默德,在一年多的时间里,美军在阿富汗几乎搜遍了每一个角落,但仍然一无所获。2002 年 10 月,穆罕默德在巴基斯坦某地与同伙通话联系时,被美军的电子侦察卫星截获到信号。美军利用音频指纹识别技术分析之后,确认该通话者就是哈立德·穆罕默德。于是美军锁定了目标所在区域,缩小了目标捕获范围,在随后的一周之内就成功实施了抓捕行动。

类似于上述电子侦察卫星的成功应用战例在历史上还有许许多多,这些战例都充分证实了航天电子侦察在现代战争及国家安全中所发挥的重要作用。

5.3 电子信号情报侦察系统

5.3.1 电子信号情报侦察系统的基本组成

典型的电子信号情报侦察接收系统的基本组成如图 5-5 所示。测向天线阵覆盖系统测向范围是 Ω_{AOA},并与测向接收机一起实现对射频脉冲信号到达角的实时测量。测频天线的角度覆盖范围也是 Ω_{AOA},并与宽带侦察接收机一起完成对脉冲载频 f_{RF}、到达时间 t_{TOA}、脉冲宽度 τ_{PW}、脉冲功率或幅度 A_P 等参数的实时测量。

有些电子信号情报侦察系统还可以实时测量射频脉冲的极化 E_P 和脉内调制类型 F,这些参数组合在一起,称为脉冲描述字(Pulse Descriptive Word, PDW)。

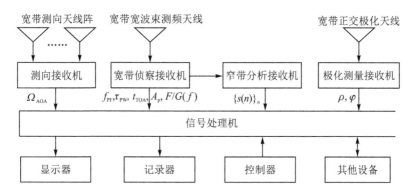

图 5-5　电子信号情报侦察接收系统的基本组成

电子信号情报侦察的基本过程是：宽带侦察接收机进行全面、可靠、快速的信号检测、参数测量、辐射源初步检测；引导窄带测向、窄带分析和极化测量接收机进行对特定信号的测向、波形与极化分析；信号处理机完成综合检测辐射源、辐射源个体识别等。

信号处理机一般由若干数字信号处理器（Digital Signal Processer，DSP）和现场可编程门阵列（Field Programmable Cate Array，FPGA）等电路组成，先将输入的 PDW 与各种已知雷达的先验数据和先验知识进行快速的匹配比较，分门别类地装入各 PDW 缓存器，认定为无用信号的立即剔除。该过程一般称为信号预分选或信号预处理。分选中用到的已知雷达的先验数据和先验知识可以预先加载，也可以在处理过程中进行补充和修订。为了适应预处理的实时性要求，一般的预处理机主要由 FPGA 担任。从预处理后的输出缓存中进一步剔除与雷达特性不匹配的 PDW，然后对各项参数特性都满足要求的 PDW 数据进行雷达辐射源的检测、参数估计、状态识别和威胁判决等，该过程称为信号主处理，一般由高速 DSP 阵列担任。利用主处理后的结果可以引导窄带分析接收机对特定的窄带信号进行精细的脉内和脉间调制分析处理。信号处理后的各种结果可以直接提交显示、记录、干扰控制等相关设备。

在典型情况下，PDW 的信号处理是一种大视野、大带宽、高截获概率的实时信号处理，务求不丢失任何一个射频脉冲信号，但它的测量精度和分辨能力不高。窄带分析接收机可根据侦察系统的任务要求和 PDW 信号主处理的引导，从宽带测频天线接收信号中选择特定调制特性（如频率、脉宽、脉冲重复周期等）的信号，将其变频到中频基带，经过模数变换器（Analog to Digital Converter，ADC）输出数字波形数据，再由窄带信号分析处理机进行脉内和脉间调制的精确分析和测量。

显示器、控制器用于人机界面处理，记录器用于将各种处理结果长期保存。

电子信号情报侦察系统的基本功能包括截获信号、识别发射机的种类、测量信号参数，如图 5-6 所示。

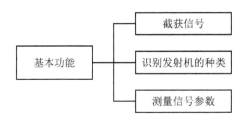

图 5-6 电子信号情报侦察系统基本功能

5.3.1.1 天线系统

天线是信号接收过程中的重要一环,它是将空间中传播的电磁辐射变成接收机处理的微波信号的转换器,也是接收机之前的信号处理器。天线能够基于到达角和极化方式压制某些信号并增强其他信号,它也是在处理中测量到达角和极化方式的关键要素。

采用大型接收天线是电子侦察卫星在外观上区别于其他卫星的一个显著特点,因为航天电子侦察处于太空运行环境,侦察距离远,灵敏度要求高,增加天线的直径可以使天线接收的有效面积增大,提高天线增益,更容易截获到低功率的微弱电磁信号,从而提高整个接收系统的灵敏度,同时所形成的天线窄波束也可以在一定程度上提高对辐射源目标的定位精度。

从卫星的外形上观察,侦察天线部分是搭载电子侦察有效载荷的卫星平台的主要特征。低轨电子侦察卫星一般采用天线阵形式;而高轨电子侦察卫星一般采用大口径天线形式,由于侦察作用距离远,采用(超)大型天线是高轨电子侦察卫星接收微弱信号的基础与前提,因此,高轨电子侦察卫星又常常被称为大天线卫星。例如,大椭圆轨道电子侦察卫星一般采用大型伞状天线,其技术难度在于肋条的展开精度;对地静止轨道电子侦察卫星一般采用大型网格天线,在网格节点上还装有微型电动机,以保证天线的机械均匀性和微波特性。在实际应用中,高性能高轨电子侦察卫星天线要求的直径往往很大,有的甚至高达 100 m 量级,携带有这种大型天线的卫星其发射难度也比较大,当天线折叠起来仍然不能收藏于运载工具中时,则需将天线分成若干部分,分批送入轨道后在卫星上利用空间机器人来装配成整个天线,这类天线被称为空间组装型天线。总的说来,大型天线的收拢、展开、变形处理等都是其核心技术。

5.3.1.2 信号处理系统

电子侦察数据处理的主要内容包括信号分选和识别、辐射源识别和定位、配属平台识别以及情报综合等。信号处理系统组成模块及功能如图 5-7 所示。

电子侦察卫星天线后端输出的信号经过低噪声放大与下变频之后,在中频进行信号的分析与处理。随着数字技术的进步,电子侦察卫星上的信号处理设备几乎全部向数字化方向发展。数字综合信号处理机是电子侦察有效载荷的信号处理

图 5-7 电子侦察信号处理的主要内容

部分,主要用来对截获到的信号进行分析、处理,从而获得相关的信息,另外,部分电子侦察卫星还具有一定的星上数据处理能力,相关信息在通过星上数据处理之后再传回地面,进一步提高了情报利用的及时性。虽然各种电子侦察卫星具有越来越强的星上信号处理能力,但是由于卫星上有效载荷的高可靠性要求、对高性能宇航级器件的限制以及对大量侦收到信号实施处理的工作量和复杂度高,高效的星上信号处理方法与技术仍然是目前和未来一段时期内电子侦察有效载荷研制的重点和难点之一。同时,数字综合信号处理机还需执行对整个有效载荷中其他各个分机的管理控制任务,以使整个电子侦察有效载荷能够高效地完成整个侦察处理任务流程。当然,在某些情况下,也会将此部分功能独立出来,而专门设计一个管控分机来完成此任务。电子侦察有效载荷在对信号实施分析和处理之后,将相关结果传输给卫星平台的数传分系统,然后通过星地数传链路传向卫星数据地面接收站,交给航天电子侦察地面数据处理中心进行进一步的分析处理,最终形成有价值的情报产品。

5.3.2 电子信号辐射源的特征与测量

5.3.2.1 电子信号辐射源的特征

脉冲信号是雷达信号侦察面临的最主要的目标对象,传统的脉冲描述字 PDW 包含五大参数,分别是到达时间(Time of Arrival,TOA)、载波频率(Radio Frequency,RF)、到达方位(Direction of Arrival,DOA)、脉冲宽度(Pulse Width,PW)、脉冲幅度(Pulse Amplitude,PA)。

但是随着近年来雷达技术的发展和新体制雷达的出现,传统的五大参数 PDW 已经不能满足现代电子侦察对复杂体制雷达辐射源进行脉冲分选和雷达个体识别的需要,所以必须对脉冲描述参数进行扩充,以更加精细的程度反映不同脉冲信号所具有的不同特征,从而为脉冲分选与个体识别提供条件。

在上述传统的五大参数中,脉冲宽度、脉冲幅度及脉冲到达时间这三大参数的估计都可以通过时域包络检波来完成。在经过信号检波之后,带有载频的脉冲信号变成了一个没有载波的基带视频信号,直接可以在基带视频信号的时域波形中求得脉冲宽度、脉冲幅度及脉冲到达时间等参数。对脉冲到达方向参数的估计一般是由电子侦察设备中的测向子系统来完成,关于辐射源信号测向方面的内容将在5.4节详细介绍。对脉冲的载波频率的估计,早期的电子侦察设备一般采用瞬时测频(Instantaneous Frequency Measuement,IFM),接收机直接对模拟信号进行处理来完成;但是随着数字化技术的广泛应用,现在的数字化电子侦察接收机一般对经过模数转换之后的数字信号采用傅里叶变换的方法,在频域中计算信号频谱中心位置处的频率作为脉冲信号的载波频率,而且数字化方法比模拟的瞬时测频能适应更低的信噪比(SNR)条件,所以数字化的脉冲频率测量的应用也越来越广。

上述脉冲信号的传统五大参数主要是针对简单的单频脉冲信号而设计的,随着雷达技术的发展,雷达信号的脉内也开始采用各种调制方式,如相位编码、频率调制等,其主要目的是实现脉冲压缩,以在同等探测信号功率条件下获得更好的距离分辨率。于是,对于电子侦察来说,脉冲信号的脉内调制方式自然成为现在新的雷达PDW的重要组成部分,对脉冲信号脉内调制类型进行识别也成为电子侦察的重要任务。雷达脉冲的调制类型主要分为四大类:

① 常规单频脉冲。

② 相位调制脉冲。典型的相位调制方式包括二相编码调制和四相编码调制。

③ 频率调制脉冲。频率调制又细分为连续频率调制和离散频率调制两类。典型的连续频率调制脉冲包括线性调频(Linear Frequenly Modulation,LFM)脉冲、非线性调频(Non-linear Frquecy Modulation,NLFM)脉冲,典型代表有正切调频、反正切调频、双线性调频、S型调频、幂级数调频)、V型调频脉冲等。而离散频率调制主要指频移键控调频(Frequency-Shift Keging,FSK)脉冲信号,又称脉内频率分集,即把一个宽脉冲分成若干个子脉冲,每个子脉冲又受不同载波频率的正(余)弦信号调制,包括线性步进调频等。

④ 脉内混合调制脉冲。脉内混合调制是一种组合式的调制方式,同样是将一个宽脉冲分成若干个子脉冲,每一个子脉冲内都进行着各自的随机调制,而且各个子脉冲的载波频率也在变化。主要的脉内混合调制有 FSK 与 LFM 组合调制、FSK 与 BPSK(Binart Phase Shift Keying,二进制相移键控)组合调制、FSK 与 QPSK(Quadratwre Phase Shift Keying,正交相移键控)组合调制等。

雷达脉冲信号分选是指从随机交叠的脉冲信号流中分离出各个雷达的脉冲序列,以获得感兴趣的有用雷达信号的过程。可以用于雷达脉冲信号分选的特征参数包含:

① 时域参数,主要包括脉冲到达时间、脉冲宽度、脉冲重复周期(脉冲重复频率)、脉冲上升沿时间、脉冲下降沿时间等。

② 频域参数,主要包括载波频率、频谱宽度、频率变化规律、频率变化范围等。

③ 空域参数,主要包括脉冲信号的到达角度。

④ 调制域参数，主要包括脉冲的脉内调制类型。

⑤ 信号极化参数，主要包括水平极化、垂直极化、圆极化、椭圆极化等。

上述特征参数都是通过电子侦察接收机，利用各种信号分析和处理方法对单个脉冲信号提取出来的特征参数，雷达脉冲信号分选的目的就是要根据每一个脉冲的这些特征参数将它们进行归类，将来自同一方向的同一型号的雷达所发射的脉冲单独挑选出来，从而为后续针对脉冲串的参数分析提供条件。

在实施实际的雷达脉冲信号分选时，需要考虑如下几个原则：

① 指定尽可能多的脉冲信号给某一个辐射源，最终结果给出尽可能少的辐射源数量。

② 指定的脉冲信号参数应呈现出与当前雷达制造技术水平相吻合的规律性。

③ 每个辐射源在某一时刻的频域变化规律与时域变化规律基本相互独立，但可以组合方式交替工作。

5.3.2.2　脉冲包络

将一段时间内高频信号的峰值点连线，就可以得到上方（正的）一条线和下方（负的）一条线，这两条线就被称为包络线。包络线就是反映高频信号幅度变化的曲线。对于等幅高频信号，这两条包络线就是平行线。

当用一个低频信号对一个高频信号进行幅度调制（即调幅）时，低频信号就成了高频信号的包络线，这样的信号称为调幅信号。从调幅信号中将低频信号解调出来的过程就称为包络检波。也就是说，包络检波是幅度检波。

等幅振荡的脉冲信号经过调制之后，每次振荡的幅度会有变化，把每次振荡信号的最高点和最低点分别用虚线连接起来，虚线的形状就是脉冲信号的包络。包络信号也是一个新的脉冲信号（周期更大），这个脉冲信号从时间上观察也会有一定的宽度（每个周期内会有一段时间为0），这种时间上的宽度就是脉冲包络宽度。脉冲的带宽和脉冲包络宽度成反比，即脉冲时间上的宽度越窄，频谱上的带宽越大。

时域信号检测的常用方法是时域检波与包络提取。检波主要是针对幅度调制连续波信号和脉冲信号的常用处理方法，直接针对模拟信号也有各种形式的检波器，这在电子线路和模拟器件相关技术文献中都有大量介绍。但是随着数字信号处理技术的发展，目前大多数信号处理任务都是在中频经过A/D模数转换之后进行数字信号的处理，即数字检波器已经成为信号检波的主要手段，因此下面主要讨论的是与数字检波相关的信号处理问题，也称数字检波。

数字检波的应用非常广泛，就AM幅度调制信号而言，通过检波可以直接获得调制在载波幅度上的调制信号；就脉冲类信号而言，通过检波输出后的门限判决，可以判断脉冲信号的有无，另一方面还可以获得脉冲宽度以及脉冲幅度等信号特征参数。数字检波相对于模拟检波来说具有较大的优越性，模拟检波主要是利用检波器输入与输出之间的非线性变换特性进行工作的,但是模拟检波器存在器件性能飘移、器件参数随温度变化、性能稳定性差等问题,而数字检波则完全是数字运算,只要数字器件能够支撑的运算速度足够快。在工程上,数字检波器将逐渐成为今后应用的主流。由于检波器的输入与输出之间是一种非线性的变换关系,所以检波器与通常所讨论的线性系统是有差别的,在检波器中常用的非线性变换关系主要有半波检波、绝对值检波、平方律检波等。

5.3.2.3 脉冲的时域参数测量

脉宽、脉幅、到达时间称为脉冲的时域参数,这三个时域参数在脉冲信号时域包络上的呈现方式如图 5-8 所示。

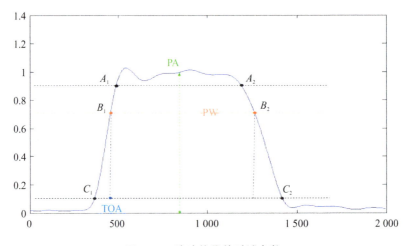

图 5-8 脉冲信号的时域参数

脉宽(Pulse Width,PW)是指脉冲上升沿和下降沿的两个半功率点之间的时间跨度。

脉幅(Pulse Amplitude,PA)是指脉冲幅度趋于稳定时对应的幅度。

脉冲到达时间(Time of Arrival,TOA)通常被定义为脉冲前沿的半功率点时间,是指脉冲功率从 0 增大到半功率点(脉幅对应功率的一半)所对应的时间。TOA 的精确测量应该在脉冲幅度测量之后,但是对于前沿较陡的脉冲,可以将脉冲前沿过信号检测门限的时刻作为 TOA 的近似测量。

5.3.3 信号的频率测量

5.3.3.1 信号频率测量的作用

频率或频谱是电磁波信号的重要特征参数。雷达发射信号的频率或频谱不仅与雷达的用途、功能和性能等有着非常密切的关系,与雷达所采用的器件、电路和工艺技术等也有非常密切的关系。因此,在雷达设计和研制完成以后,雷达频率和频谱特性的变化范围和变化能力是十分有限的。频率和频谱特性既是雷达的固有特征,也是雷达之间相互区别的重要依据。对战场电磁频谱资源和装备的合理管控也是充分发挥各种电磁信息资源能力的重要保证。通过精确测量雷达信号的频率和频谱,甚至能够区分同种、同批次雷达的不同个体。在当前的复杂电磁信号环境中,研究和发展快速、准确的雷达信号频率测量和频谱分析技术,对于雷达侦察信号分选、识别和辐射源检测、识别,以及引导干扰和反辐射攻击武器都具有非常重要的作用。

对雷达信号的频率测量与频谱分析可以分为三种情况:对单个射频脉冲的频率测量和频谱分析;对给定时间内多个脉冲的频率测量和频谱分析;对特定辐射源连续脉冲信号的频率测量和频谱分析。

早期的雷达对抗系统主要采用模拟接收处理技术,只能测量窄带信号的中心频率(或载波)。近年来的数字接收处理技术不仅可以完成对窄带信号中心频率的测量,还可以进行高分辨能力的频谱分析,特别是以并行数字信道化检测和测量为代表的高速时频分析处理技术,可以实现近乎实时的频谱分析。

一般的雷达对抗系统首先要完成对逐个射频脉冲信号的频率测量和频谱分析,然后对来自同一个辐射源的若干个连续脉冲进行频率测量和频谱分析,以便得到更加准确、细致的结果,形成脉组信号的频率和频谱,再经过长时间测量分析和综合,最终得到精细的辐射源频率与频谱特性。

5.3.3.2 信号频率测量的分类

对雷达信号频率的测量可以采用模拟接收机、数字接收机和模拟/数字混合接收机以及信号处理技术实现。有一类测频技术是直接在频域进行的,包括搜索频率窗和毗邻频率窗。搜索频率窗是一个可调谐中心频率的带通滤波器,其瞬时带宽较小,通过通带中心频率内的调谐选择和测量输入信号频率。毗邻频率窗是一组相邻的带通滤波器覆盖频带。还有一类测频技术是将信号频率单调变换到相位、时间、空间等其他物理域,再通过对变换域信号的测量得到原信号频率。可以将这两种测频技术归结为两类信号频率测量方法:

① 直接测量法,即通过带通滤波器组的输出直接测量信号频率和频谱。

② 频域变换法,即将信号频率/频谱单调映射到其他物理域,并在该域测量。

信号频率测量的主要技术指标包括:

➢ 频率测量范围、瞬时带宽、频率分辨力和频率测量精度;

➢ 频谱分析范围、频谱分辨力和频谱分析误差;

➢ 测频与频谱分析灵敏度和动态范围;

➢ 最小测频和频谱分析脉宽、测频时间、频谱分析时间和时频分辨力;

➢ 频率截获概率和截获时间;

➢ 对同时到达信号的频率测量和频谱分析能力。

5.3.3.3 搜索式超外差测频技术

1. 超外差接收机的工作原理

超外差接收机利用中放的高增益和优良的频率选择特性,对本振与输入信号变频后的中频信号进行检测和频率测量。由于变频后的中频信号可以保留窄带输入信号中的各种调制信息,消除了变频前输入信号载频的巨大差异,便于进行后续的各种信号处理,特别是数字信号处理,因此,它被广泛地应用于各种电子战接收机中,频率搜索主要是对变频本振的调谐和控制。

搜索式超外差测频系统的基本组成如图 5-9 所示。

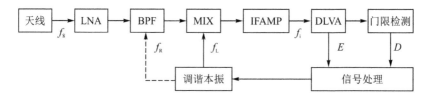

图 5-9 搜索式超外差测频系统的基本组成

雷达信号通过接收天线、低噪放大(LNA)进入微波预选器,信号处理机根据需要分析的输入信号频率来设置调谐本振频率,微波预选器(BPF)当前中心频率和通带,使它们满足下列关系:

① 输入信号由天线、低噪放大(LNA)通过微波预选器(BPF),且

$$f_S \in [f_R - \Delta f/2, f_R + \Delta f/2]$$

② 与调谐本振混频(MIX),通过中放,且

$$|f_L - f_S| \in [f_i - \Delta f_R/2, f_i + \Delta f_R/2]$$

③ 经检波/对数视放(DLVA)输出脉冲包络 E,经门限检测输出 D 给信号处理,输出频率估计

$$\hat{f}_S = f_L \pm f_i$$

2. 寄生信道

满足 $mf_L - nf_S \in f_i \pm \Delta f_i/2$ 的所有频率,除 $m=n=1$ 以外均称为寄生信道,将引起测频错误,其中 $m=n=-1$ 最严重,称为镜像信道。镜像抑制比可表示为

$$d_{ms} = 10\lg \frac{P_{so}}{P_{sm}}$$

抑制寄生信道的主要措施是:
① 本振与微波预选器统调,始终将镜像频率置于 BPF 阻带。
② 高中频抑制镜像,即

$$f_i > \frac{f_2 - f_1 + \Delta f_R}{2}$$

③ 采用镜像抑制混频器。

④ 采用零中频。

⑤ 增加辅助信道,进行逻辑识别。

3. 频率搜索方式与速度的选择

频率搜索速度主要分为频率慢速可靠搜索、频率快速可靠搜索、频率灵巧可靠搜索和频率概率搜索。

频率慢速可靠搜索是在雷达照射时间 T_S 内搜索全频带,即

$$T_f \leqslant T_S, \quad \tau_f = T_f \frac{\Delta f_R}{f_2 - f_1} \geqslant Z \times \text{PRI}$$

对于主瓣侦收

$$T_S = T_A \frac{\theta_{0.5}}{\Omega_\theta}$$

例如:某雷达圆周扫描周期为 6 s,波束宽度为 2°,重复周期为 1 ms,检测需要 5 个脉冲,测频范围为 1~2 GHz,求最小接收机带宽。

解:天线照射时间为

$$T_S = 6 \text{ s} \times \frac{2}{360} = \frac{1}{30} \text{ s} = T_f$$

需要的带内驻留时间为

$$\tau_f = 5 \times 1 = 5 \text{ ms}$$

最小接收机带宽为

$$\Delta f_R = \tau_f \times \frac{f_2 - f_1}{T_f} = 5 \times 10^{-3} \times \frac{2\,000 - 1\,000}{\frac{1}{30}} = 150 \text{ MHz}$$

5.3.3.4 脉内参数测量

1. 雷达脉内调制的分类及发展历程

在 20 世纪 30—50 年代雷达发展的早期,雷达脉冲信号的脉内是不经过调制的,纯粹是一个单载波,因此在传统电子侦察的 PDW 中也没有对应的脉内调制表征参数。随着雷达技术的进步,为了改进目标探测的距离分辨率和多普勒分辨率,于是对脉冲信号进行了各种调制。

脉冲调制(Pulse Modulation,PM)是 PDW 中最复杂的一个组合参数,不仅要指出调制类型,还要列出详细的调制参数。总的来讲,雷达脉内调制类型主要分为四类,即频率调制、相位调制、幅度调制和组合调制。

最开始出现的雷达脉内调制主要是频率调制与相位调制这两种类型,因为调频与调相可以保持脉冲信号幅度的恒包络特性,而不会损失雷达脉冲信号的功率,确保了雷达具有较大的目标探测距离。在 20 世纪后期,各种具有脉内调制特性的雷达在世界各地开始得到广泛应用。

2. 简单调制类型及 PDW 表征

（1）脉内调相

脉冲信号 $s(t)$ 简单脉内相位调制的解析信号形式可表达为

$$s(t) = A\exp[j(2\pi f_c t + \theta_c)]$$

即

$$s(t) = A \cdot \exp\left\{j\left[2\pi f_c t + \theta_c + \sum_{i=0}^{N_c-1} \phi_i \cdot \text{rect}\left(\frac{t}{\tau_c} - i\right)\right]\right\}$$

式中，A 是脉冲幅度；f_c 是载频，表示初相；N_c 是子码个数；c 是子码宽度，表示相位调制序列。上述参数都是 PDW 的组成要素，rect(·) 是矩形函数。

对于相位编码信号有

$$\varphi(t) = \pi C_d(t) + \varphi_0$$

式中，C_d 是相位编码函数，其码元宽度小于脉冲宽度 PW。

相位调制主要包括二相编码、四相编码、多相编码等。如果取值集合为 2 位，则为二相调制，调制序列常用 Barker 码序列、m 序列、Gold 序列等；如果取值集合为 4 位，则为四相调制；如果再取更多的数值，则为多相调制，其典型码序列包括 Frank 码、P1 码、P2 码、P3 码、P4 码、T1 码、T2 码、T3 码、T4 码等。

（2）脉内调频

调频信号的主要特征是其频率随时间的变化规律，而瞬时频率又是相位对时间的一阶微分，在数字信号中就是相位序列的一阶差分。

雷达脉冲信号的简单脉内频率调制细分为离散频率调制和连续频率调制两类。

① 离散频率调制，例如频率编码脉冲等。

脉内离散频率调制又被称为脉内跳频或频率编码，可表达为

$$s(t) = A \cdot \exp\left\{j\left[\sum_{i=0}^{N_c-1} 2\pi f_i \cdot \text{rect}\left(\frac{t}{\tau_c} - i\right) t + \theta_i\right]\right\}$$

当频率序列满足

$$f_i = f_0 + i\Delta f$$

等差数列特性时，该离散频率调制又被称为脉内步进频调制，此时频率序列在 PDW 中仅需三个参数，即起始频率、步进频率与步数即可表征。

② 连续频率调制，例如线性调频、正弦非线性调频等。

脉内连续频率调制一般表达为

$$s(t) = A \cdot \exp\left\{j\left[2\pi f_c t + \int_0^{\text{PW}} G(t)\text{d}t + \theta_c\right]\right\}$$

目前使用得最多的一种脉内连续频率调制即线性调频（Linear Frequency Modulation，LFM），其频率调制函数表达为

$$G(t) = 2\pi k_L t$$

式中，k_L 表示调频斜率，是 PDW 的重要要素。

如果将几个具有不同调制参数的 LFM 子脉冲首尾相接生成一个长脉冲信号，则这个长脉冲可以被认为采用了复合调制，又被称为分段线性调频信号。

除 LFM 之外，其他的连续频率调制均被称为非线性调频，其中比较典型的非线性调制函数是正弦函数，即

$$G(t)=2\pi A_{\rm L}\sin(2\pi k_{\rm L}t+\theta_{\rm L})$$

此时又被称为正弦调频。

对于上述简单脉内调频函数，PDW 表征中需要逐一列出其调制类型及对应的调制参数，以达到通过上述参数可重构出该脉冲信号波形的目的。

需要特别指出的是，随着雷达通信一体化波形设计技术的发展，更多通信信号的调制类型将会逐渐融合到传统雷达信号的调制类型中，产生更多、更全、性能更好的兼具目标探测能力与信息承载能力的新脉冲波形。

（3）脉内调制模式分析

脉内调制模式分析是对信号进行脉内分析，判断信号是简单脉冲、相位编码、线性调频还是频率编码等类型。

识别脉内调制类型的主要流程是：首先对输入信号进行预处理，然后对预处理的信号进行检测，如果检测到信号，则进行信号参数测量及脉内调制特征识别；如果没有检测到可分析的脉冲，则分析结束，准备分析下一包数据。

① 采用分步识别：用门限检测将调频信号和调相信号分开。

② 对相位编码信号的识别：相位编码信号的脉内特征是载频不变，相位随时间非连续变化。

二相编码信号调相点的归一化相位差分序列值为 1 或 −1；四相编码调相点的归一化相位差分序列值为 0.5、1、1.5 或 −0.5。所以当信号判断为相位编码信号后，可以利用归一化相位差分序列的幅度差异进一步识别不同的相位编码信号。

各种调制信号相位差分的特征，依据相位差分图进行人工识别是比较容易的，仿效人工识别的判断过程可以给出计算机自动识别方法。

③ 对线性调频信号和双线性调频信号的识别：对于已经判断为调频信号的脉冲可以利用其相位差分序列做进一步识别，识别的主要任务是考察其相位差分序列是否为线性或分段线性。

最简单的情形是将整个脉冲作为一段进行拟合和显著性检验，若达到要求的显著性水平，则认为该信号是线性调频，否则认为该信号是非线性调频。若将相位差分序列分两段处理就可以识别出双线性调频。

5.4 辐射源方向的测量与定位

雷达信号的来波方向和位置是电子侦察中非常重要的信息。对雷达信号的测向就是测量雷达辐射电磁波信号的等相位波前方向，对雷达信号的定位就是确定其发

射天线及雷达系统在空间中的地理位置。

5.4.1 测向定位的作用与分类

5.4.1.1 测向定位的作用

电子侦察系统测向定位主要有以下几种作用。

1. 信号分选和识别

在电子对抗工作的信号环境中存在着大量的辐射源和散射源,各种源的来波方向是彼此区分的重要依据之一,且受外界的影响小,具有相对的时间稳定性,因此辐射源方向一直是电子侦察系统中信号分选和识别的重要参数。

2. 引导干扰方向

由于大部分雷达收发共用天线或收发天线间距很近,为了将干扰功率集中到需要干扰的敌方雷达方向,首先需要测量该雷达方向,再引导干扰发射天线波束对准该方向。

3. 引导武器系统攻击

测向定位可以引导杀伤武器和军事行为(导弹/炸弹/作战飞机和编队等),根据所测出的敌方威胁雷达方向和位置,引导反辐射导弹、无人机和其他火力攻击武器对其实施杀伤。

4. 提供告警信息

测向定位可以为作战人员和系统提供威胁告警,指示威胁方向和威胁程度等,以便采取战术机动或其他应对措施。

5. 提供辐射源的方向和位置情报

测向定位可以提供信号环境中大量辐射源方向和位置方面的情报,构成战场作战态势,支持军事决策和指挥控制,辅助战场指挥和决策。

5.4.1.2 测向的分类

电子侦察测向是利用测向天线的方向性,即对不同方向到达电磁波的振幅、相位或时间响应特性,并依此分为振幅法测向、相位法测向和时差法测向。在测向工作时,一般测向天线的孔径都远小于其与辐射源的距离,到达天线的电磁波近似满足平面波前的条件。在一般情况下,电子侦察测向主要测量来波的方位,只有少量侦察系统能够同时测量方位和仰角。如果不加特别说明,本节的测向主要是指测量来波的方位角。

1. 振幅法测向

振幅法测向是根据测向天线接收信号的相对幅度大小来确定信号的到达方向,主要的测向方法有最大信号法、比较信号法和等信号法。最大信号法通常采用波束扫描体制,以接收信号功率最强的方向估计来波方向。比较信号法通常采用多个不同指向的波束覆盖一定的方向范围,根据各波束接收同一信号的相对幅度估计来波方向。等信号法主要用于对辐射源的跟踪,力求将接收信号振幅相等的方向指向辐射源方向。等信号法测向的测角范围较小,但测角精度较高。常用的振幅法测向技术有波束搜索法测向、全向振幅单脉冲测向和多波束测向等。

2. 相位法测向

相位法测向是根据测向天线阵接收同一信号的相位差来确定信号的到达方向。由于相位差与信号频率具有非常密切的关系,因此,相位法测向往往需要测频辅助。该方法按照天线阵型主要分为一维线阵干涉仪测向、二维线阵干涉仪测向、平面圆阵干涉仪测向、相关干涉仪测向和其他阵型的相位法测向等。

3. 时差法测向

时差法测向是根据测向天线阵接收同一信号的时间差来确定信号的到达方向。由于时间差与信号频率无关,因此,该方法适合于宽带测向。时差法测向按照天线阵型主要分为一维线阵时差测向和二维线阵时差测向等。

5.4.1.3 定位的分类

对雷达辐射源的定位是在一定的地理条件下,利用接收站自身的位置、运动及其与辐射源信号的相对关系,通过对同一辐射源的多个测量方向、对同一个辐射源信号的多个到达时间差、对同一个辐射源信号的相对频率差等,确定辐射源在平面或空间中的位置。图5-10所示为辐射源定位方法的分类。

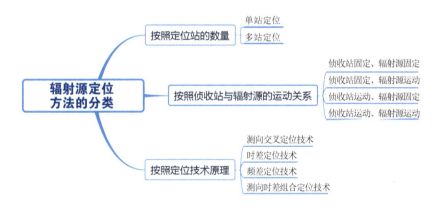

图5-10 辐射源定位方法的分类

1. 按照定位站的数量

对辐射源的定位按照参与定位的接收站数量分为单站定位和多站定位。

单站定位是只有一个侦收站完成的定位,按照定位需要的时间分为瞬时定位和侦收站运动定位。单站定位只用一个接收站,一般需要以特定的地理环境或接收站的运动为辅助定位条件。单站定位有飞越目标定位、方位-仰角定位、测向-方向变化率定位、测向-相位差变化率定位和测向-功率比变化定位等。

多站定位是两个及以上侦收站协同完成的定位,一般均为瞬时定位。多站定位有测向交叉定位、测向时差定位和测时差定位等。

2. 按照侦收站与辐射源的运动关系

需要多个接收站协同完成定位,各站间的距离被称为基线。多站协同具有良好的定位能力,但对协同性能具有较高的要求。按照侦收站与辐射源的运动关系的定位有以下几种情况:

- 固定侦收站对固定辐射源的定位,理论与技术均较为成熟;
- 固定侦收站对运动辐射源的定位,理论与技术较为成熟;
- 运动侦收站对固定辐射源的定位,理论与技术较为成熟;
- 运动侦收站对运动辐射源的定位,理论成熟,技术不成熟。

3. 按照定位技术原理

定位技术有测向交叉定位技术、时差定位技术、频差定位技术和测向时差组合定位技术。按照定位采用的测量信息,主要分为三类:

① 测向交叉定位,是指利用不同位置接收站测得的同一辐射源方向,进行交叉定位。

② 测向时差定位,是指利用不同位置接收站测得同一辐射源方向,确定辐射源位置。

③ 测时差定位,是指利用不同位置接收站测得的同一信号的时间差,确定辐射源位置。

定位的主要技术指标有:

① 定位坐标维度,包括平面定位(二维极坐标或直角坐标)、空间定位(三维极坐标或直角坐标)。

② 定位范围,是指每一维度的可定位参数范围。

③ 定位精度,是指定位值与真值的均方根(2~3参数),圆概率误差半径(单参数)。

④ 定位条件,是指站数量、空间分布、运动状态、站间协同保障、初始引导等。

⑤ 定位时间,即指达到定位指标需要的时间。

5.4.2 辐射源方向的测量

电磁信号的来波方向是信号的重要特征参数,准确地测量信号的来波方向,不仅是实施辐射源目标无源定位的途径之一,而且对于信号分选、目标识别、态势呈现和干扰引导等功能也具有十分重要的作用。

电子侦察中通常利用测向天线系统对不同方向到达的电磁波所具有的振幅或相位响应来确定辐射源来波方向,常用的测向技术包括振幅法测向、相位法测向和短基线时差测向。

5.4.2.1 振幅法测向

振幅法测向是通过天线对不同来波方向信号的幅度响应来测量辐射源信号的到达方向。振幅法测向可细分为最大幅度法测向、最小幅度法测向、相邻比幅法测向等。

1. 最大幅度法测向

最大幅度法测向的基本原理是利用 3 dB 波束宽度为 θ_b 的窄波束天线,以一定的速度在测角范围 Ω 内连续搜索,当接收到的辐射源信号强度最强时,侦察天线波束所指的方向就是辐射源信号的来波方向。通常情况下为了提高测角精度,最大振幅法测向也可以采用两次测量求平均的处理方式。在天线搜索过程中,当辐射源信号的幅度分别高于和低于检测门限时,分别记录波束的指向角 θ_1 和 θ_2,然后将它们的平均值作为信号到达角的一次估计值。

2. 最小幅度法测向

最小幅度法测向的基本原理是利用具有较深波束零点的天线,以一定的速度在测角范围 Ω 内连续搜索,当接收到的辐射源信号强度最小时,侦察天线波束零点所指的方向就是辐射源信号的来波方向。最小幅度法测向实际上是将侦察天线的波束零点方向对准信号的来波方向,从理论上讲,此时天线接收到的信号强度为零,接收机输出的信号同样为零,则天线波束零点方向就是辐射源信号的来波方向。

在实际工程应用中,采用最小幅度法测向的天线要经过特殊设计,要具有一定的天线波束零点宽度和零点深度,只有这样才能确保后续的测向精度。最小幅度法测向的测向精度和角度分辨率比最大幅度法测向要高,而且测向方法简洁,使用简单的偶极子天线也能完成最小幅度法测向。最小幅度法测向以前主要应用于长波、中波、短波和超短波频段,随着技术的发展,其应用也逐渐向微波频段扩展。

3. 相邻比幅法测向

相邻比幅法测向的基本原理是比较相邻两个测向天线在同一时刻侦收到信号的相对幅度大小来确定信号的来波方向。如图 5-11 所示,天线 A、B 的方向图函数分别为 $B_A(\theta)$、$B_B(\theta)$,它们各自的天线轴向不同,天线轴向之间的夹角为 θ_S,且波束方向图交叉点的角度为 $\theta_S/2$。

相邻比幅法测向与最大/最小幅度法测向相比,其优点是测向精度高,具有瞬时测向的能力,特别是对于雷达脉冲信号,该方法仅需要一个脉冲就可以实现测向,因此,该方法又被称为单脉冲比幅法测向。对比来说,该方法所要求的后端设备相对复杂,并且要求各个测向通道之间的幅度响应具有较高的一致性;但其优点也比较突出,即能针对突发信号实时测向。

5.4.2.2 相位法测向

相位法测向是通过测量位于不同波前的天线接收信号的相位差,经过处理来获

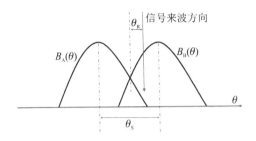

图 5-11 相邻比幅法测向原理图

取来波方向,如图 5-12 所示。

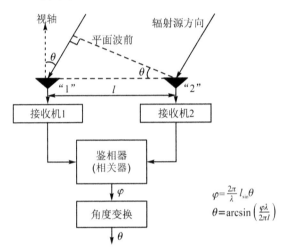

图 5-12 相位法测向

用于相位法测向的设备被称为干涉仪。根据阵列天线单元的布局,干涉仪主要分为线阵天线和圆阵天线干涉仪。

多基线干涉仪采用较短距离的干涉仪决定视角,由较长间距的干涉仪决定测角精度。一维线阵干涉仪测向系统的组成如图 5-13 所示,d_{N-1} 为各天线阵元至 0 阵元的距离,也被称为基线长度。

各接收信道输出信号可表示为

$$s_k(t) = s(t) F(\theta) e^{j\frac{2\pi}{\lambda} d_k \sin\theta}, \quad k = 0, 1, \cdots, N-1$$

相位差测量与测向处理机首先测量各基线在 $[-\pi, \pi)$ 区间内存在的模糊的相位差。最短基线 d_1 与单侧最大测向范围 $\theta_{\max}$ 满足无模糊条件,即

$$\phi_1 = \frac{2\pi}{\lambda} d_1 \sin\theta_{\max} < \pi$$

则相位差与方向具有单调对应关系,可唯一地求解信号的到达方向

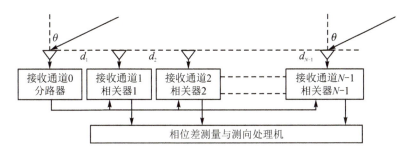

图 5-13 一维线阵干涉仪测向

$$\theta = \arcsin\left(\frac{d_1 \lambda}{2\pi d_1}\right)$$

由于相位差与信号频率具有非常密切的关系,因此,相位法测向往往需要测频辅助。

5.4.2.3 短基线时差测向

时差法测向是利用阵列天线各单元接收同一信号的时间差来测量来波方向的,由于时间差测量没有模糊,通常只需要用两元或三元天线就可以进行一维或二维方向的测向。

如图 5-14 所示,两个完全同步的接收天线/通道彼此间隔 L 放置,如果辐射源角度为 θ,距离 R 远大于基线长度 L,那么它的波阵面是与两个接收通道基线倾斜角为 θ 的平面波。

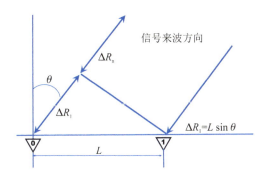

图 5-14 时差测向

波前到达较远的天线相对于到达较前的天线的时间差 Δt 为

$$\Delta t = \frac{L \sin \theta}{c}, \quad \theta \in [-\pi, \pi]$$

测得了时间差就唯一确定了信号的到达方向

$$\theta = \arcsin\left(\frac{\Delta t c}{L}\right)$$

例如:假设 $L = 14$ m、$\Delta t = 33$ ns,则

$$\theta = \arcsin\left(\frac{\Delta tc}{L}\right)$$
$$= \arcsin\left(\frac{33 \times 10^{-9} \times 3 \times 10^{8}}{14}\right)$$
$$= \arcsin(0.707)$$
$$= 45°$$

时间差与信号频率无关,在获取中等的到达方向精度时,到达时间差(Time Difference of Arrival,TDOA)测量法的优势在于它完全不受信号载频影响,因此适合宽带测向。在覆盖整个射频带宽范围的情况下,该方法不需要采用相位法测向那么多的阵元天线。

5.4.3 辐射源定位

电子侦察定位就是利用辐射源的方位、时间和频率等信息,通过一个或多个平台实现对辐射源的定位。已知侦收站位置,利用侦收到的辐射信号确定辐射源在平面或空间中的位置,称为辐射源定位。

辐射源定位具体可分为测向定位方法、时差定位方法和频差定位方法等。其中,测向定位根据来波方向确定辐射源所在的位置,按照对定位数据的处理方法分为两大类:测角定位法,指所测来波方向与地球表面相交实现定位;测向交叉定位法,指多次测向后的交叉定位。下面具体介绍测向交叉定位和时差定位两种典型的定位方法。

5.4.3.1 测向交叉定位方法

测向交叉定位是在已知的两个或多个不同位置上测量辐射源电磁波到达方向,然后利用三角几何关系计算出辐射源位置,也称为三角定位技术,是相对最成熟、被采用最多的无源定位技术。

测向交叉定位的典型工作场景是利用两站一维或两维测向,确定辐射源平面/空间位置。测向交叉定位方法的工作原理如图 5-15 所示。

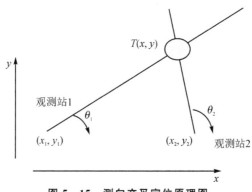

图 5-15 测向交叉定位原理图

根据角度定义可得

$$\begin{cases} (x-x_1)\tan\theta_1 = y-y_1 \\ (x-x_2)\tan\theta_2 = y-y_2 \end{cases}$$

表示成矩阵形式为

$$AX = Z$$

其中

$$A = \begin{bmatrix} -\tan\theta_1 & 1 \\ -\tan\theta_2 & 1 \end{bmatrix}, \quad X = \begin{bmatrix} x \\ y \end{bmatrix}, \quad Z = \begin{bmatrix} -x_1\tan\theta_1 + y_1 \\ -x_2\tan\theta_2 + y_2 \end{bmatrix}$$

目标位置的解析解为

$$X = A^{-1}Z$$

辐射源的位置估计为

$$\begin{cases} x = \dfrac{-x_1\tan\theta_1 + x_2\tan\theta_2}{\tan\theta_2 - \tan\theta_1} \\ y = \dfrac{y_2\tan\theta_2 - y_1\tan\theta_1 - (x_1-x_2)\tan\theta_1\tan\theta_2}{\tan\theta_2 - \tan\theta_1} \end{cases}$$

若有多个观测站得到多个测向线,可交叉出更多定位点,需采用统计处理方法进行处理得到定位解。

1. 定位误差的描述

圆概率误差(Circular Error Probable,CEP)是指以定位估计点的均值为圆心,且定位估计点落入其中的概率为 0.5 的圆的半径。这一概念是从炮兵射击演化而来的。如果重复定位 100 次,那么理论上定位点平均有 50 次会落入 CEP 圆内,有 50 次会落在 CEP 圆外。

测向误差的分布可以用零均值正态分布来近似。

如果测向侦察站的站址固定,定位误差还是目标位置的函数,可以用"定位误差的集合稀释(Geometrical Dilution of Precision,GDOP)"来描述。

两站之间($\theta_1 < 90°, \theta_2 > 90°$,锐角相交)模糊区面积较小,则定位越准确。

2. 减小定位误差

由于测向误差存在,通过测向交叉确定辐射源的位置可能是模糊区内的任意一点,减小定位误差应使得模糊区尽可能小、最大位置误差尽可能小。具体可采用提高测向精度、合理布站、多次测量等几种方法减小定位误差,如图 5-16~图 5-18 所示。

3. 应 用

实现测向交叉定位有两种方法:

① 用两个或多个侦察设备在不同位置上同时对辐射源测向,得到几条位置线,交点为辐射源的位置,如图 5-19 所示。

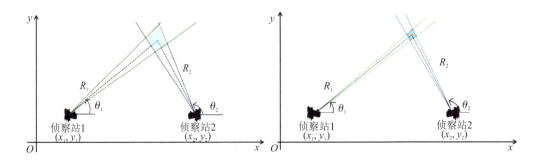

图 5-16　提高测向精度

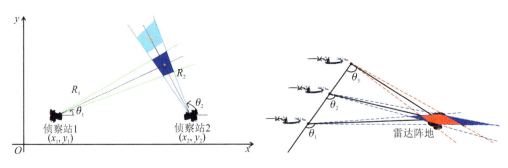

图 5-17　合理布设侦察站的位置　　　　图 5-18　多次测量

② 一台机载侦察设备在飞机航线的不同位置上对地面辐射源进行两次或者多次测向,得到几条位置线,再交叉定位,如图 5-20 所示。

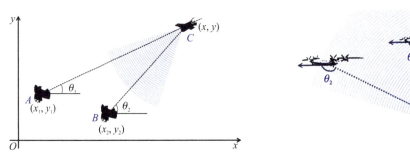

图 5-19　多个侦察设备在不同位置　　　　图 5-20　一台机载侦察设备在不同
上同时对辐射源测向定位　　　　　　　　　位置辐射源多次测向定位

在应用测向交叉定位时,需考虑侦察站的几何配置。

虚假定位:侦察区域中有多个辐射源在同时工作时,采用测向交叉定位可能产生虚假定位。将不同辐射源的方位线相交,其定位点就可能是一个虚假目标位置。减少虚假定位的途径是:在信号分选和识别的基础上,区分不同定位线,消除虚假点;在机载侦察条件下,多次测向并鉴别真假辐射源。

5.4.3.2 时差定位方法

时差定位是通过测量辐射源到达不同侦察站的信号时间差实现对目标辐射源的定位技术,也称为双曲线时差定位(见图 5-21)。

1. 时差测量方法

时差参数 TDOA 的精确估计是航天电子侦察中时差定位的基础与前提。时差参数估计并不是电子侦察中无源定位问题所特有的,实际上

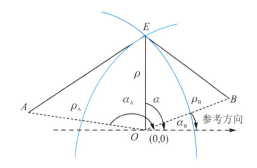

图 5-21 双曲线时差定位示意图

在雷达系统中也涉及时差估计问题:目标相对于雷达的距离测量实际上可以等效理解为目标反射的雷达回波信号相对于雷达发射信号之间的时间差测量。但是对于雷达来说,发射信号是事先已知的,所以通常采用匹配滤波技术来实现最大信噪比条件下的时差参数估计;除此之外,在声呐、水声无源探测等领域中也涉及时差参数估计问题。因此,对于这一问题的研究,学术界和工程界一直没有停止,所提出的方法也是各式各样的,部分典型的时差参数 TDOA 的估计方法简要归纳起来,包含基于信号相关的时差估计和基于高阶统计量的时差估计方法等。

时差定位法测量同一信号的到达时间 TOA,以旁瓣侦收同一辐射源的同一信号为必要条件。

(1) 同步信号法

同步信号法是指参与定位的各辅站将接收信号差转到主站,确定差转时延(经校准后),主站统一测时差、定位解算(见图 5-22)。

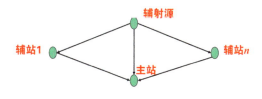

图 5-22 同步信号法

该方法的优点是对主站时间基准性能要求低,一般采用恒温晶振即可;其缺点是各站之间必须观测与差转信号同时通视。

(2) 同步时钟法

同步时钟法是指参与定位的各站都具有高精度时钟,统一授时,各自单独测时,数据传输协同定位(见图 5-23)。

该方法的优点是只要求观测通视和数据链接;其缺点是需要高精度定时和授时。

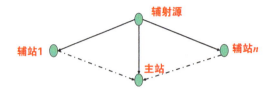

图 5 – 23　同步时钟法

2. 时差定位的基本原理

时差定位利用平面三站接收同一辐射源的同一信号的时间差确定其平面位置，亦称"反罗兰"技术。

平面三站时差方程组为

$$ct_{OA}=c(t_A-t_O)=[\rho^2+\rho_A^2-2\rho\rho_A\cos(\alpha-\alpha_A)]^{1/2}-\rho$$

$$ct_{OB}=c(t_B-t_O)=[\rho^2+\rho_B^2-2\rho\rho_B\cos(\alpha-\alpha_B)]^{1/2}-\rho$$

定位计算方法为

$$k_1=[\rho_A^2-(ct_{OA})^2]\cdot ct_{OB}-[\rho_B^2-(ct_{OB})^2]\cdot ct_{OA}$$

$$k_2=[\rho_B^2-(ct_{OB})^2]\cdot \rho_A\cos\alpha_A-[\rho_A^2-(ct_{OA})^2]\cdot \rho_B\cos\alpha_B$$

$$k_3=[\rho_B^2-(ct_{OB})^2]\cdot \rho_A\sin\alpha_A-[\rho_A^2-(ct_{OA})^2]\cdot \rho_B\sin\alpha_B$$

求解 φ，即

$$\cos\varphi=\frac{k_2}{\sqrt{k_2^2+k_3^2}},\quad \sin\varphi=\frac{k_3}{\sqrt{k_2^2+k_3^2}}$$

求解 α，即

$$\alpha=\varphi\pm\arccos\left[\frac{k_1}{\sqrt{k_2^2+k_3^2}}\right]$$

求解 ρ，即

$$\rho=\frac{\rho_A^2-(ct_{OA})^2}{2[ct_{OA}+\rho_A\cos(\alpha-\alpha_A)]}=\frac{\rho_B^2-(ct_{OB})^2}{2[ct_{OB}+\rho_B\cos(\alpha-\alpha_B)]}$$

定位解算一般存在两个解（二次方程存在的增根），可利用先验知识或增加测向等方法删除其中一个虚假解。

平面上的三站时差定位一般有两个解，这是由于两条双曲线一般有两个交点，由此产生定位模糊。在三站情况下，传统的方法需要其他辅助信息，如某站测量得到的方位角信息，确定正确的位置；或增加一个观测站，产生一个新的时差项，三条双曲线一般只有一个交点，因此可以解模糊。

另外，也可以根据辐射源相对基线的位置，在基线的前方或者后方确定。对于二维定位系统，从几何角度出发，可以得出这样的结论：在三站系统中，定位方程确定的两组双曲线最多只能有两个交点,如果还有一个交点,则不存在定位模糊;如果存在两个交点,这两个交点的位置必然是分布在基线的两侧。在防御系统中,时差定位系统一般部署在前沿阵地,敌辐射源都应位于阵地前方,因此对辐射源进行二维定位的过程中,如果存在定位模糊,则位于基线后方的定位点是虚假定位点。

例:某平面时差定位站成直线排列,坐标分别为-15 km,0,15 km,若同一信号到达左右两站与中间站的时差分别为6.806 μs,-3.117 μs,试求该辐射源的平面位置α,ρ。

解:定位计算

$ct_{OA} = 300 \times 6.806 = 2041.8$ m

$ct_{OB} = -300 \times 1.664 = -9.35.1$ m

$k_1 = [15\,000^2 - 2\,041.8^2] \times (-935.1) - [15\,000^2 - 935.1^2] \times 2\,041.8$
$= -664\,118\,742\,994$

$k_2 = [15\,000^2 - 935.1^2] \times 15\,000 \times \cos \pi - [15\,000^2 - 2\,041.8^2] \times 15\,000 \times \cos 0$
$= -6\,674\,349\,611\,250$

$k_3 = [15\,000^2 - 935.1^2] \times 15\,000 \times \sin \pi - [15\,000^2 - 2\,041.8^2] \times 15\,000 \times \sin 0 = 0$

由 $\cos \varphi = \dfrac{k_2}{\sqrt{k_2^2 + k_3^2}} = 1, \sin \varphi = \dfrac{k_3}{\sqrt{k_2^2 + k_3^2}} = 0$ 可得 $\varphi = 0$

$$\alpha = 0 \pm \arccos\left(\dfrac{k_1}{\sqrt{k_2^2 + k_3^2}}\right) = \pm \arccos\left(\dfrac{k_1}{k_2}\right) = \pm 84.289°$$

去掉虚假解保留84.289°,则

$$\rho = \dfrac{15\,000^2 - 2\,041.8^2}{2[2\,041.8 - 15\,000 \times \cos 84.289°]} = \dfrac{220\,831\,052}{1\,098.506} = 201\,028 \text{ m}$$

不同的布站方式会影响定位精度和定位计算的复杂程度。类似的处理,也可以采用四站实现三维空间内辐射源时差定位。

3. 典型的电子侦察系统

(1)地面时差定位电子侦察系统

捷克"维拉-E"(VERA-E)系统(见图5-24)是一种典型的地面四站时差定位系统。"维拉-E"整套系统由4个分站组成:分析处理中心站,位于中央地带,部署在箱式汽车内,拥有完整的计算机处理系统以及通信、指挥和控制系统;另外3个信号接收站则分布在周边地区,呈圆弧线形布局,系统展开部署后站与站之间距离在50 km以上。信号接收站使用重型汽车运载,具有灵活部署的优点,分布在前沿的接收站捕捉到目标电磁信号后立即把信号传送到电子战中心,中心站解算出目标的位置。该系统可同时探测和跟踪200~300个空中、地面或海上目标,对空探测时最大作用距离达 450 km。

图 5-24　捷克"维拉-E"(VERA-E)系统

（2）海洋监视卫星

例如,美国的"白云"(White Cloud)系列海洋监视卫星,即测出两颗卫星收到海面某信号源的时间差（两卫星到信号源的距离差）,即可获得以这两颗卫星为焦点的双曲面,再利用另外两颗卫星又可获得另一个双曲面,两个双曲面的交线与地面的交点就是海面信号源的位置,如图 5-25 所示。

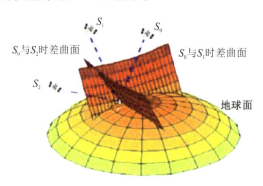

图 5-25　海洋监视卫星原理图

思考题

1. 航天电子侦察的主要任务有哪些？
2. 电子信号辐射源参数的测量方法有哪些？
3. 请叙述振幅法测向、相位法测向、时差法测向的基本原理。
4. 请叙述时差定位的基本原理。

第6章 测量与特征情报获取技术

测量与特征情报是指通过对特定的技术传感器(或者材料样品)获得的数据(距离、角度、空间、波长、时间依赖性、调制、等离子体和磁流体动力)进行定量和定性分析而获得的科学技术情报,目的在于识别目标、辐射源、发射体或发送器相关的特征。本书将测量与特征情报分为雷达情报、光电情报、声学情报、核情报、材料情报、射频情报和地球物理情报,1.2.3.3节中已经对此有所介绍。雷达情报获取在第4章中已涉及相关知识,射频情报和地球物理情报不作为学习的重点。本章主要介绍光电情报中的激光情报获取技术,以及声学情报获取技术、核情报获取技术和材料情报获取技术。

6.1 激光情报获取技术

激光是由激光器所发射的光,它可以是可见光,也可以是不可见的红外光及紫外光。但激光又与这些光有很大的不同:激光是处于激发状态的原子(或是离子、分子)受激辐射产生的,而普通光是自发辐射产生的。与普通光相比,激光有相干性好、方向性强、亮度高和悦色性好等特点。因此,在军事侦察领域,激光具有广泛的应用价值。激光的主要应用有激光测距、激光窃听、激光制导、激光雷达和激光武器等方面。

6.1.1 激光的基本知识

6.1.1.1 激光的概念及内涵

光与物质的相互作用,实质上是组成物质的微观粒子吸收或辐射光子,同时改变自身运动状况的表现。微观粒子都具有特定的一套能级(通常这些能级是分立的),在任一时刻,粒子只能处在与某一能级相对应的状态(或者简单地表述为处在某一个能级上)。与光子相互作用时,粒子从一个能级跃迁到另一个能级,并相应地吸收或辐射光子。光子的能量值为这两个能级的能量差 ΔE,频率为 $\nu = \Delta E / h$(h 为普朗克常量)。

激光的理论基础起源于物理学家阿尔伯特·爱因斯坦。1917年,爱因斯坦提出了一套全新的技术理论,即光与物质的相互作用。这一理论是说,在组成物质的原子中,有不同数量的粒子(电子)分布在不同的能级上,在高能级 E_2 上的粒子受到某种光子(频率为 $\nu = (E_2 - E_1)/h$)的激发,会从高能级 E_2 跳到(跃迁)到低能级 E_1 上,这时就会辐射出与激发它的光的频率、相位、偏振态以及传播方向都相同的光,这个过程称为受激辐射。可以设想，如果大量原子处在高能级 E_2 上，当有一个频率 $\nu = (E_2 - E_1)/h$ 的光子入射，从而激励 E_2 上的原子产生受激辐射，得到两个特征完全相同的光子，这两个光子再激励 E_2 能级上原子，又使其产生受激辐射，可得到四个特征相同的光子，这意味着原来的光信号被放大了。这种在受激辐射过程中产生并被放大的光就是受激辐射的放大光。

激光是继核能、计算机、半导体之后 20 世纪人类的又一重大发明，被称为"最快的刀""最准的尺"和"最亮的光"。LASER，全称 Light Amplification by Stimulated Emission of Radiation，音译为"镭射"，直译为"受激辐射的放大光"。1964 年，我国著名科学家钱学森建议将"镭射"改称"激光"。

1953 年，"激光之父"查尔斯·哈德·汤斯(Charles Hard Townes)制成了第一台微波量子放大器。1958 年，汤斯和阿瑟·伦纳德·消洛(Arthur Leonard Schawlow)发现了一种神奇的现象：当他们将氖光灯泡所发射的光照在一种稀土晶体上时，晶体的分子会发出鲜艳的、始终会聚在一起的强光，根据这一现象，他们提出了"激光原理"，即物质在受到与其分子固有振荡频率相同的能量激发时，都会产生这种不发散的强光——激光。他们为此发表了重要论文，把微波量子放大器原理推广应用到光频范围，并获得 1964 年的诺贝尔物理学奖。

1960 年，美国加利福尼亚州休斯实验室的科学家西奥多·哈罗德·梅曼(Theodore Harold Maiman)宣布世界上第一台激光器诞生，梅曼的方案是，利用一个高强闪光灯管来激发红宝石。由于红宝石在物理上只是一种掺有铬原子的刚玉，所以当红宝石受到刺激时，就会发出一种红光。在一块镀上反光镜的红宝石表面钻一个孔，使红光可以从这个孔溢出，从而产生一条相当集中的纤细红色光柱，当它射向某一点时，可使其达到比太阳表面还高的温度。

6.1.1.2 激光的特点

1. 定向发光

普通光源是向四面八方发光。要让发射的光朝一个方向传播，需要给光源装上一定的聚光装置(如汽车的车前灯和探照灯都是安装有聚光作用的反光镜)，使辐射光汇集起来向一个方向射出。激光器发射的激光天生就是朝一个方向射出，光束的发散度极小，大约只有 0.001 rad，接近平行。1962 年，人类第一次使用激光照射月球，地球离月球的距离约 38×10^4 km，但激光在月球表面的光斑不到 2 km。若以聚光效果很好、看似平行的探照灯光柱射向月球，其光斑直径将覆盖整个月球。

2. 亮度极高

在激光发明前，人工光源中高压脉冲氙灯的亮度最高，与太阳的亮度不相上下，而红宝石激光器的激光亮度能超过氙灯几百亿倍。因为激光的亮度极高，所以能够照亮远距离的物体。激光亮度极高的主要原因是定向发光，大量光子集中在一个极小的空间范围内射出，能量密度自然极高。激光亮度与阳光亮度的比值是百万级的，而且它是人类创造的。

3. 颜色极纯

光的颜色是由光的波长（或频率）决定，一定的波长对应一定的颜色。太阳光的波长分布范围约在 $0.76\sim 0.4~\mu m$，对应的颜色从红色到紫色共七种颜色。发射单种颜色光的光源称为单色光源，单色光源的光波波长虽然单一，但仍有一定的分布范围。如氪灯只发射红光，单色性很好，被誉为单色性之冠，波长分布的范围仍有 1×10^{-5} nm。因此，若仔细辨认，氪灯发出的红光仍包含几十种红色。激光器输出的光，波长分布范围非常窄，因此颜色极纯。以输出红光的氦氖激光器为例，其光的波长分布范围可以窄到 2×10^{-9} nm，是氪灯发射的红光波长分布范围的 2/10 000。激光器的单色性远远超过任何一种单色光源。

4. 相干性好

激光的频率、振动方向、相位高度一致，当使激光光波在空间重叠时，重叠区的光强分布会出现稳定的强弱相间现象，称为光的干涉，因此激光称为相干光。而普通光源发出的光，其频率、振动方向、相位不一致，称为非相干光。

5. 闪光时间可以极短

由于技术上的原因，普通光源的闪光时间不可能很短，照相用的闪光灯的闪光时间是 1/1 000 s 左右。脉冲激光的闪光时间很短，可达到 6 fs。闪光时间极短的光源在生产、科研和军事方面都有重要的用途（可以观察到物质内部原子、分子甚至电子的运动过程）。

6. 能量密度极大

光子的能量为

$$E = h \cdot f$$

式中，h 为普朗克常量，$h=6.62\times 10^{34}$ J·s；f 为频率。

由此可知，频率越高，能量越高。激光频率范围是 $3.846\times 10^{14}\sim 7.895\times 10^{14}$ Hz。由此看来，激光能量并不算很大，但是它的能量密度很大（因为它的作用范围很小，一般只有一个点），能在短时间内聚集起大量的能量，因此激光被用作武器也就可以理解了。

6.1.2 激光测距技术

6.1.2.1 激光测距的基本原理

激光测距就是以激光为光源对目标进行距离测量，通过测量激光光束在待测距离上往返传播的时间来换算出距离，其基本原理如图 6-1 所示。

激光测距仪与其他测距仪（如微波测距仪等）相比，具备探测距离远、测距精度高、抗干扰性强、保密性好、体积小、重量轻的特点。

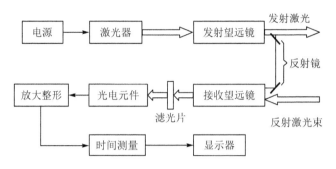

图 6-1 激光测距原理图

激光测距按照测量距离可分为三类：短程激光测距仪，测程仅在 5 km 以内，适用于各种工程测量；中长程激光测距仪，测程为五至几十千米，适用于大地控制测量和地震预报等；远程激光测距仪，用于测量导弹、人造卫星、月球等空间目标的距离。

激光测距的公式为

$$d = \frac{1}{2}ct$$

式中，c 是大气中的光速，t 是光波往返所需时间。由于光速极快，对于一个不太大的 d 来说，t 是一个很小的量。

例：设 $d=15$ km，$c=3\times10^5$ km/s，则 $t=10\times10^{-5}$ s。

由测距公式可知，如何精确测量出时间 t 的值是测距的关键。由于测量时间 t 的方法不同，产生了两种测距方法，即脉冲测距法和相位测距法。

6.1.2.2 脉冲测距法

脉冲测距法是由激光器对被测目标发射一个光脉冲，然后接收系统接收目标反射回来的光脉冲，通过测量光脉冲往返的时间来算出目标的距离。这种方法测程远，精度与激光脉宽有关，普通的纳秒激光测距精度在米的量级。

根据测距公式可知，要获得 d 的大小，就是要测量 t 的值。

1. t 的测量

在确定时间起始点之间用时钟脉冲填充计数，如图 6-2 所示。

激光脉冲测距仪的简化结构如图 6-3 所示。

因为

$$d = \frac{1}{2}ct = \frac{1}{2}c \cdot \frac{N}{f_T}$$

式中，f_T 是晶振频率，$f_T = \frac{1}{T}$。令 $N=1$，则测距仪的最小脉冲正量 δ 为

$$\delta = \frac{c}{2f_T}$$

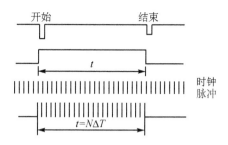

图6-2 脉冲测距中 t 的测量

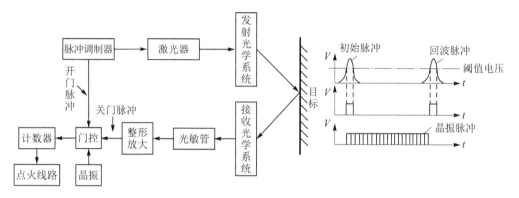

图6-3 激光脉冲测距仪的简化结构图

例：设 $f_T = 150 \text{ MHz} = 1.5 \times 10^8 \text{ Hz}, c = 3 \times 10^8 \text{ m}$，则

$$\delta = \frac{3 \times 10^8}{2 \times 1.5 \times 10^8} = 1 \text{ m}$$

2．测距精度分析

对 $d = \dfrac{cN}{2f_T}$ 求偏微分，得

$$\Delta d = \frac{\partial d}{\partial c}\Delta c + \frac{\partial d}{\partial N}\Delta N + \frac{\partial d}{\partial f_T}\Delta f_T$$

令 $\delta = \dfrac{c}{2f_T}$，则有 $d = \delta \cdot N$，从而得

$$\Delta d = \delta \cdot \Delta N$$

例设：$f_T = 150 \text{ MHz} = 1.5 \times 10^8 \text{ Hz}, c = 3 \times 10^8 \text{ m}$，则 $\delta = 1 \text{ m}$。因此，在测量中，如果存在一个脉冲的误差，则其测距误差 Δd 即为 1 m，这对于远距离测量也许是允许的，但对于近距离测量（如 50 m 等），则误差太大。若要求测距误差为 1 cm，即将测距误差缩小 100 倍，就需要将测量频率扩大 100 倍，即需要 15 GHz 的测量频率。

增大频率会带来三个问题：过高的时钟脉冲不易获得；高频电子元器件价格昂

贵,稳定性较差;对电路的性能要求很高。这就需要寻求更好的测量 t 的方法。

3. 多周期测距法

多周期测距法是通过对脉冲激光在测距仪和目标间往返多个周期累计时间求平均值来提高测距精度的方法。

设晶振填充时钟脉冲的频率为 f_T,测距仪距目标的距离为 d,光脉冲经过 N 个周期后所走的总路程之和为 L,则有

$$L = 2Nd = c\frac{m}{f_T}$$

$$d = \frac{cm}{2Nf_T}$$

式中,m 是计数器在 N 个周期中所计的总晶振脉冲个数。

例:设 $N=150, f_T=100 \text{ MHz}, c=3\times 10^8 \text{ m/s}$,则当 $m=1$ 时,多脉冲测量时的最小脉冲正量为

$$\delta_{多} = d_{(m=1)} = \frac{cm}{2Nf_T} = \frac{3\times 10^8 \times 1}{2\times 150 \times 100 \times 10^6} = 0.01 \text{ m}$$

而当采用单脉冲测量时的最小脉冲正量为

$$\delta_{单} = \frac{C \cdot 1}{2 \cdot f_T} = \frac{3\times 10^8}{2\times 100 \times 10^6} = 1.5 \text{ m}$$

结论表明,多脉冲测量比单脉冲测量的测距精度提高了 N 倍。

6.1.2.3 相位测距法

激光往返的时间 t 也可以用调制波的整数周期数及不足一个周期的小数周数来表示。通过检测被高频调制的连续激光往返后和初始信号的相位差可使测距精度大大提高,这种方法即为相位测距法,如图 6-4 所示,则往返时间 t 可表示为

$$t = \left(N + \frac{\Delta\varphi}{2\pi}\right) \cdot \frac{1}{f_v}$$

式中,f_v 是调制频率,单位为 Hz;N 是光波往返全程中的整周期数;$\Delta\varphi$ 是小于一个周期的位相值。于是有

$$D = \frac{1}{2}ct = \frac{c}{2}\left(N + \frac{\Delta\varphi}{2\pi}\right)\frac{1}{f_v} = \frac{c}{2f_v}N + \frac{c}{2\pi f_v}\Delta\varphi$$

令 $L = \frac{c}{2f_v} = \frac{c}{2}T_v$,等效于 1 个调制频率对应的长度;$L$ 定义为测距仪的电尺长度,等于调制波长的 1/2。于是相位测距方程为

$$D = L \cdot N + \frac{\Delta\varphi}{2\pi} \cdot L = L \cdot N + \Delta N \cdot L$$

结论:因为 L 是已知的,所以只需测得 N 和 ΔN 即可求 D。

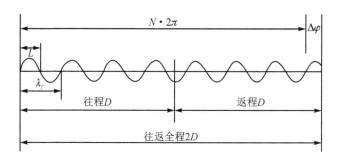

图 6-4　激光相位测距法

6.1.3　激光窃听技术

物体的振动会引起周围媒质质点由近及远的波动，称为声波。引起声波的物体称为声源，传播声波的物质称为媒质。声音是声源振动引起的声波传播到听觉器官所产生的感受。可见，声音是由声源振动、声波传播和听觉感受三个环节所形成的。

目前，窃听的主要技术有电话窃听、无线窃听、微波窃听和激光窃听，本小节主要介绍激光窃听技术。

激光窃听主要采用波长范围为 790～820 nm 的短波红外光，选择这个波长范围主要原因是：红外光是不可见光，不容易被监听对象所察觉；红外光有很好的大气传输特性，几乎可以不考虑大气散射；这种波长的激光器携带方便，容易进行实际操作；对于更大波长的红外光而言，短波红外不易受热辐射带来的噪声所影响；对于短波红外光的接收传感器，不需要专门的冷却设备就能以最佳灵敏度工作。

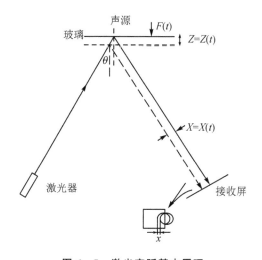

图 6-5　激光窃听基本原理

6.1.3.1 激光窃听的基本原理

激光可以探测到物体表面极微弱的振动,窃听技术专家正是利用激光的这一特点,研制成功了激光窃听系统,其基本原理如图 6-5 所示。这种系统是利用激光发生器产生一束极细的激光,持续发射到被窃听房间的玻璃上(或者墙上,但有效作用距离将变小),当被窃听的房间内有人讲话的时候,玻璃受到室内声波的干扰而发生轻微振动,房间的激光束自然也会随着这种振动发生变化。在室外的窃听人员用专门的激光接收器对返回激光进行接收,通过技术处理就可以还原室内的声音信号,其作用距离可达 300~500 m。

激光窃听系统主要包括激光发射器、激光接收器、一个微带录音机以及耳机等其他附属装置。激光发生器向着目标窗口持续发射激光,受到玻璃微小振动的影响,反射激光束由接收器接收,被调制、滤波放大并转化成电信号,转换后的电信号被微带录音机立刻录下来,并可通过耳机实时收听到。解调反射激光的基本原理与收音机收听广播的原理相似。

具体信号变换过程为:声音信号→光信号→微弱的电信号→放大→还原成声音。对应的物理量变换过程为:玻璃受空气压力 $F(t)$→玻璃面振动 $Z(t)$→光斑振动 $X(t)$→电流振动 $I(t)$→用扬声器还原成声音。

6.1.3.2 激光窃听的主要特点

激光窃听主要利用了激光的如下特点:

① 激光束方向性好。激光束的发散角很小,几乎是一束平行的光线。由几何光学可知,平行性越好的光束经聚焦得到的焦斑尺寸越小,再加之激光单色性好,经聚焦后无色散像差,使光斑尺寸进一步缩小,从而能使大部分的反射信号被接收。

② 激光的亮度高。其亮度比普通光源亮度高出 10^{12}~10^{19} 倍,是目前最亮的光源。由于窃听通常需要在较远距离进行,而光进行反射及远距离的传播会损失部分能量。因此,光束的能量也是窃听成功与否的关键因素。

③ 红外波段的不可见性。因为窃听通常需要秘密进行,不能被窃听对象发觉。因此,选用短波红外波段的激光进行窃听会更加隐蔽。

激光窃听最大的优点是不需要在被窃听的房间里安放任何装置。当然激光窃听也存在一些不足:

① 激光方向性强,最小的发射角只有毫微弧,只要激光束的入射角稍有变化,或者窗户玻璃的方向稍有变化,接收机的位置就需要有很大的变动,这就给激光窃听系统的实际使用带来很大的困难。

② 激光的绕射能力很弱,在传输途中,任何障碍物,甚至气候条件的变化对激光的传输都有明显的影响。

③ 激光窃听很容易防御,只要想办法让激光变成不规则的反射,激光接收机就收不到声音。

正是由于激光窃听存在以上这些不足,所有目前激光窃听系统的应用还不是十分普遍,还不能代替其他窃听器。

6.1.3.3 反激光窃听手段

反激光窃听的两个基本要素是:防止激光射入目标房间的窗户玻璃上;破坏反射体随声音的正常振动。因此,反激光窃听的主要手段有:

① 在玻璃窗外加一层百叶窗或其他能阻挡激光的物体。

② 将窗户玻璃改用异形玻璃(磨砂玻璃),异形玻璃表面不平滑,不影响透光,但会使散射回去的激光无法接收。

③ 将窗口玻璃装成一定角度,使入射的激光不能很好地进行反射。

④ 窗户上配上足够厚的玻璃,使之难与声音共振。

⑤ 将压电体或电机的音频噪声源贴在窗户玻璃上或置于窗户的附近,使噪声附加在反射光束上。

6.1.4 激光雷达技术

激光雷达(Light Delection and Ranging)是指用光波,特别是激光光波对目标进行探测和定位。因此,从本质上讲,激光雷达是传统的微波雷达向光学频段的延伸。

6.1.4.1 激光雷达的基本原理

激光雷达是以激光作为载波的雷达,以光电探测器为接收器件,以光学望远镜为天线的雷达。激光雷达是通过发射激光光束,并根据从目标反射的激光信息,对目标的距离、方位、高度和运动速度等进行探测的雷达。激光雷达是激光技术与雷达技术相结合的产物,它由发射部分和接收部分组成:发射部分主要包括激光器、调制器及发射光学系统;接收部分主要包括接收光学系统、光探测器、信号处理单元及自动跟踪和伺服系统等。激光雷达的基本工作原理如图 6-6 所示。

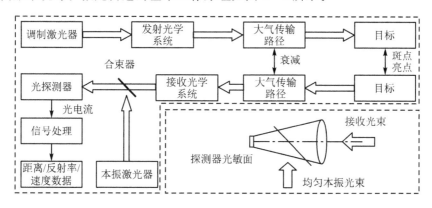

图 6-6 激光雷达的基本原理

6.1.4.2 激光雷达的特点

激光雷达是以激光器为辐射源的雷达,它是在微波雷达技术基础上发展起来的,两者的异同主要表现在以下方面:

① 两者在工作原理和结构上有许多相似之处。

② 工作频率由无线电频段改变成了光频段。

③ 雷达在具体结构、目标和背景特性上发生了变化。微波天线由光学望远镜所代替;在接收通道中,微波雷达可以直接用射频器件对接收信号进行放大、混频和检波等处理,激光雷达则必须用光电探测器将光频信号转换成电信号后再进行处理。

④ 在信号处理方面,激光雷达基本上沿用了微波雷达中的成熟技术。

激光雷达的优点主要有:

① 工作频率非常高,较微波高 3～4 个数量级。激光作为雷达辐射源探测运动目标时,其多普勒频率非常高,因而速度分辨率极高。

② 工作频率处于电子干扰频谱和微波隐身有效频率之外,有利于对抗电子干扰和反隐身。

③ 有效的绝对带宽很宽,能产生极窄的脉冲(纳秒至飞秒量级),从而实现高精度(可达厘米量级)测距。

④ 用很小的准直孔径(10 cm 左右)即可获得很高的天线增益和极窄的波束(1 mrad 左右),而且无旁瓣,因而可实现高精度测角(优于 0.1 mrad)、单站定位、低仰角跟踪和高分辨率三维成像,且不易被敌方截获,自身隐蔽性强。

⑤ 气体激光器的谱线宽度可达 $10^{-3} \sim 10^{-4}$ nm,而且频率稳定度能达到很高,可实现高灵敏度外差接收。

⑥ 激光雷达尺寸比微波雷达小得多,这使得激光雷达更适于车载、机载和用于空间载体。

激光雷达的缺点主要有:

① 大气对激光的散射和吸收比对微波严重,尤其当有云、雾、雨时,激光雷达作用距离小。

② 由于激光发散角小,大面积搜索时容易丢失目标,故不宜作为搜索雷达。若与微波雷达结合使用,可以扬长避短。

6.1.4.3 激光雷达的基本体制

同微波雷达一样,激光雷达可以依据信号形式、探测方式和测量原理等对激光雷达体制进行分类。按不同信号形式可分为脉冲和连续波激光雷达,每一类中又有不同的信号波形。按不同探测方式可分为直接探测(能量探测)和相干探测(外差探测)激光雷达。按不同功能可分为跟踪激光雷达(测距和测角)、测速激光雷达(测量多普勒信息)、动目标指示激光雷达(目标的多普勒信息)、成像激光雷达(测量目标不同部位的反射强度和距离等信号)和差分吸收激光雷达(目标介质对特定频率光的吸收强度)等。此外,还有利用微波相控阵原理的激光相控阵雷达和利用微波合成孔径原理的激光合成孔径雷达。

6.1.4.4 激光雷达的应用

激光雷达在侦察方面可用于对各种飞行目标轨迹的测量,如对导弹和火箭初始段的跟踪和测量,对飞机和巡航导弹的低仰角跟踪测量,对卫星的精密定轨等。激光雷达与红外、电视等光电装备相结合,组成地面、舰载和机载的火力控制系统,对目标进行搜索、识别和测量。由于激光雷达可以获取目标的三维图像及速度信息,有利于识别隐身目标。激光雷达可以对大气进行监测,遥测大气中的污染物和毒剂,还可测量大气的温度、湿度、能见度及云层高度。主要有如下应用类型的激光雷达:侦察用成像激光雷达、障碍回避激光雷达、大气监测激光雷达、制导激光雷达、化学/生物战剂探测激光雷达、水下探测激光雷达、空间监视激光雷达、机器人三维视觉系统和其他军用激光雷达。

6.1.4.5 激光雷达的关键技术

激光雷达技术是一种全新的遥感技术,因其高精度和高效率而在军事应用方面得到快速发展,也促进了激光雷达技术的发展,主要体现在激光器技术、探测器及探测技术、大气传输特性、激光雷达理论、信号处理技术、数据处理技术、控制技术、光学系统设计与加工技术和机械设计与加工技术等方面。

6.2 声学情报获取技术

声波的无意识发射或者调制能够和射频能量一样提供相同类型的情报信息。这种无意识发射情报的专门领域称为声学情报(ACOUSTINT,空中的声音),或者水声情报(ACINT,水下的声音)。声音在水中比在空气中传播得更远,也传播得更快,目前在水下应用十分广泛,本节主要介绍水声情报获取的相关技术。

海洋是人类开展交通运输、军事斗争和获取资源的场所,这就必须有观测、通信、导航、定位的工具。15 世纪末到 16 世纪初,欧洲人开辟了横渡大西洋到达美洲、绕道非洲南端到达印度的新航线,第一次环球航行取得成功,历史上习惯称之为"地理大发现"(见图 6-7)。大航海时代的开启是人类文明进程中最重要的历史事件之一。

1912 年,泰坦尼克号与冰山相撞,随后英国人提出水下回声定位方案。第一次世界大战后期,反潜成为一个主要研究方向,1918 年法国物理学家和俄国电气工程师采用电容发射器和碳粒接收器,成功探测到 1 500 m 处的水下潜艇的反射声,首次实现了利用回声探测水下目标,特别是对潜艇的侦察。

电磁波在水中的衰减为 $1.42×10^3 f^{1/2}$ dB/km,声波在水中的衰减为 $0.011 f^2$ dB/km,声波与电磁波衰减之比为 $7.7×10^{-6} f^{3/2}$。10 kHz 的声波在水中衰减仅约

图 6-7 "地理大发现"航行路线图

1 dB/km,而电磁波为 4 500 dB/km。因此,电磁波不能在水中远距离传播,声波可以在水中远距离传播。其他物理场(包括磁场、水压场、尾流场、温度场)也是可以检测的,但可检测距离大致与源本身尺度同一量级,也不能在水中远距离传递信息。因此,声波是迄今为止在水中唯一能有效地远距离传递信息的物理场。

6.2.1 水声学基本知识

6.2.1.1 水声学的基本概念

水声学是研究声波在水中的发射、传输、接收、处理,并用以解决与水下目标探测及信息传输有关的各种问题的一门声学分支学科。

在空气中,物体的振动往往伴随着声音的产生,例如提琴的弦的振动能产生悦耳的音乐,绷紧的鼓皮的振动会发出"咚咚"的声音。物体的振动传到人们的耳朵,从而使人耳鼓膜发生振动,人耳鼓膜振动使人主观上将其感觉为声音。

在水中,声音的产生由发声设备(发射机和发射换能器)实现,传播是通过水声物理现象(海洋信道的传播、混响、散射等)实现,收听是通过水听器(接收机和接收换能器)实现,如图 6-8 所示。

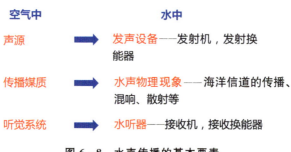

图 6-8 水声传播的基本要素

6.2.1.2 水声传播路径

1. 海水的物理性质

海水中的各种物理性质参数,包括温度、盐度、密度等,都随着深度的不同而变化,但是这种变化通常并不是逐渐的,而是在某一个特定的深度范围内发生急剧的变化,这个特定的深度范围就被称为跃变层,根据物理特性的不同,可以分为温度跃变层、盐度跃变层和密度跃变层等。通常海水的密度由温度和深度决定,在海水盐度垂直梯度变化不大的情况下,其密度梯度常常与混度梯度规律一致,也就是说,温度跃变层可以在很大程度上代表多数跃变层。

2. 海水中的声速

声速图是描述声速和深度关系的二维列线图,可根据海水温度、深度和盐度等因素构述,也可由海水温度测量器绘制。声速图可显示水面声速、最大声速深度(声层深度)以及声传播距离最远的层面(水声通道轴)。浅水声速在温度跃变层以上随水温的急剧下降而下降,到达水温跃变层后达到最低值,这个深度被称为水声通道轴,在水温跃变层以下,温度的变化程度转而稳定,则声速逐渐随水压的增大而增大(水压与海水密度成正比),由此,可以将声速跃变层定义为:海水中因物理性质垂直分布的特点,声波传播速度发生极大变化的水层。声速的变化趋势在水声通道轴上下完全相反,根据机械波传播的相关定律,可以知道声速跃变层具有两种性质:来自声速跃变层以外的声波容易被反射回来;水声通道轴(水声跃变层的中心)中的声波可沿该轴传播很长的距离(500~600 n mile)。

3. 海水中的声波传播路径

声从声源发出后以声波的形式向各方向扩散。声波传播的路径取决于它的速度和声波传播方向上的其他因素,声波在海水中的传播速度还受海水的混度、水压和盐度分布的影响而变化。因此,海水中的声波可和空气中的光波一样被折射、反射和散射。

(1) 折 射

当声波在海水中传播时,其轨迹是曲折的,因为声速在传播时不断改变,并向速度更慢的方向折(折射)。在一定距离或深度内声速改变越大,则声波折射程度也越大。比如,在水层中,声速随深度迅速下降(强负斜率梯度),声波明显偏向水底折射。同理,声波在声速随深度增加(正斜率梯度)的水层可向水面折射。

(2) 反射与散射

声波冲击固体表面后其能量被反射、散射或吸收,具体情况由固体表面或物体结构特点来决定。被反射的声能可好可坏,反射波的性质或质量取决于反射面,比如,平滑而硬的反射面反射能力好,入射声波在此表面可如光在镜面上一样反射,具有少量能量损失。表面不规则的硬反射面不能很好地反射声波,入射声波向各个方向反射并损失很多能量,称为散射。声波在水中被水面、水底和悬浮物散射时,由于水面难得平静而海底通常崎岖不平,两者都倾向于散射声波。相对于粗糙的表面,平滑的岩石质海底可能是很好的反射物,平滑的沙质海底也能有效地反射声波,平静的水面也是很好的反射物。

(3) 混　响

混响是声呐受到的噪声或干扰,使声呐难以探视目标,它是反射回声呐接收机的散射声信号,有三种类型,即水面混响、容室混响和水底混响。

① 水面混响:是水面波浪的产物,在近距离内,水面混响强度与水面风速成正相关。

② 容量混响:是由水中物体(如鱼、水生物、悬浮物和气泡等)造成的,容量散射的强度与水深没有直接关系,但倾向于集中在一个漫射层,称为深散射层。散射的干扰强度与声呐的频率密切相关(有些声呐的频率更容易受容量混响的干扰),并与该层生物密度有关。

③ 水底混响:水底的结构和崎岖程度直接决定了水底混响的强度是否能够掩盖目标回声。水底能造成的另外一个困难是其对声音的吸收,如泥质的海底就能吸收大量声波能量。

6.2.1.3　水声波的主要参数

从声音波动的角度来说,水声波的主要参数有以下几个:

① 声速 c:声传播的速度,也是媒质中的振动或振动能量传播的速度,单位为 m/s。

② 周期 T:媒质质点每重复一次运动所需的时间,单位为 s。

③ 频率 f:媒质质点每秒的振动次数,单位为 Hz。

④ 波长 λ:波动中振动相位总是相同的两个相邻质点间的距离,单位为 m;纵波中波长是指相邻两个密部或疏部之间的距离。波长、频率与声速的关系为

$$c = \lambda f$$

从声音能量的角度来说,水声波的主要参数有以下几个:

① 声功率 W:声源在单位时间内向外辐射的声能量,单位为 W。

② 声强 I:声波通过垂直于传播方向单位面积的声能,单位为 W/m^2。

③ 声压 P:由于声波的存在而引起的压力增值,单位为 Pa。声压计算公式为

$$P^2 = I\rho c$$

在空气中,人耳的听阈在频率 1 kHz 时是 20 μPa,痛阈是 20 Pa,相差六个数量级;在水中,一艘老式潜艇的辐射总声功率达到数瓦,而新型的低噪声潜艇不到 1 μW,相差六七个数量级。因此,在声学中定义的以对数为基础的分贝(dB)单位,水声也一直沿用。声压、声强和声功率用级和分贝(dB)来量度,分别表示如下。

声压级为

$$L_P = 20 \log\left(\frac{P}{P_0}\right) \text{ dB}$$

声强级为
$$L_I = 10\log\left(\frac{I}{I_0}\right) \text{ dB}$$

声功率级为
$$L_W = 10\log\left(\frac{W}{W_0}\right) \text{ dB}$$

P_0 基准声压的参考值：在空气中为 2×10^{-5} Pa，该值是对 1 000 Hz 声音人耳刚能听到的最低声压；在水中为 1×10^{-6} Pa。

I_0 基准声强的参考值：在空气中为 1×10^{-12} W/m²，在水中为 0.67×10^{-18} W/m²。

W_0 基准声功率的参考值：在空气中为 1×10^{-12} W，在水中为 0.67×10^{-18} W。

声压级与声强级的关系为
$$L_I = 10\log\left(\frac{I}{I_0}\right) = 10\log\left(\frac{\frac{P^2}{\rho c}}{\frac{P_0^2}{\rho c}}\right) = 20\log\left(\frac{P}{P_0}\right) = L_P$$

水声学中的常用单位如下：

① 距离单位：英尺(feet)，1 ft = 12 in = 0.304 8 m；码(yard)，1 yd = 3 ft = 0.9 144 m；英里(mile)，1 mile = 1 609 m；海里(nautical mile)，1 n mile = 1 853 m；链，1 链 = 0.1 n mile。

② 深度单位：英寻(fathom)，1 fa = 2 yd = 6 ft = 1.83 m。

③ 速度单位：节(knot)，1 kn = 1 n mile/h ≈ 0.5 m/s。

6.2.2 声呐及其工作方式

6.2.2.1 声呐的基本概念

声呐就是利用声波对水下目标进行探测、识别、定位、导航和通信的系统，是水声学中应用最广泛、最重要的一种装置。它是对 SONAR 一词"义音兼顾"的译称，而 SONAR 是 Sound Navigation and Ranging(声音导航与测距)的缩写。声呐最早是被设计用于协助水面舰艇在恶劣天气下进行导航的，后来被装备在潜艇上，到今天已经成为定位潜艇的主要手段。

声呐装置一般由基阵、电子机柜和辅助设备三节组成。基阵由水声换能器以一定几何图形排列组合而成，其外形通常为球形、柱形、平板形或线列形，有接收基阵、发射基阵或收发合一基阵之分。电子机柜一般有发射、接收、显示和控制等分系统。辅助设备包括电源设备、连接电缆、水下接线箱和增音机，与声呐基阵的传动控制相配套的升降、回转、俯仰、收放、拖曳、吊放、投放等装置，以及声呐导流罩等。换能器是声呐中的重要器件，它是声能与其他形式的能(如机械能、电能、磁能等)相互转换的装置。换能器有两个用途：一是在水下发射声波，称为"发射换能器"，相当于空气中的扬声器;二是在水下接收声波,称为"接收换能器",相当于空气中的传声器(俗称"麦克风"或"话筒")。换能器在实际使用时往往同时用于发射和接收声波,专门用于接收的换能器又被称为"水听器"。换能器的工作原理是利用某些材料在电场或磁场的作用下发生伸缩的压电效应或磁致伸缩效应。

6.2.2.2 声呐的工作方式及影响因素

声呐可根据探测方法分为两种类型:主动和被动声呐。主动声呐安装有一个发射机(发出声脉冲)和一个接收机(记录返回的回声);被动声呐收听其他船只和潜艇的噪声。应当注意的是,声波在传播中被散射和吸收后会造成的能量损失,称为衰减。主动声呐的脉冲信号的传播可分为两种模式:浅水区传播和深水区传播,两者的根本区别是浅水搜索时会受到诸多回声的干扰。浅水为水深小于 600 ft(即大陆架上)的水域,深水为水深大于 6 000 ft 的水域。水深介于 600~6 000 ft 的水域通常位于大陆坡上,在主动声呐的操作中可忽略,因为这样的水域在海洋中很少。

1. 主动声呐

主动声呐由探测设备主动发射声波,通过接收、分析目标回波实现对目标的探测、定位和识别。主动声呐的工作原理如图 6-9 所示。

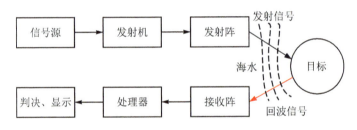

图 6-9 主动声呐原理图

主动声呐的特点是定位和测距精度高,容易暴露自己,为非隐蔽探测。

2. 被动声呐

被动声呐由探测设备被动地接收、分析目标发出的噪声而对目标进行探测、定位和识别。被动声呐的工作如图 6-10 所示。

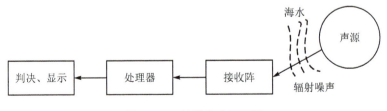

图 6-10 被动声呐原理图

被动声呐的特点是定位和测距精度不如主动声呐高,为隐蔽探测,是目前主要的探测方式。被动声呐包括水雷引信、鱼雷制导、舰艇被动声呐、拖曳线列阵、海岸预警系统。

3. 影响因素

除声呐本身的技术状况外,外界条件的影响也很严重,比较直接的因素有传播衰减、多路径效应、混响干扰、海洋噪声、自噪声、目标反射特征或辐射噪声强度等,这些大多与海洋环境因素有关。例如,声波在传播途中受海水介质不均匀分布和海面、海底的影响和制约,会产生折射、散射、反射和干涉,发生声线弯曲、信号起伏和畸变,造成传播途径的改变,以及出现阴影区,严重影响声呐的作用距离和测量精度。现代声呐根据海区声速——深度变化形成的传播条件,可适当选择基阵工作深度和俯仰角,利用声波的不同传播途径(直达声、海底反射声、会聚区、深海声道)克服水声传播条件的不利影响,提高声呐探测距离。又如,运载平台的自噪声主要与航速有关,航速越大,自噪声越大,声呐作用距离就越近,反之则越远;目标反射本领越大,被对方主动声呐发现的距离就越远;目标辐射噪声强度越大,被对方被动声呐发现的距离就越远。

6.2.2.3 声呐的实际应用

1. 水面舰艇声呐

水面舰艇声呐装备于大、中型水面战斗舰艇、猎潜艇、反水雷舰艇和某些勤务舰船,主要用于搜索、识别、跟踪潜艇,与己方潜艇进行水声通信。现代水面舰艇声呐在良好水文条件下,舰艇航速 24 kn 以下时,发现潜艇的最大距离:采用直达声传播为 10~15 n mile;利用海底反射为 15~20 n mile;利用深海声道为 30~35 n mile。低速时拖曳线列阵声呐可发现距离数百海里的目标。

2. 潜艇声呐

潜艇声呐主要用于搜索、识别、跟踪水面舰船和游艇,保障鱼雷、深水炸弹和战术导弹攻击,探测水雷等水中障碍,进行水下战术通信和导航。现代潜艇声呐在良好水文条件下(包括利用深海声道),潜艇低速航行时发现舰船目标的最大距离:被动方式全向搜索为 60 n mile,自动跟踪为 20 n mile,主动方式全向搜索为 10 n mile,定向探测为 30 n mile。

3. 海岸声呐

海岸声呐是设置在近岸海域的固定式声呐,由水听器基阵、海底电缆、岸上电子设备和电源等组成,用于海峡、基地、港口、航道和近海水域对潜警戒,并引导岸基或海上的反潜兵力实施对潜攻击。海岸声呐的工作方式有主动式和被动式两种,通常以被动式为主。当基阵接收到潜艇的噪声或回声信号时,将其转换成电信号,通过海底电缆传送到岸上的电子设备,经处理后供显示和收听。海岸声呐的探测距离为 20~30 n mile,最大可达 70 n mile。主动式海岸声呐利用布放在深海声道中的基阵,接收由反潜飞机或舰艇投掷的水声信号弹的爆炸声波碰到潜艇反射的回声,探测距离可达 100 n mile。海岸声呐隐蔽性好,探测距离较远,但基阵体积庞大,海上安装和维修困难,其性能易受水文气象条件和海底地质的影响。

6.2.3 声呐方程及其应用

声呐到底要满足什么条件才能探测到目标？声呐能够探测到多远距离的目标？这些问题涉及声呐方程。声呐方程的作用就是，将海水介质、声呐目标和声呐设备的作用联系在一起，将信号与噪声相联系，综合考虑水声所特有的各种现象和效应对声呐设备的设计和应用所产生的影响，以此回答探测目标的条件和距离这两个问题。

6.2.3.1 声呐参数

主动声呐和被动声呐涉及的参数有所区别，主动声呐主要涉及声源级 SL、发射指向性指数 DI_T、传播损失 TL、目标强度 TS、接收指向性指数 DI_R、背景噪声级 NL、等效平面波混响级 RL 和检测阈 DT（见图6-11）；被动声呐主要涉及声源级 SL、传播损失 TL、接收指向性指数 DI_R、噪声级 NL、检测阈 DT（见图6-12）。

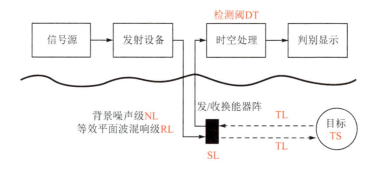

图6-11 主动声呐信号传输示意图

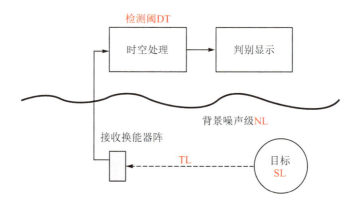

图6-12 被动声呐信号传输示意图

1. 声源级 SL(Source Level)

声源级用来描述主动声呐所发射的声信号的强弱，它反映发射器辐射声功率大小，可表示为

$$\text{SL} = 10\lg \frac{I}{I_0}\bigg|_{r=1}$$

式中,$I_0 = 0.67 \times 10^{-18} \text{ W/m}^2$,$I|_{r=1} = P_a/4\pi(\text{W/m}^2)$,则有

$$\text{SL} = 10\lg P_a + 170.77$$

2. 发射指向性指数 DI_T(Directivity Index)

发射指向性指数是在相同距离上,指向性发射器声轴上声级高出无指向性发射器辐射声场声级的分贝数,可表示为

$$\text{DI}_T = 10\lg \frac{I_D}{I_{ND}}$$

将发射器做成具有一定的发射指向性,可以提高辐射信号的强度,相应也提高回声信号强度,增加接收信号的信噪比,从而增加声呐的作用距离。DI_T 越大,声能在声轴方向集中的程度越高,有利于增加声呐的作用距离。

3. 传播损失 TL(Transmission Loss)

海水介质是一种不均匀的非理想介质,由于介质本身的吸收、声传播过程中波阵面的扩展及海水中各种不均匀性的散射等原因,声波在传播过程中,声传播方向上的声强度将会逐渐减弱。传播损失定量描述声波传播一定距离后声强度的衰减变化,可表示为

$$\text{TL} = 10\lg \frac{I_1}{I_r}$$

式中,I_1 是距离声源声中心 1 m 处的声强度;I_r 是距离声源 r 处的声强度。上式定义的传播损失 TL 值总为正值。

4. 目标强度 TS(Target Strength)

主动声呐是利用目标回波来实现检测的。从声学基础知识可知,目标回波的特性除和声波本身的特性,如频率、波阵面形状等因素有关外,还与目标的特性,如几何形状、组成材料等有关,也就是说,即使是在同样的入射波照射下,不同目标的回波也将是不一样的。这一现象反应了目标反射本领的差异。目标强度定量描述目标声反射本领的大小,可表示为

$$\text{TS} = 10\lg \frac{I_r}{I_i}\bigg|_{r=1}$$

式中,I_i 是目标处入射声波的强度;如图 6-13 所示,$I_{r=1}$ 是在入射声波相反的方向上、离目标声中心 1 m 处的回波强度。不同目标回波不一样,回波与入射波特性和目标特性有关。

5. 背景噪声级 NL(Noise Level)

背景噪声级是用来度量环境背景噪声强弱

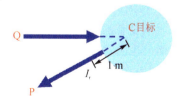

图 6-13 目标强度

的量,可表示为

$$NL = 10\lg \frac{I_N}{I_o}$$

式中,I_N 是测量带宽内(或 1 Hz 频带内)的噪声强度,I_o 是参考声强。背景噪声是由海洋中大量的各种各样的噪声源发出的声波构成的,它是声呐设备的一种背景干扰。背景噪声是平稳的、各向同性的。

6. 等效平面波混响级 RL(Reverberation Level)

对于主动声呐来说,除了环境噪声是背景干扰外,响也是一种背景干扰。关于海水混响的研究指出,混响不同于环境噪声,它不是平稳的,也不是各向同性的。海洋中存在大量的散射体(泥沙、气泡、水团),声波投射到散射体上产生散射,散射声波在接收点处叠加,形成混响,包括体积混响、海面混响、海底混响。如图 6-14 所示,设有强度为 I 的平面波轴向入射到水听器上,水听器输出某一电压值;如将此水听器移置于混响场中,使它的声轴指向目标,在混响声的作用下,水听器也输出一个电压值。如果这两种情况下水听器的输出相等,则就用该平面波的声级来度量混响场的强弱,称为等效平面波混响级 RL,可表示为

$$RL = 10\lg \frac{I}{I_o}$$

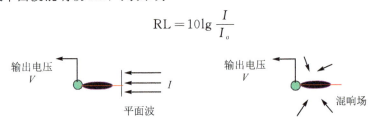

图 6-14 等效平面波混响级

7. 接收指向性指数 DI_R(Directivity Index)

接收指向性指数是指接收系统抑制各向同性背景噪声的能力。

设有两个水听器,一个无指向性,另一个有指向性,且指向性水听器的轴向灵敏度等于无指向性水听器的灵敏度,设为单位值。现将它们置于单位立体角内的噪声功率为 I_i 的各向同性噪声场中,它们的噪声功率之比为接收指向性指数可表示为

$$DI_R = 10\lg\left(\frac{无指向性水听器产生的噪声功率}{指向性水听器产生的噪声功率}\right)$$

8. 检测阈 DT(Detection Threshold)

声呐设备的接收器工作在噪声环境中,既接收声呐信号,也接收背景噪声,相应地其输出也由这两部分组成。因此,这两部分比值的大小将直接影响设备的工作质量,即如果接收带宽内的信号功率(或均方电压)与 1 Hz 带宽内(或工作带宽内)的噪声功率(或均方电压)的比值较高,则设备就能正常工作,它做的"判决"也是可信的;反之,上述的信噪比值比较低时,设备就不能正常工作,它做出的"判决"也就不可信。在水声技术中,习惯上将设备刚好能正常工作所需的处理器输入端的信噪比值(用分

贝表示)称作检测阈可表示为

$$DT = 10\lg\left(\frac{刚好完成某种职能时的信号功率}{水听器输出端上的噪声功率}\right)$$

对于同种职能的声呐设备,检测阈值较低的设备,其处理能力强,性能也好。

上述参数从能量角度描述了海水介质、声呐目标和声呐设备的特性和效应。由声呐系统决定的参数包括声源级 SL、空间增益 DI、检测阈 DT;取决于被探测目标的参数包括辐射声源级 SL、目标强度 TS;取决于环境的参数包括传播损失 TL、背景噪声级 NL、等效平面波混响级 RL。

6.2.3.2 声呐方程

无论声呐系统如何复杂,要完成一定的使命必须保证满足一个基本条件,即

$$信号级-干扰级 \geqslant 检测阈$$

1. 主动声呐方程

收发合置主动声呐信号强度变化过程如图 6-15 所示。

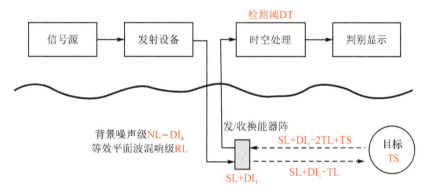

图 6-15 主动声呐信号强度变化过程

① 信号级:$SL+DI_T-2TL+TS$,回声到达接收阵的声级。

② 干扰级:

➢ 背景噪声级:$NL-DI_R$(接收阵接收指向性指数压低背景噪声);

➢ 等效平面波混响级:RL。

③ 检测阈:DT。

将上述几个声呐参数组合如下,以使组合量具有明确的物理含义。

① 回声信号级:$SL+DI_T-2TL+TS$,加到主动声呐接收换能器上的回声信号的声级。

② 噪声掩蔽级:$NL-DI_R+DT$,工作在噪声干扰中的声呐设备正常工作所需的最低信号级。

③ 混响掩蔽级:$RL+DT$,工作在混响干扰中的声呐设备正常工作所需的最低信号级。

回声信号级、噪声掩蔽级、混响掩蔽级与距离的关系如图 6-16 所示。

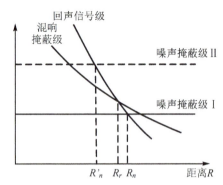

图 6-16 回声信号级、噪声掩蔽级、混响掩蔽级与距离关系图

回声和混响都是随距离而衰减的,而噪声保持不变。回声曲线随距离下降比混响掩蔽级曲线要快,二者相交于混响限制距离 R_r 处,而回声曲线与噪声掩蔽级曲线相交于噪声限制距离 R_n 处。

对于噪声掩蔽级 Ⅰ,$R_r<R_n$,声呐设备正常工作的距离 $R<R_r$,因此,声呐作用距离受混响限制,选择混响为主要干扰的声呐方程;对于噪声掩蔽级 Ⅱ,$R_n<R_r$,而声呐设备正常工作的距离 $R<R_n$,因此,声呐作用距离受噪声限制,选择噪声为主要干扰的声呐方程。

① 噪声背景情况下的声呐方程为

$$(SL+DI_T-2TL+TS)-(NL-DI_R)=DT$$

该方程适用于收发合置型声呐,对于收发分置声呐,往返传播损失不能简单用 2TL 表示;也适用于背景干扰为各向同性的环境噪声情况。

② 混响背景情况声呐下方程为

$$(SL+DI_T-2TL+TS)-RL=DT$$

该方程适用于收发合置型声呐,对于收发分置声呐,往返传播损失不能简单用 2TL 表示;也适用于背景干扰为混响的情况。

2. 被动声呐方程

被动声呐信号强度变化过程如图 6-17 所示。

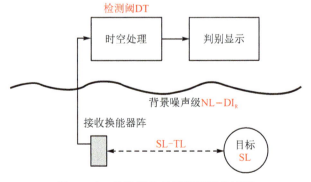

图 6-17 被动声呐信号强度变化过程

被动声呐的信号强度变化相对简单,其声呐方程为
$$(SL-TL)-(NL-DI_R)=DT$$
被动声呐方程的特点:噪声源发出的噪声直接由噪声源传播至接收换能器;噪声源发出的噪声不经目标反射,即无 TS;背景干扰为环境噪声。

6.2.3.3 声呐方程的应用举例

例1:设一个静止状态工作方式的声呐站,其发射声源级为 115 dB,发射指向性指数为 10 dB,对一个目标强度为 15 dB,并位于足够远的目标进行探测,在这一段距离上的总单程传播衰减为 81 dB,声呐所在的海洋环境噪声和本身总噪声级为 −40 dB,接收具有指向性,指向性指数为 6 dB,求该设备需要多大的检测阈才能可靠探测目标?

解:已知 $SL=115$ dB,$DI_T=10$ dB,$TL=81$ dB,$NL=-40$ dB,$DI_R=6$ dB,$TS=15$ dB。

由于在噪声背景下探测目标可使用主动声呐方程计算,即
$$\begin{aligned}DT&=SL+DIT-2TL+TS-NL+DI_R\\&=115+10-2\times 81+15-(-40)+6=24\text{ dB}\end{aligned}$$
结果表明,该设备的输入信噪比在 24 dB 时才可能可靠检测到目标。

例②:设一部被动探潜声呐,目标潜艇以 60 dB 的发射声源级发射 500 Hz 的线谱,另一观察艇相距 r 处,用无指向性水听器做被动测听,设备的检测阈为 8 dB。观察艇在 500 Hz 的噪声级为 −34 dB,求在距离 r 上有多大传播衰减时才能可靠测听?

解:已知 $SL=60$ dB,$DT=8$ dB,$DI_R=0$,$NL=-34$ dB。

设该设备做被动测听可用被动声呐方程计算,即
$$TL=SL-NL+DI_R-DT=60-(-34)+0-8=86\text{ dB}$$
结果表明,单程传播损失小于 86 dB 才可能可靠测听。

利用声呐方程可以估算声呐的作用距离,但要注意,声呐方程中有一部分参数是与海洋环境有关的,同一部声呐(也就是 GS｜GT 一样)在不同的海区和不同季节,作用距离可能相差很大。在计算作用距离时,有两种结果一样但方法不同的估计:一种是由传播损失计算距离;另一种是把传播损失由近及远画出,用优质因素(Figure of Merit, Fom)求声呐距离。传播损失一般可以通过理论估计或实际测量得到。图 6-18(a)所示为同一声呐在不同水文条件下的作用距离,可见与海域、频率有关;图 6-18(b)所示为典型估计作用距离(500 Hz),图中曲线 A、B、C 由海上测得,由该图可以查到不同 FOM 下声呐的作用距离。

优质因素 FOM 可定义为
$$FOM=\frac{SL+TS+DI_T-NL+DI_R-DT}{2}$$
FOM 不仅与声呐系统有关,还与海洋环境有关。令
$$FOM=TL(r)$$

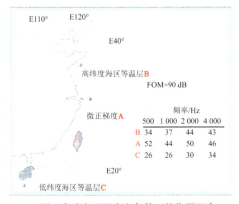
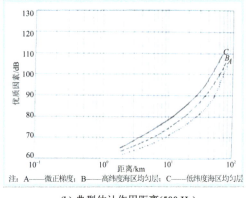

(a) 同一声呐在不同水文条件下的作用距离　　(b) 典型估计作用距离(500 Hz)

图 6-18　声呐作用距离图

便可求出 r。

例 3：假设一部舰用主动声呐工作频率为 500 Hz，发射功率 1 kW，发射指向性指数 $DI_T = 15$ dB，发射指向性指数 $DI_R = 20$ dB，目标强度 TS = 15 dB，检测阈 DT = 6 dB，声呐平台噪声大于环境噪声为 NL = 78 dB，求声呐的作用距离是多远？

解：首先，计算声呐声源级。

$$SL = 10\lg P_a + 170.77 = 60 + 170.77 = 200.77 \text{ dB}$$

则声呐的优质因素 FOM 为

$$FOM = \frac{SL + TS + DI_T - NL + DI_R - DT}{2}$$

$$= \frac{200.77 + 15 + 15 - 78 - 20 - 6}{2} \approx 83.4 \text{ dB}$$

其次，求距离。

估算方法 1：假设传播是理论上无吸收按球面波扩展，$TL = 20\lg r$，根据 FOM 可以得到作用距离为

$$r = 10^{\frac{FOM}{20}} = 10^{\frac{83.4}{20}} = 14.8 \text{ km}$$

估算方法 2：假设是在图 6-18 的海域中工作，则可以通过图上查到，A 海域 $r = 34$ km，B 海域 $r = 22$ km，C 海域 $r = 15$ km。

6.3　核情报获取技术

1945 年 8 月 6 日和 9 日，美国对日本广岛和长崎各投掷了一颗原子弹，造成大量平民和军人死亡，直接迫使日本天皇于 8 月 15 日发布诏书，宣布日本无条件投降，可见原子弹的威力之大（原子弹爆炸时刻见图 6-19）。

第一颗原子弹试爆成功是在 1945 年 7 月 16 日，当量 3×10^7 kg TNT。随后，在

1949年8月,苏联进行了原子弹试验,并于1953年进行了氢弹试验。美国于1954年2月进行了氢弹试验。此外,英国、法国也先后在20世纪50和60年代进行了原子弹和氢弹试验。中国坚持独立自主、自力更生的方针,在世界上以最快的速度完成了核武器两个发展阶段的任务。1945—1998年,全球一共进行了2 053次核爆炸和核爆试验。

图6-19 原子弹爆炸图

6.3.1 核爆炸基本知识

核爆炸是指核武器或核装置在几微秒的瞬间释放出大量能量的过程,通常用释放相当能量的TNT炸药的重量表示,称为TNT当量。每公斤TNT炸药可产生4.2×10^6 J的能量。

6.3.1.1 核爆炸方式

根据核武器在不同介质、不同高度或深度实施爆炸,核爆炸方式分为空中核爆炸、高空核爆炸、地面核爆炸、地下核爆炸和水下核爆炸等五种。

1. 空中核爆炸

空中核爆炸是指距地面一定高度之上(小于30 km)的核爆炸。爆炸瞬间先出现强烈明亮的闪光,后形成不断增大和发光的火球。冲击波经过地面反射回到火球后使火球变形,呈上圆下扁的"馒头"状,最后,从地面升起的尘柱和烟云共同形成高大的蘑菇云(见图6-20)。在冲击波所到之处还可听到多声巨响。火球的最大直径和发光时间、蘑菇云稳定时的高度主要决定于爆炸的TNT当量。对于2×10^4 tTNT当量的核爆炸,火球最大直径约为440 m,发光时间约为2.4 s,稳定蘑菇云的高度约为11 km。空中核爆炸的主要效应有冲击波、光辐射、早期核辐射、放射性沾染和电磁脉冲。

2. 高空核爆炸

高空核爆炸是指距地面高度大于30 km处的核爆炸,核爆炸的能量以X射线和核辐射的形式发出。火球大体上是一个竖直椭球,其膨胀、上升速度和最大半径都比

图 6-20 空中核爆炸

空中核爆炸时大得多(见图 6-21)。爆炸高度如大于 100 km,火球现象消失,因光辐射的照射,在 80~100 km 的高度上形成发光暗淡的"圆饼",同时在爆点下方和南北半球对称区域(称为共轭区)产生人造极光和其他地球物理现象。

图 6-21 高空核爆炸

3. 地面核爆炸

地面核爆炸是指地平面之上的核爆炸。与空中核爆炸基本上相似,地面核爆炸的特点是火球呈半球形,烟云与尘柱一开始就连接在一起上升,并向四周抛出大量沙石,形成弹坑(见图 6-22)。

4. 地下核爆炸

地下核爆炸是指在地面一定深度以下的核爆炸(见图 6-23)。地下核设备的引爆会释放出大量的能量,使得爆炸点周围区域内相关的地质和设备材料发生蒸发。爆炸产生的高温和压缩的振动波会使爆炸点生成空隙和裂隙或者改变洞壁上的结构。地下核爆炸的主要效应是地震波。

图 6-22 地面核爆炸　　　　　　图 6-23 地下核爆炸

5．水下核爆炸

水下核爆炸是指在一定水深中的核爆炸,它也会形成火球,但规模比空中核爆炸小,发光时间也短得多。火球熄灭后在水中形成猛烈膨胀的气球(主要成分是水蒸气),引起水中冲击波,气球上升到水面时,抛射出大量蒸汽,同时有大量水涌入爆炸中形成的空腔,因而形成巨大水柱,其上方继续向外喷射放射性物质,形成像菜花一样的云顶,其高度远低于空中爆炸所形成的蘑菇云(见图 6-24)。水柱下沉时,形成由水滴组成的云雾(称为基浪),从爆心投影点向周围快速运动,而在投影点上空产生的云团随风飘移,会造成持续近一小时的大雨。在足够深处的水下爆炸则不出现菜花云。水下核爆炸的效应主要是水中冲击波和巨浪。

图 6-24 水下核爆炸

6.3.1.2 核爆炸的物理效应

核爆炸会产生许多不同的物理效应,主要有光辐射、冲击波、早期核辐射、放射性沾染、核电磁脉冲。在低空核爆炸的爆炸能量中:光辐射约占 35%;冲击波约占 50%;早期核辐射约占 5%;放射性沾染中的剩余核辐射约占 10%;核电磁脉冲仅占 0.1% 左右。

1. 光辐射

光辐射(见图 6-25)是核爆炸的基本杀伤破坏因素之一。它大约占核爆炸释放总能量的 35%，杀伤破坏作用仅次于冲击波。空中爆炸时，特别是在晴天的情况下，光辐射杀伤破坏范围最大。

图 6-25　核爆炸光辐射

(1) 光辐射的形成和传播

当核武器在空中爆炸时，弹体中的高能粒子所产生的电磁辐射被几厘米厚的空气层完全吸收，使得周围空气的温度急剧上升到几十万摄氏度。因此，在核爆炸反应区内，除了爆炸气体外，还有炽热的空气，在反应区内会形成一个高温高压的炽热气团——火球，并向周围发射光辐射。就光辐射的整体过程而言，火球所发射的光辐射包括 X 线、紫外线、可见光和红外线几部分。

(2) 光辐射的特性

传播速度快：光辐射以光速（3×10^8 m/s）做直线传播，它可被物体吸收、反射和遮挡，并能透过透明物体，在大气中的传播会被各种气体分子、水蒸气、尘埃等微粒散射、吸收而减弱。

热效应强：光辐射的能量很大，被物体吸收后，主要转变为热能，使物体温度升高，其强弱程度用"光冲量"表示。光冲量是指火球在整个发光时间内投射到与光辐射传播方向垂直的单位面积上的光能量，其单位是卡/平方厘米（cal/cm^2）。光辐射遇到不透明物体时，大部分被吸收，小部分被反射；遇到透明物体时，大部分能通过，小部分被吸收；遇到白色或浅色且表面光滑的物体时，大部分被反射，小部分被吸收；遇到黑色或深色且表面粗糙的物体时，则大部分被吸收，小部分被反射。

作用时间短：光辐射的能量释放时间虽短，但仍有个过程，作用时间随当量增大而延长，通常只有零点几秒到十几秒。天气、地形等自然条件对光辐射的影响明显。光辐射通过空气、雾、雨、雪等都能导致其能量减弱。在横向沟壑、峡谷或高地、山地背向爆心一面可部分或全部遮挡光辐射的直射通过云、雾、雨、雪、沙尘时,光冲量可能减弱20%～30%,而由于水面或冰雪覆盖地面的反射,光冲量可增强40%～90%。

(3) 光辐射的杀伤破坏作用

光辐射能引起人员被直接烧伤和间接烧伤。直接烧伤是指光辐射直接照射到人体上引起的烧伤,它往往发生在人员朝向爆心一侧的暴露部位的皮肤和黏膜,如手、脸、颈部等处。其烧伤程度主要取决于光冲量的大小。除直接烧伤外,还可能因为服装、工事、建筑物或装备器材的燃烧而引起间接烧伤。在多数情况下,两类烧伤会综合发生。在城市中核爆炸引起的火灾,间接烧伤将成为突出的问题。如在广岛和长崎的死伤人员中,间接烧伤占有相当高的比例。在核爆炸中,当人员直视火球时,强烈闪光可造成眼角膜和视网膜烧伤,并使人遭受闪光盲。当人员吸入灼热的空气时还能导致呼吸道烧伤,轻者咽喉肿痛、咳嗽、声音嘶哑,重者会呼吸困难以至发生肺水肿,窒息而死。

光辐射可以使各种易燃物质,如纸张、草木、纺织品、塑料、橡胶等碳化和燃烧,使城市造成大火灾。那些不能燃烧的物体也会因光辐射的光冲量大而被熔融,如土地表面能熔融成大小不一的玻璃状球体。

2. 冲击波

核武器爆炸的冲击波是指从爆心呈球形向四周传播的高速高压气浪,它是核武器的基本杀伤因素,占核爆炸总能量50%。冲击波可在空气、水和土壤等介质中传播。核爆炸冲击波如图6-26所示。

图6-26 核爆炸冲击波

3. 早期核辐射

早期核辐射是指核爆炸最初十几秒至几十秒瞬间内由火球烟云中辐射出γ射线和中子流,在核爆炸总能量中约占5%,它是核武器重要的杀伤破坏因素。γ射线是以光速传播的,中子流的速度可达每秒几千至几万千米,有贯穿作用和电离作用。γ射线和中子流有很强的穿透力,能穿透人体和较厚的物质层。

(1) 早期核辐射的形成

中子流主要是由核装料发生裂变或聚变反应时的瞬间放出的;γ射线主要是核

裂碎片在衰变过程中以及空气中的氮原子核在中子作用下放出来的。

(2) 早期核辐射的特性

传播速度快。γ射线是以光速传播的,中子流的速度可达几千至几万千米每秒。当发现核爆炸闪光时,人员已受到早期核辐射的作用了,包括贯穿作用和电离作用。γ射线和中子流有很强的穿透力,能穿透人体和较厚的物质层,因此又被称为贯穿辐射。γ射线与物质相互作用会发生光电效应、康普顿效应和电子对效应;中子流与物质相互作用会发生散射和吸收作用。

作用时间短,杀伤距离受限。由于核裂碎片多数半衰期短、衰变快,而且又随火球烟云迅速上升,加之空气层能削弱早期核辐射,因此,早期核辐射对地面目标的作用时间只有十几秒钟,再大当量的核爆炸产生的早期核辐射对人员及物体的作用距离也超不过 4 km 左右。但由于它能发生散射,因此在高地反斜面、坑道入口或堑壕、猫耳洞内的人员可能会受到一部分散射早期核辐射的照射。

能使某些物质产生感生放射性。土壤、兵器、含盐食品、药物等被中子照射后会产生放射性(称为感生放射性)。其原因是这些物质中的钠、钾、铅、铁、锰等元素在吸收中子后变成了放射性同位素。

(3) 早期核辐射的杀伤破坏作用

人员受到早期核辐射一定剂量的照射时,由于电离作用而破坏肌体组织的蛋白质和酶等物质,导致细胞变异和死亡,从而造成人体生理机能失调(如造血功能障碍、胃肠功能和中枢神经系统紊乱等),产生全身性疾病即急性放射病(见图 6-27)。

图 6-27 早期核辐射

早期核辐射对大多数物体没有破坏作用,但能使照相器材感光而失效;使光学玻璃变暗、变黑而影响使用;使某些药品和半导体元件失效。另外,由于感生放射性的存在而使某些武器装备的使用受影响,使含盐食品不能食用;对农作物的发育生长也有影响,能使农作物出现畸形。

4. 核电磁脉冲

核电磁脉冲就是核爆炸时产生的电磁脉冲(见图 6-28),它也是核武器特有的杀伤破坏因素。

图 6-28 核电磁脉冲

(1) 核电磁脉冲的形成

核电磁脉冲是核爆炸所释放的 β、γ 射线与周围介质相互作用,而散射出非对称的高速康普顿电子流和由这些不对称分布电荷高速运动所激发出的随时间变化的电磁场。

(2) 核电磁脉冲的特性

核电磁脉冲作用范围广,地面、低空核爆炸作用范围可达几十千米,超高空爆炸时其作用范围可达 2 000 km;电磁场强度高,可达 $1\sim1\times10^5$ V/m;频谱很宽,几乎涵盖所有现代军用、民用电子设备所使用的工作频段。

(3) 核电磁脉冲的破坏作用

核电磁脉冲由于作用时间极短(只有几十微秒),至今尚未发现会对人畜造成伤害或对一般物体造成破坏,但它会使通信受阻、电子系统功能损坏,会烧毁电力电缆,对雷达、导弹的干扰会导致雷达、导弹工作紊乱、操纵失灵等。

5. 放射性沾染

放射性沾染是指核爆炸产生的放射性物质对人员、地面、空气、水及其他物体所造成的沾染(见图 6-29)。它和早期核辐射、核电磁脉冲一样,也是核武器特有的杀伤破坏因素。在核爆炸总能量中,放射性沾染约占 10%。

图 6-29 放射性沾染

(1) 放性沾染的来源

放射沾染有三个来源,即核爆炸后的核裂碎片、未反应的核装料和感生放射性物质。

(2) 放射性沾染的特性

放射性沾染对人员的伤害途径多,作用持续时间长。

(3) 放射性沾染的杀伤破坏作用

α、β、γ射线对人体有电离作用,γ射线具有很强的穿透力和很远的射程。

6.3.2 核爆监测方法

核爆炸产生许多不同的物理效应,对应其物理效应采用相应的监测方法。

6.3.2.1 光辐射监测

光辐射是核爆炸产生的高温形式的火球,光辐射监测是在核爆炸发生后的瞬间,通过光电探测器(见图 6-30)对核爆炸光度信号进行探测。

图 6-30 光电探测器

6.3.2.2 冲击波监测

大气层内核爆炸是一个巨大的脉冲声源,典型的大气层内核爆炸约有 50% 的能量转化为冲击波,它在传播过程中又蜕变为次声波,传播速度约为 1 200 km/h,周期约为零点几秒至几百秒。一次核爆炸的次声波波群持续时间可达几十分钟。利用微气压计可记录到核爆炸次声波信息,以其波形特征可反映核爆炸的多种参数;采用合适的布站,可确定爆点的位置。次声波的波形稳定,传播距离远,易于识别和接收,探测设备简单可靠。核爆炸时所产生的冲击波有一部分能量转化为地震波,以弹性波的形式向外传播。水下核爆炸转化为地震波的能量最大,地下核爆炸次之,地面和空中核爆炸最小。地震波在大多数岩石中传播的速度约为 6 km/s,周期在 20 s 左右,主要干扰是自然地震。利用拾震器和记录仪组成探测站,可收到核爆炸地震波信号,单站即可确定核爆炸位置。这种探测法对地(水)下核爆炸敏感,是探测地(水)下核爆炸的主要方法。冲击波监测如图 6-31 所示。

图 6-31 冲击波监测

6.3.2.3 早期核辐射与放射性沾染监测

早期核辐射与放射性沾染监测是评估核辐射效应的活动,主要监测对象包括人员和环境、装备、设施等。对人员的核辐射监测包括测量人员所受核爆炸早期剩余外照射剂量、体表放射性沾染和内照射剂量,评估个人与群体辐射损伤程度;环境、装备、设施核辐射监测主要对辐射场强放射性沾染程度进行测量和分析。通常使用辐射仪、射线指示仪、个人剂量仪、γ 射线报警器和放射性沾染监测仪等实施监测。

6.3.2.4 核电磁脉冲监测

一次中等威力的空中或地(水)面核爆炸,爆区的电磁脉冲场强约达 1×10^5 V/m,依爆炸方式不同而有差异。地面核爆炸时场强最大,距地面 4~7 km 空中核爆炸时场强最小,再向上又接近地面核爆炸时的场强。核爆炸电磁脉冲波的频谱较宽,从几赫至几百兆赫;波形持续时间约数百微秒。由于大地-电离层的滤波作用,在远区,核爆炸电磁脉冲波频谱集中在 100 kHz 以下,主频谱分布在 10~30 kHz 之间。核爆炸电磁脉冲的主要干扰是自然闪电,给探测工作带来一定困难。利用专用接收设备和适当的布站(见图 6-32),可获取核爆炸电磁脉冲波形和爆点位置等项参数。这种探测法反应迅速,分辨率高。

6.3.3 天基核爆探测技术

6.3.3.1 光辐射探测

核爆炸产生的高温形式的火球,其有效温度(也称表观温度)随时间的变化呈现特有的双峰特征(大气层核爆),第一峰持续的时间很短,其间释放的能量仅占总辐射能的 1% 左右,第二峰持续时间长,它释放的光辐射占总辐射能量的 99%,如图 6-33 所示。由于大气层基本上是透明的、无色散的,因此,在卫星轨道上接收的核爆炸光

图 6-32　核电脉冲监测

辐射时域波形结构形式基本不变。

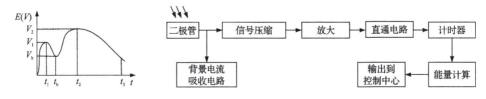

图 6-33　光辐射探测

6.3.3.2　核辐射探测

核爆炸伴随核裂变（聚变）释放出大量 γ 射线和中子,弹体高温辐射大量 X 射线,持续时间为 ps 级。在卫星轨道可通过微分法测量 X 射线;用强度法可识别核爆炸 γ 射线;用中子到达时间可识别核爆炸。

核爆核辐射探测是浅大气层核爆炸和空间核爆炸探测的重要技术途径。

6.3.3.3　电磁脉冲探测

核爆炸瞬间激发 γ 辐射和 X 射线与周围介质相互作用,形成康普顿电流,回电流 E 和空间电荷 p 随 γ 辐射的时间谱变化,从而激励电磁脉冲(NEMP)。由于不对称因素的存在,NEMP 向外辐射。NEMP 经电离层传输到卫星轨道上(约 5×10^4 km),信号的持续时间为几十微秒,峰值电场强度为 0.2 mV/m～0.2 V/m(随爆高不同而变化)。信号频率在几十兆赫的数量级。相对于空间环境,来自于宇宙的背景噪声(10.5 v/m)要高得多,NEMP 应该是可以测到的。所以,核电磁脉冲探测是天基核爆炸探测、识别、定位和定时等的重要技术手段之一,并且速度快,范围广,不受大气条件影响。

6.3.3.4　核爆探测卫星

卫星核爆探测即是利用卫星平台实现核爆识别、定位、威力估算等功能,具有响应快、范围广、不受国界限制等突出特点。因此,天基核爆探测已成为当前国际核禁试核查、国土防御和战略核打击效果侦察的重要手段,具有重大的政治和军事意义。

美国为了监测其他国家的核试验,于1963—1970年发射了12颗名为维拉(Vela)的卫星,作为首创的大气层与空间的核爆探测平台(载体),1984年最后一颗维拉号卫星关闭。全球定位系统(GPS)、弹道导弹预警卫星在战时已成为美军全球范围内核袭击(含己、敌双方)效果侦察的唯一手段,构成美国多层面、多轨道高度的低空、中空、高空和深空核爆炸侦察网。

苏联/俄罗斯对此种探测也十分重视,虽然没有发射过专用核爆探测卫星,但与美国一样,20世纪70年代在其大椭圆轨道和同步轨道的预警卫星上、80年代在其全球导航定位系统卫星(GLONASS)上都安装了核爆炸探测有效载荷。

维拉号卫星的任务是探测大气层和外层空间的核爆炸(见图6-34)。这个卫星系列停止发射后,其任务改由647预警卫星担负。维拉号卫星是成对发射的,卫星重$136\sim260$ kg,采取高度$9\times10^4\sim12\times10^4$ km、倾角$32°\sim40°$、周期$85\sim112$ h的近圆轨道,工作寿命约$1.5\sim5$年。

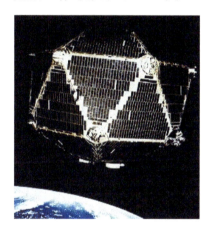
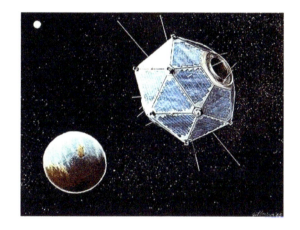

图6-34 维拉号卫星

维拉号卫星装有X射线探测器、γ射线探测器、中子探测器、可见光敏感器。

1) X射线探测器:它是钟形萤石片敏感元件,装在卫星表面的三角形顶点处。它能探测到距离1.6×10^8 km以内的万吨级当量核爆炸的X射线辐射。

2) γ射线探测器:它的敏感元件是直径8 cm、长5 cm的萤石片,装在卫星蒙皮下。它在受到距离8×10^7 km以内的γ射线激发时产生光脉冲,然后转换成电脉冲后传输。

3) 中子探测器:安装在卫星内部,用三氟化硼计数器作为中子计数器,探测距离可达120×10^4 km。

4) 可见光敏感器:用于探测核爆炸火球。

5) 电磁脉冲敏感器:用于探测核爆炸产生的电磁脉冲。

1971年以来,维拉号卫星停止发射,其任务由综合导弹预警卫星担负。美国弹道导弹预警卫星系列,又称647预警卫星(见图6-35),从1970年11月到1982年底共发射13颗。

图6-35 647预警卫星

这个卫星系列的任务为:探测地面和水下发射的洲际弹道导弹尾焰并进行跟踪,提前获得约15~30 min的预警时间;探测大气层内和地面的核爆炸并进行全球性的气象观测。卫星上核辐射探测器包括中子计数器和X射线仪,安装在太阳电池翼上。

全球定位系统(GPS)卫星(见图6-36)也装有"核探测系统"的仪器。该卫星的两大任务是提供地球上的导航与定位数据(包括三维坐标、速度与时间)和核爆探测。GPS卫星至今已发射部署了24颗,卫星周期为12 h,在地球上任一地点可通视5~8颗卫星。GPS卫星群可对全球范围任何处的核爆炸进行探测与定位。GPS卫星装备的核爆探测系统(NBDS)主要有用于探测大气层内核爆炸的辐照度仪和用于探测大气层外空间核爆炸的X射线探测器以及用于测试带辐射剂量水平的荷电粒子剂量仪。此外,还有探测核电磁脉冲(NEMP)的特殊天线。

6.3.3.5 天基核爆探测的关键技术

天基核爆探测的关键技术有如下几个方面:

① 卫星轨道核爆信号(光辐射、NEMP、核辐射)的获取技术。

② 卫星轨道核爆信号(光辐射、NEMP、核辐射)识别。

③ 标定方法。核爆探测系统长期在复杂的空间环境下工作,探测器灵敏度、鉴别能力、分辨率、稳定性等都会有变化。

④ 高可靠性。星载核爆探测器是在无人管理和维护的状况下工作,因此要求探测仪具有高可靠性和长的工作寿命。

⑤ 地下核爆地表温度增量计算与卫星探测技术。

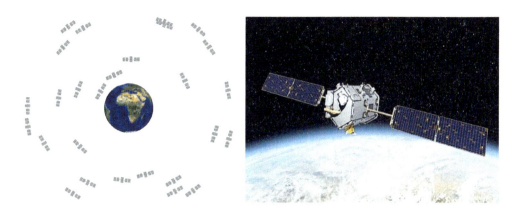

图 6-36 GPS 卫星

6.4 材料情报获取技术

材料情报获取主要通过人力情报行动对材料进行取样,并对材料样本进行大量的试验,从而确定其属性,为军事计划和作战行动以及其他非军事行动提供情报支援。

6.4.1 材料取样

材料取样包括对微量元素、微粒状物质、废水、碎片残骸的搜集和分析。通过一系列的工业处理或者军事行动,此类材料能够挥发到大气、水或者土壤中。军事计划和作战行动广泛使用通过材料取样所获得的情报,特别是土壤和碎片残骸样本。

事例1:希法制药厂于1996年由苏丹军事工业公司出资建成。1998年,美国中央情报局称在该药厂大门60英尺外取得的泥土样本中发现含有一种名为安普塔的物质,它无任何商业用途,是VX神经毒剂的重要原料,于是美方利用巡航导弹袭击了该制药厂(见图6-37)。该次情报获取的依据是土壤取样和后续分析。

图 6-37 希法制药厂事件

事例2:苏联使用钛制造潜艇的船体,这是潜艇设计上的一项重大进展,有助于使潜艇下潜得更深。美国一位海军的助理武官在1969年设法从造船厂获得了金属样本,后来检验出是钛的残余物,最终提供了苏联造船业发展的确凿证据(见图 6-38)。

图 6-38 潜艇材料事件

在作战应用中,传感器能够利用取样来跟踪舰船或者潜艇。因为这些舰船在水面运动,它们肯定会留下化学物的痕迹。这些物质在海洋中留下的"痕迹",能够被安放在跟踪舰船或者潜艇合适位置的传感器检测到,用来预测未来舰船或者潜艇的活动。比如用激光照射海洋表面,所照射到的微量元素会发射荧光,可以探测到舰船或者潜艇排放的污染物,如图 6-39 所示。

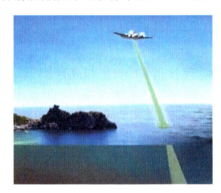

图 6-39 激光探测污染物取样

6.4.2 化学取样

随着全世界日益关注化学恐怖主义袭击,使用特殊用途的传感器进行化学取样变得越来越重要。多年来,化学取样一直用来支援技术情报。多数工业加工中生成和释放的化学特征能够提供工厂内部活动的信息。如果能探测到某一个设施释放到环境中的化学成分,就能为监视条约履行或者探测武器制造活动提供有效的方法。

为了应对恐怖分子发动化学武器袭击的威胁,所面临的挑战就是制造一个能够迅速准确探测化学痕迹的传感器。常见的例子就是使用一体化的光学传感器,在几秒钟就能探测到化学媒介的存在。一体化的光学传感器包含激光源、平面波导和监测光输出的探测器。化学物质会在玻璃导波表面产生反应,改变波导中光线的速度。信号处理软件通过解读传感器的搜集结果,能给出化学制剂的数量和类型等信息。光纤化学取样如图6-40所示。

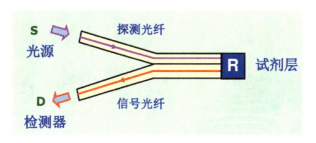

图6-40 光纤化学取样

另外,在技术搜集的其他领域,为了有效取样,信息详细的化学特征库是必备的。化学特征库,类似于登记爆炸物品的信息库,需要包含储存化学物品的详细地点的信息,分析人员据此能够确定制造化学物质的实验室或者工厂。

6.4.3 生物学和医学取样

在全球面临不断增长的生物恐怖袭击威胁的时候,同化学传感器一样,生物传感器也变得越来越重要。生物传感器能够确认特殊的病原体,当探测到生物媒介的时候,我们的目标就是迅速准确地跟踪它们的源头,从而确认它们是否为某一局部地区的疾病,还是有人故意引入了这些病原体。

医学取样类似于生物取样,但是关注点不同。诊断取样在全世界的医疗机构和兽医机构中都会进行,往往从人、动物和植物身上取得样本来确定疾病(见图6-41)。

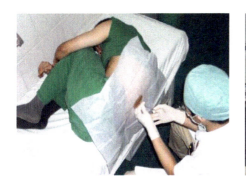

图6-41 医学样本取样

2020年,新型冠状病毒肆虐全球,人们获取新型冠状病毒最简单的取样方式就是生物测定学技术(核酸 DNA 检测)。此外,测量人体体温也是一种常用的普通筛选方式(见图 6-42)。

图 6-42　核酸检测和红外测温

思考题

1. 激光雷达和微波雷达的运用侧重点有哪些不同?
2. 激光窃听如何配合其他窃听方式使用?
3. 什么是声呐?声呐可以完成哪些任务?
4. 主动声呐和被动声呐的信息流程有何不同?
5. 请写出主动声呐方程和被动声呐方程。声呐方程中各项参数的物理意义是什么?
6. 核爆炸根据爆炸点的不同可以分为几类?
7. 核爆炸产生的物理效应有哪些?天基核爆探测主要能够探测到哪些物理效应?
8. 材料情报获取技术的主要手段有哪些?

第7章　网络情报获取技术

网络空间是由计算机网络技术搭建的虚拟世界。虽然网络空间已经成为信息化战争的重要作战空间之一，但究其根本，仍是作战双方计算机网络技术的对抗。计算机网络侦察是利用计算机网络技术，依托广泛存在的国际互联网、商业专用信息网络和军队专用网络等计算机网络进行情报搜集的技术。在高技术引领的信息化战争中，计算机网络侦察已经成为侦察与监视技术领域中非常重要的情报获取手段。

7.1　网络侦察的基本知识

7.1.1　网络的基本概念

7.1.1.1　网　络

人们目前随时随地都能上网，比如通过 Wi-Fi 或手机 4G/5G 网络可以连接互联网，在办公室、学生机房、图书馆等场所可以通过计算机连接互联网（见图 7-1）。可见，网络已经深度融合于我们的日常生活中。

在计算机领域中，网络就是利用物理链路将各个孤立的节点（如工作站或主机等）相连在一起，组成数据链路，从

图 7-1　网络组成

而达到资源共享和通信的目的。我们通常所说的上网，"上"的也就是计算机网络。

计算机网络是指地理位置不同的具有独立功能的多台计算机及其外部设备，通过通信链路连接起来，在网络操作系统、网络管理软件及网络通信协议的管理和协调下，实现资源共享和信息传递的计算机系统。

7.1.1.2　网络空间

如图 7-2 所示，计算机及其外部设备构成了网络节点，通过通信链路将这些节点连接起来，就构成了计算机网络。以计算机网络为平台、以数据信息为载体所构成的人的活动空间，就是网络空间。相对于传统的物理空间而言，网络空间是一种虚拟的空间。它通常与电磁空间并称为网络电磁空间，是人类开辟的新的活动空间。在军事领域中，网络电磁空间已成为继陆、海、空、天之后的第五大作战领域，通常所说

的网络攻防、信息对抗等,都是以网络电磁空间为战场。

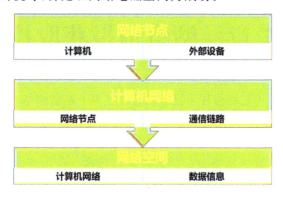

图7-2 网络空间

7.1.2 网络侦察的概念

网络侦察在百度百科中定义为:"使用技术手段突破侦察对象计算机信息网络防护机制,深入其内部网络、专用网络,并进入信息系统,从中获取情报的侦察。"在本教材中,我们将网络侦察定义为利用计算机网络技术,依托广泛存在的国际互联网、商业专用信息网络和军队专用网络等计算机网络进行情报搜集的活动。

总体来讲,关于网络侦察概念的三个表述都包含三个要素:一是使用特定的技术手段;二是进入包含侦察对象信息的网络系统;三是进行情报搜集活动(见图7-3)。把握住这三个要素,网络侦察的概念就不言而喻了。

图7-3 网络侦察

7.2 网络侦察的主要手段

7.2.1 网络侦察方式

网络侦察方式主要有三种,即公开获取、秘密侵入和信号截取。

7.2.1.1 公开获取

公开获取是指利用公开网络获取大量公开信息,进而进行分析判断。

7.2.1.2 秘密侵入

秘密侵入是通过病毒、木马、系统漏洞、后门程序、用户密钥破解等方式侵入目标网络。

7.2.1.3 信号截取

通过截收计算机网络信息传输时所产生的电磁辐射和截获计算机网络中的电子信号,也可以获取重要的敌方情报。截收电磁辐射,是指截收敌方计算机网络内各种电子设备所产生的电磁辐射信号,对这些电磁辐射进行分析还原,从而获取敌方情报。截获电子信号,是指截获计算机网络中传输的信息数据,经过分析与破译,从而获取敌方重要情报。

7.2.2 网络侦察途径

网络侦察途径主要有以下几种。

1) 以收买方式获取计算机技术情报。计算机技术,特别是尖端技术,是军事情报的重要内容之一,条件许可时可用金钱收买的方法获取精密芯片、控制程序、特殊用途软件等计算机技术情报。

2) 直接窃取计算机涉密载体。如果计算机记录有机密的情报,其载体也是直接窃取的目标。

3) 直接在计算机设备上安装窃听装置,获取机密情报。这种方法主要是在计算机终端等设备上或在通信线路上安装窃听器,窃取情报数据或截取通信线路上的情报数据流。

4) 截获计算机监视器的电磁辐射,获取屏幕显示信息。目前外军军事情报部门已非常重视利用计算机系统设备的电磁波辐射获取情报的技术。

5) 冒充合法用户进入计算机系统,获取机密情报。

6) 破译密码,进入网络系统,获取所需情报。密码技术是对计算机网络进行保密的一个有效方法,通过解密可以破译密码,取得进入特定计算机网络系统的通行证。

7.2.3 网络侦察技术

常见的网络侦察技术主要有三类:第一类是网络扫描;第二类是网络监听;第三类是口令破解。

7.2.3.1 网络扫描

扫描器是一种自动检测远程或本地主机安全性弱点的程序,通过使用扫描器(见

图 7-4)可以发现远程服务器是否存活、各种端口的分配和提供的服务以及它们的软件版本,例如操作系统识别、是否能用匿名登录、是否有可写的 FTP 目录、是否能用 TELNET 远程登录。

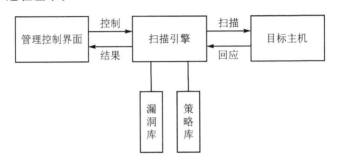

图 7-4　网络扫描器

1. 扫描器工作过程

① 扫描目标主机,识别其工作状态(开/关机)。

② 识别目标主机端口的状态(监听/关闭)。

③ 识别目标主机系统及服务程序的类型和版本。

④ 根据已知漏洞信息,分析系统脆弱点。

⑤ 生成扫描结果报告。

2. 扫描技术

网络扫描技术有以下三种。

第一种是主机扫描,确定目标网络上的主机是否可达尽可能多映射目标网络的拓扑结构。

第二种是端口扫描,发现远程主机开放的端口及服务。

第三种是操作系统(Operating System,OS)指纹扫描,是根据协议栈判别操作系统类型。OS 指纹描探查活跃主机的系统及开放网络服务的类型,能够查明目标主机上运行着何种类型、什么版本的操作系统,各个开放端口上监听的是哪些网络服务;它的目的主要是为收集更为深入的情报信息、真正实施攻击做好准备,如远程渗透攻击需了解目标系统的操作系统类型。

3. 扫描器分类

(1) 主机型漏洞扫描器

主机型漏洞扫描器一般采用 C/S 的架构,通过在主机系统本地运行代理程序,针对操作系统内部问题进行深入的系统漏洞扫描。

(2) 网络型漏洞扫描器

网络型漏洞扫描器是通过模拟黑客经由网络端发出数据包,以主机接收到数据包时的回应作为判断标准,进而了解网络上各种网络设备、主机系统等开放的端口、服务以及各种应用程序的漏洞的安全扫描工具。

(3) 数据库漏洞扫描器

数据库漏洞扫描器是专门针对数据库进行安全漏洞扫描的扫描工具,其目标是发现数据库在系统软件、应用程序、系统管理以及安全配置等方面存在的安全漏洞。

(4) Nmap

Nmap 可通过 TCP/IP 来鉴别操作系统类型、秘密扫描、动态延迟和重发、平行扫描,通过并行的 Ping 侦测下属的主机、欺骗扫描、端口过滤探测、直接进行 RPC 扫描、分布扫描、灵活选择目标以及描述端口。

(5) Nessus

Nessus 是图形化的界面,使得它使用起来相当简便,它还对扫描出的漏洞给出详细的利用方法和补救方法。所以,Nessus 是攻击者和网管都应该学会使用的漏洞检查利器。

(6) X - scan

X - scan 提供了图形界面和命令行两种操作方式。远程操作系统类型及版本、标准端口状态及端口 banner 信息、CGI 漏洞、RPC 漏洞、SQL - SERVER 默认账户、弱口令、NT 主机共享信息、用户信息、组信息、NT 主机弱口令用户。采用多线程方式对指定 IP 地址段(或单机)进行安全漏洞检测,支持插件功能。扫描内容可包括远程服务类型、操作系统类型及版本,各种弱口令漏洞、后门、应用服务漏洞、网络设备漏洞、拒绝服务漏洞等二十几个大类。X - Scan 是一个完全免费的软件,其中的漏洞资料和整体功能都存在严重不足,各项功能的测试受时间及环境所限,也不够全面。

(7) Super Scan 3.0

Super Scan3.0 的功能特色包括解析主机名、只扫描响应 PING 的主机、显示主机响应、只用 PING 扫描主机、扫描端口选择等。它是 Foundstone 实验室的一个端口扫描工具,该工具可以自由调整速度,而且资源占用很小。

(8) ISS Internet Scanner

该产品一直是安全扫描器的业界标准。其报告功能强大,漏洞检查集完备,可用性很好。

7.2.3.2 网络监听

网络监听的目的是截获通信的内容,监听的手段是对协议进行分析。当黑客成功地登录进一台网络上的主机并取得 root 权限,而且还想利用这台主机去攻击同一网段上的其他主机时,在这种情况下,网络监听是一种最简单而且最有效的方法,它常常能轻易地获得用其他方法很难获得的信息。

1. 网络监听原理

在局域网中与其他计算机进行数据交换的时候,发送的数据包发往所有连在一起的主机,也就是广播,在报头中包含目标机的正确地址。因此,只有与数据包中目标地址一致的那台主机才会接收数据包,其他的机器都会将包丢弃。但是,当主机工作在监听模式下时,无论接收到的数据包中目标地址是什么,主机都将其接收下来,然后对数据包进行分析,就得到了局域网中通信的数据。一台计算机可以监听同一网段所有的数据包,不能监听不同网段的计算机传输的信息。

2. 安全拓扑

嗅探器只能在当前网络段上进行数据捕获。这就意味着将网络分段工作进行得越细,嗅探器能够收集的信息就越少。但是,除非你的公司是一个 ISP,或者资源相对不受限制,否则这样的解决方案需要很大的代价。网络分段需要昂贵的硬件设备。有三种网络设备是嗅探器不可能跨过的:交换机、路由器、网桥。我们可以通过灵活地运用这些设备来进行网络分段。大多数早期建立的内部网络都使用 HUB 集线器来连接多台工作站,这就使得网络中数据的泛播(数据向所有工作站流通)给嗅探器顺利工作提供了便利。普通的嗅探器程序只是简单地进行数据捕获,因此需要杜绝网络数据的泛播。随着交换机的价格下降,网络改造变得可行且很有必要。不使用 HUB 而用交换机来连接网络,就能有效地避免数据进行泛播,也就是避免让一个工作站接收任何与之不相关的数据。对网络进行分段,比如在交换机上设置 VLAN,使得网络隔离不必要的数据传送。一般可以采用 20 个工作站为一组,这是一个比较合理的数字。然后,每个月人为地对每段进行检测(也可以每个月采用 MD5 随机地对某个段进行检测)。网络分段只适用于中小的网络。如果是一个有 500 个工作站的网络分布在 50 个以上的部门中,那么完全的分段在成本上是很高的。

3. 数据加密

数据加密技术又可以分为数据通道加密和数据内容加密。

数据通道加密:正常的数据都是通过事先建立的通道被传输的,通过数字通道加密,以往许多应用协议中明文传输的账号、口令的敏感信息将受到严密保护。目前的数据通道加密方式主要有 SSH、SSL 和 VPN。

数据内容加密:主要采用的是将目前被证实的较为可靠的加密机制对互联网上传输的邮件和文件进行加密,如 PGP 等。

7.2.3.3 口令破解

1. 口　令

口令的作用就是向系统提供唯一标识个体身份的机制,只给个体所需信息的访问权,从而达到保护敏感信息和个人隐私的作用。虽然口令的出现使登录系统时的安全性大大提高,但这又产生了一个很大的问题。如果口令过于简单,容易被人猜解出来;如果过于复杂,用户往往需要把它写下来以防忘记,这种做法也会增加口令的不安全性。当前,计算机用户的口令现状令人担忧。

另外一个和口令有关的问题是多数系统和软件有默认口令和内建账号,而且很少有人去改动它们,主要是因为:不知道有默认口令和账号的存在,并且不能禁用它们;出于防止故障以防万一的想法,希望在产生重大问题时,商家能访问系统,因此不希望改口令而将商家拒之门外;多数管理员想保证他们自己不被锁在系统之外,一种方法是创建一个口令非常容易记忆的账号,另一种方法就是和别人共享口令或者把它写下来,而这两种方法都会给系统带来重大安全漏洞。

用户还需要注意,口令必须定期更换。有一些用户从来都不更换口令,或者很长时间才更换一次。最基本的规则是口令的更换周期应当比强行破解口令的时间要短。

2. 破解方式

破解口令是入侵一个系统比较常用的方法。获得口令的思路有:穷举尝试,这是最容易想到的方法;设法找到存放口令的文件并破解;通过其他途径,如网络嗅探、键盘记录器等获取口令。这里所讲的口令破解通常是指通过前两种方式获取口令。这一般又有两种方式:手工破解和自动破解。

(1) 手动破解

手工破解的步骤一般为:
- 产生可能的口令列表;
- 按口令的可能性从高到低排序;
- 依次手动输入每个口令;
- 如果系统允许访问,则成功;
- 如果没有成功,则重试其他口令;
- 注意不要超过口令输入的限制次数。

这种方式需要攻击者知道用户的 userID,并能进入被攻击系统的登录界面。这需要先拟出所有可能的口令列表,并手动输入尝试。这种思路简单,但是要消耗时间,效率低。

(2) 自动破解

只要得到加密口令的副本,就可以离线破解。这种破解的方法是需要耗费一些精力的,因为要得到加密口令的副本就必须得到系统访问权。但是一旦得到口令文件,口令的破解就会非常快,而且由于是在脱机的情况下完成的,不易被察觉。

自动破解的一般过程如下:
- 找到可用的 userID;
- 找到所用的加密算法;
- 获取加密口令;
- 创建可能的口令名单;
- 对每个单词加密;
- 对所有的 userID 进行观察,看是否匹配;
- 重复以上过程,直到找出所有口令为止。

自动破解有以下三种方式。

① 词典攻击。

所谓的"词典",实际上是一个单词列表文件。这些单词有的纯粹来自普通词典中的英文单词,有的则是根据用户的各种信息建立起来的,如用户名字、生日、街道名称、喜欢的动物等。简而言之,词典是根据人们设置自己账号口令的习惯总结出来的常用口令列表文件。使用一个或多个词典文件,利用里面的单词列表进行口令猜测的过程,就是词典攻击。多数用户都会根据自己的喜好或自己所熟知的事物来设置口令,因此,口令在词典文件中的可能性很大。而且词典条目相对较少,在破解速度上也远快于穷举法口令攻击。

对于大多数系统,和穷举尝试所有的组合相比,词典攻击能在很短的时间内完成。用词典攻击检查系统安全性的好处是能针对特定的用户或者公司来制定。如果有一个词很多人都用来作为口令,那么就可以把它添加到词典中。在因特网上,有许多已经编好的词典可以用,包括外文词典和针对特定类型公司的词典。例如,在一家公司里有很多体育迷,那么就可以在核心词典中添加一部关于体育名词的词典。经过仔细研究了解周围的环境,成功破解口令的可能性就会大大增加。从安全的角度来讲,要求用户不要从周围环境中派生口令是很重要的。

② 强行攻击。

很多人认为,如果使用足够长的口令或者使用足够完善的加密模式,就能得到一个攻不破的口令。事实上,是不存在攻不破的口令的,攻破只是时间上的问题,哪怕是一个需要用100年才能破解的高级加密方式,但是起码是可以破解的,而且破解的时间会随着计算机处理速度的提高而减少。10年前需要用100年才能破解的口令,可能现在只用一星期就可以了。如果有速度足够快的计算机能尝试字母、数字、特殊字符的所有组合,将最终能破解所有的口令。这种攻击方式叫作强行攻击(也叫作暴力破解)。使用强行攻击,先从字母 a 开始,尝试 aa、ab、ac 等,然后尝试 aaa、aab、aac ……系统的一些限定条件将有助于强行攻击破解口令。比如攻击者知道系统规定口令长度在 6~32 位,那么强行攻击就可以从 6 位字符串开始破解,并不再尝试大于 32 位的字符串。

现在的台式机性能提升迅速,口令的破解会随着内存价格的下降和处理器速度的提高变得越来越容易。一种新型的强行攻击叫作分布式暴力破解,如果攻击者希望在尽量短的时间内破解口令,他不必购买大批昂贵的计算机,而是可以把一个大的破解任务分解成许多小任务,然后利用互联网上的计算机资源来完成这些小任务,加快口令破解的进程。

③ 组合攻击。

词典攻击虽然速度快,但是只能发现词典中的单词口令;强行攻击能发现所有口令,但是破解的时间长。在很多情况下,管理员会要求用户的口令是字母和数字的组合,而这个时候,许多用户就仅仅会在他们的口令后面添加几个数字,例如,把口令从

ericgolf 改成 ericgolf2324，针对这样的口令，利用组合攻击很有效。组合攻击是在使用词典单词的基础上在单词的后面串接几个字母和数字进行攻击的攻击方式。组合攻击是使用词典中的单词，但是对单词进行重组，它介于词典攻击和强行攻击之间。

表 7-1 对以上三种攻击方式进行了比较。

表 7-1　不同攻击方式比较

攻击方式	攻击速度	破解口令数量
词典攻击	快	找到所有词典单词
强行攻击	慢	找到所有口令
组合攻击	中等	找到以词典为基础的口令

在口令安全方面最容易让人想到的一个威胁就是口令破解，许多公司因此花费大量精力加强口令的安全性、牢固性、不可破解性，但即使是看似坚不可摧、很难破解的口令，还是有一些其他手段可以获取口令，类似打开着的"后门"。

7.2.4　网络侦察的特点

网络侦察有五个方面的应用特点。

1. 隐蔽性好，不易暴露

用计算机网络窃取情报几乎不留任何痕迹，通常也不会对目标计算机网络造成损害，因此很难被发现和分辨出来；即使发现，也较难破获。从破获的计算机间谍案例来看，行动都是在间谍长期、多次作案后被偶尔发现，又经过长期的跟踪才被破获的。如美国国防信息系统局曾对国防部信息系统 1995 年受到的 25 万次入侵进行调查分析，发现其中绝大多数入侵很难察觉，更谈不上做出有效的反应。为了进一步分析漏洞，国防信息系统局组织了 3.8 万次模拟入侵，结果表明，入侵的成功率可达 65%，而被发现的概率仅有 4%；对已发现的入侵能及时通报的只有 27%，而能做出积极防护反应的还不到 1%。

2. 主动性强，不易查获

计算机网络侦察是情报人员通过计算机网络系统潜入对方的计算机网络，因此，具有很强的主动性。计算机网络侦察人员在实时侦察时，通常在对方计算机网络中停留较短时间，而且经常更换地点、设备等，因此很难被查获。

3. 技术性强，不易操作

无论是实施公开情报搜集还是实施秘密网络窃取，其过程都有较高的技术要求，特别是实施秘密网络窃取，技术要求更高。要破译对方的密码系统或发现网络软件漏洞，这不是一般的计算机操作人员能够胜任的，只有具有较高的计算机技术水平的侦察人员才能完成网络情报搜集任务。

4. 灵活方便，省时省力

与其他侦察手段相比，计算机网络侦察具有灵活方便的特点。目前加入计算机网络非常方便，侦察人员可以通过公开网络侦察，获取公开情报资料；非法用户可以用特殊终端进入计算机网络系统实施侦察，获取机密情报资料。从理论上讲，计算机网络侦察人员可以在世界上任何一个有计算机网络的地方尝试进入对方的计算机网络。侦察人员可以在几千里之外，一边品着咖啡，一边窃取对方的核心机密，悄然展开一场网络情报战。

5. 工作效率高，产生威胁大

就秘密网络侦察而言，侦察人员通过破译和利用网络软件的漏洞进入对方的计算机网络系统并获取特权，他们就能够以此为基地，源源不断地获取大量高度机密的信息，而受害者一方往往还不清楚自己所遭受的损失。美国军方为了检验国防部计算机的安全性，曾让一名军官充当黑客的角色进入美军计算机系统，而这名军官凭借自己高超的计算机技术轻而易举地获得了部队的指挥权，这使美国军方大为吃惊。

7.2.5 网络侦察对抗

网络侦察对抗，即网络反侦察，是通过各种技术与手段，防止敌方获取己方系统信息、电磁信号等情报，或削弱敌方计算机网络侦察技术效果而采取的综合性防御行动。从网络技术的发展和运用来看，计算机网络反侦察通常可以采用以下几种手段：

① 信息阻塞法。当发现对方实施网络侦察时，可故意向对方信息系统倾泻大量伪信息、废信息，通过制造"信息洪流"，阻塞、挤占对方信息传输信道，使其无法及时有效地获取、传输、处理所需要的信息。

② 信息诱骗法。即故意将一些在对方看来很重要的假情报，经过精心设置，并在外部安装一定的防火墙之后暴露给对方，诱骗对方进行侦察，而对真正的情报系统则通过换名、设置更高防火墙、采用特殊线路、小范围联网等方式加以隐蔽，以此达到以假乱真的目的。

③ 干扰压制法。当发现对方侦察设备正在侦察己方计算机信号，而己方却无法采取有效措施防止电磁泄漏时，可利用一定功率的干扰释放假信号，扰乱对方的微波探测，或直接干扰对方探测设备的正常工作，必要时还可以对对方探测设备进行压制，使对方无法准确侦察计算机网络数据和参数。

在日常工作、生活中，加强网络侦察对抗主要可从以下几个方面着手。

1. 加强网络安全教育管理

结合机房、硬件、软件、数据和网络等各个方面的安全问题，对网络人员进行安全教育，提高网络人员的保密意识、安全观念和保密责任心，教育所属人员严格遵守网络使用规程和各项保密规定，防止人为泄密事故的发生。

2．对重要系统设备实施物理隔离

对涉密计算机信息系统的物理隔离是指含有涉及秘密信息的计算机系统不得直接或间接地与国际互联网或其他公共信息网络相连接。从技术层面上讲,没有一项网络技术可以百分之百地保证涉密信息的安全。因此,为了在最大程度上保证秘密信息的安全,必须对涉密信息系统实施与互联网等公共网络的物理隔离。

3．严格管控知密人员的网络行为

为了防止知密人员在从事个人网络行为时有意或者无意发生泄密事件,应该对知密人员在涉密期,尤其是涉密工作时间段内的个人网络行为进行严格管控,包括在特定时期实施禁网措施等。

4．运用网络安全技术

网络安全技术是针对目前已经发现的网络安全漏洞所开发的各种保护网络安全运行的技术。目前已经成熟运用的有网络加密技术、防火墙技术、网络防病毒技术、身份验证技术、智能卡技术、安全脆弱性扫描技术、网络数据存储备份及修复技术、IP地址安全技术、BBS的安全监测技术等。

5．建立最新技术的跟踪机制

随时跟踪最新的网络安全技术,采用国内外先进的网络安全技术、工具、手段和产品。只有把安全管理制度和安全管理技术手段结合起来,整个网络系统的安全性才有保障,网络泄密的隐患才能够被阻挡在门户之外。

思考题

1. 网络侦察和从网络上获取开源情报有什么异同？
2. 针对网络侦察的主要手段,思考在现实工作中如何防御网络侦察。

第8章　情报获取技术的发展

情报是部队的千里眼、顺风耳,制信息权已然成为现代局部战争中双方争夺的焦点。在局部战争中,强国使用各种战场传感器,使得战场单向透明度空前提高,加之配备高精度武器装备、自动化指挥系统,大大加快了战争的节奏。卫星、无人侦察机等情报获取手段大大提高了情报获取的及时性,为战场实时监控提供了可能。

海湾战争时,通信情报卫星、光学成像卫星、雷达成像卫星等高技术侦察装备为战争决策提供了重要的情报参考。科索沃战争中,北约动用10多颗侦察卫星、50多架各型侦察机,出动850架次以上,另外还有7种类型的200多架无人侦察机,飞行时间更是高达4 000多小时,方便了北约情报侦察与部队指挥控制,为赢得战争立下汗马功劳。

21世纪以来,情报获取手段显著改善,特别是航天情报获取技术在高技术局部战争中发挥了越来越重要的作用,对现代作战也产生了深刻的影响。俄乌冲突爆发后,乌克兰迅速向西方各国请求天基情报、侦察、监视、通信支援,以美国为首的西方各国积极响应,创新支援模式,形成了"以商为主,军民为辅;按需支援,精确快速"的支援模式,为乌军提供了大量情报,支撑乌军形成战场单向透明优势;利用航天侦察系统,对乌周边俄军部署、兵力运用情况实施高频侦察监视,向乌提供关于俄军动向的实时战场情报;公开发布俄军"用兵时间节点",打乱俄军作战节奏。美太空司令部与美欧洲司令部密切合作,提供导弹预警和导航跟踪能力,以确保其拥有"应对乌克兰局势所需航天能力",进一步提升乌方情报优势,使乌军在北约"完全情报共享"支援下,基本实现战场单向透明。可见,情报在信息火力一体化打击中所发挥的作用至关重要,能够提供有力的战略、战术支援,为指挥部制订作战计划提供了各种所需要的详细和精准的信息保障。

任何战争中军事情报活动的较量皆表现为情报获取方面的较量,而情报获取的关键在于"知",因此,"知"是情报获取技术的关键,"知"必须要对相关情报进行侦察、获取和认识,为此,情报侦察是情报获取的重要方式之一,而情报侦察主要包括对敌情报侦察、对己情报侦察以及自然信息侦察。现代信息战争的情报侦察手段除了借助于人力手段之外,更重要的是借助计算机手段、通信技术手段、传感器手段,以实现信息战争中的情报监听、监视、拦截、追踪、干扰、窃取、压制和摧毁。正是由于信息技术拓宽了现代信息战争中的情报手段,才使得情报活动的较量在现代信息战争决策中的作用远远高于其在传统战争中的决策作用。

情报产品的形成可以分为情报信息的获取、处理和分析整编三个部分。在第二次世界大战之前,情报信息的获取主要依靠情报人员的现场搜集和对敌电台的接听获取。随着侦察技术和互联网技术的飞速发展,作战指挥通信及信息的传播方式更加多样,在未来战场中的情报获取手段将会更加丰富、高效和多样化,对现代作战产生的影响主要体现在以下几个方面。

第一,扩大了作战空间。现代侦察技术可在全球范围内进行全纵深、大面积的侦察和监视,并覆盖整个战场。作战侦察距离的增大,扩大了信息获取量,为实施远距离作战提供了条件。

第二,改善了信息获取手段。侦察技术的发展,使现代战争的情报侦察方式发生了变革。

第三,增强了作战指挥时效性,提高了指挥质量。现代侦察技术,特别是卫星、遥感技术应用于军事领域,使军队获取信息的范围显著扩大,速度和准确率大大提高。

第四,促进了反侦察技术的发展。侦察技术的广泛应用,使战场"透明度"越来越高,使战场目标的生存面临更大的威胁。为了提高战场目标的生存能力和达成战役战斗的突然性,必须与敌侦察器材作斗争,发展反侦察技术。

技术革命常常会推动战争形态的变革,信息中心战是信息时代基本的战争形态,其指导思想是联合作战,手段是信息网络的互联互通,目标是夺取全维优势,因此对情报侦察提出了更高的要求,也将推动相关技术的快速发展,主要体现在以下几方面。

第一,信息获取数字化。现代战争中获取目标信息的传感器广泛采用先进的信息获取技术,实现高精度、高灵敏度、全频段、全数字化的全维信息获取。

第二,侦察监视立体化。现代战争是多维的立体空间战争,战场的活动范围已经遍布太空、高空、中空、低空、超低空、地面、海面直至地下和水下,武器射程急剧增加,部队机动能力不断增强,情报获取技术必须与之相适应。

第三,情报传输网络化。借助宽带、多业务的通信网络,实现了战场情报的实时共享,拉近了前方与后方的距离,真正实现"决胜千里之外、运筹帷幄之中",缩短了侦察、决策、打击、评估的时间,从根本上改变了现代战争的"游戏规则",出现了以网络为中心的战争形式,使侦察情报作用更加突出,成为左右战争胜负的关键性因素。

第四,情报处理智能化。情报信息的分布式处理、自动分析的融合、智能决策支持显得越来越重要,提高可靠性、广域获取信息、缩短态势感知决策所需时间、提高情报共享程度,将属于信息化战争争取信息优势的核心环节。同时,目标的自动识别、多传感器的信息融合也成为智能化处理的重要组成部分。

第五,情报分发自动化。现代战争中,情报分发自动化是建立在情报信息科学分类、分级的基础上,要与战场态势、作战任务、武器平台有机地结合起来,实现在正确的时间、正确的地点将有用的情报送到用户手中,同时,实现将正确的武器对准正确的目标。

第六,侦察打击一体化。未来的战场中更多的可能是侦察平台挂载作战单元,以及作战平台上集成更多侦察传感器,或者传感器平台与作战平台通过网络链接起来,组成多系统的系统,形成搜索、侦察、监视、识别、打击和战损评估无缝链接,简化情报信息收集、传递、处理过程,缩短决策时间,抓住瞬息万变、稍纵即逝的战机,实现"发现即摧毁"的最佳作战效果。

情报获取目前也存在的一些问题和局限性,主要包括以下几个方面。

首先,信息量过大,分析处理能力不足。目前,情报搜集过程中。面临的困难主要是搜集渠道多维化、信息冗余、获取效率低;情报处理面临的困难主要是技术瓶颈和多种技术集成难的问题。随着局部战争中各种侦察手段的发展,信息获取量空前增加,这也引发一个问题,即信息获取相对容易,分析处理变难;信息量大,有用信息容易隐没在大量的"噪声"之中。威廉·阿格莱尔在《军事情报与信息爆炸》一书中就曾提出"信息过度"这一概念,认为信息量过载比信息量过少更加有害,加之情报部门资源分配不均,造成情报获取手段多而情报分析处理资源少,导致真正有用的情报没有被及时发现、处理而出现情报失误。

其次,高技术侦察手段并非万能,情报获取手段存在局限性。从海湾战争以来,高技术侦察手段越来越受到各国重视。侦察卫星、特种飞机、网络侦察等大有超越传统情报获取手段之势,但新的侦察手段在情报获取方面并非万能,因为新手段本身存在局限性,侦察卫星数量有限,想要对同一目标重复侦察需要一定的重访周期,这就为敌方进行伪装、欺骗等提供了机会,造成己方情报获取混乱及失误。每一种侦察手段只能运用于有限的特定环境,例如在雷达侦察中,快速变频只在有源干扰条件下使用,但在无源干扰条件下就无能为力,而单脉冲体制在对付角度欺骗时很有效,但在距离欺骗面前就无用了,因此,雷达需要采用多种侦察措施的有机结合,且雷达只要开始工作就暴露了,而应用光学、红外等被动测量目标则是利用目标本身的辐射特性,使敌方无法侦察。

最后,虚假信息掺杂其中,获取真实信息难。信息技术的发展以及信息技术在高技术局部战争中的应用为情报获取、传递提供了极大方便,较之以前,信息更容易获取,信息处理后会形成初步的情报信息,但是信息的可信度、准确度往往无法保证,且在真实作战过程中,还散布着一些虚假信息,敌方通过减少暴露征候和利用高超的示假措施,使得目标复杂,难以辨识,加大了情报获取的难度,这时就需要依靠经验知识和专业知识,进行情报信息的筛选、提炼和深化总结。

此外,在情报获取的过程中,需要对信息和数据进行操作,因此,信息存储技术至关重要,但情报信息数据量大和格式复杂的特点又给信息存储造成了较大困难,基于以上情报获取技术现状,只有采取有效的机制和手段,针对性地解决上述问题,才能在信息化作战中高效、智能地获取高质量、高可靠的情报信息。

首先,将传统情报获取手段与现代情报获取手段结合起来。在情报搜集获取、传递到分析处理一系列情报循环过程中,充分利用现代信息技术、人工智能技术等,优化布设,加大二者之间的协调与整合,充分挖掘传统和现代情报手段所发挥的关键作用,契合现代局部战争之需。

其次，建立情报数据库，实现情报分析处理自动化。现代战争比拼的就是速度，谁先敌知情、先敌打击，掌握主动权，抢占"陆、海、空、天、网、电"的控制权，谁就将成为战争的主导者、胜利方。随着信息量的急剧增加，单靠人力去分析处理已远远无法适应需要，大量的公开信息、信号，通过各种手段获得的情报，需要通过计算机及多种综合技术手段完成自动化处理，随着大数据、云计算等概念的提出，分布式数据库的建立为自动化处理提供了可行性。

再次，建立行之有效的情报合作共享机制。现代战争情报来源广泛、种类多，各军兵种情报获取手段不同，特点各异，这就需要实现情报的共享和集中管理。但在现实中，往往是各情报部门因为专业分工、保密等阻碍了信息共享，应建立集中统管部门以使情报资源相互补充、相互印证，不断完善情报作战一体理念，按照各情报机构职能分工，各自发挥业务侧重优势，密切开展协作，持续加强情报部门一体联动，提高情报准确性，最大限度发挥情报作用，全面促进整体效能发挥。

最后，注重发展先进技术手段，提高情报获取分析能力。着眼全球布控需要，利用先进的技术手段，对在全世界范围内的各类情报进行搜集和利用，利用政府、军队、企业三合一，加大对外合作，通过跨领域、跨国界的情报行动，加强改进、完善发展更为先进的情报获取技术，获取更多有价值情报的附加效益。加大信息技术开发力度，创新情报数据的智能化、自动化处理技术，以加速情报信息提取，提高情报分析处理的针对性、有效性。

思考题

1. 情报获取技术的发展将对现代战争产生什么样的影响？
2. 相关技术的发展将从哪些方面推动情报获取技术的发展？
3. 如何在信息化作战中高效地获取和利用情报？

参考文献

[1] 高金虎.情报搜集技术[M].北京:金城出版社,2015.
[2] 高金虎.军事情报学[M].南京:江苏人民出版社,2017.
[3] 李小文.遥感原理及应用[M].北京:科学出版社,2020.
[4] 郭云开.卫星遥感技术及应用[M].北京:测绘出版社,2018.
[5] 白廷柱.光电成像技术与系统[M].北京:电子工业出版社,2020.
[6] 常本康.红外成像阵列与系统[M].北京:科学出版社,2011.
[7] 田国良.热红外遥感[M].北京:电子工业出版社,2006.
[8] 曾峦.侦察图像获取与融合技术[M].北京:国防工业出版社,2015.
[9] 贾鑫.空天遥感[M].北京:国防工业出版社,2014.
[10] 冯伍法.遥感图像判绘[M].北京:科学出版社,2014.